函数解析の基礎
原書第4版
上

函数解析の基礎
原書第4版

上

コルモゴロフ 著
フォミーン
山崎三郎 訳
柴岡泰光

岩波書店

А. Н. КОЛМОГОРОВ и С. В. ФОМИН

ЭЛЕМЕНТЫ ТЕОРИИ ФУНКЦИЙ И
ФУНКЦИОНАЛЬНОГО АНАЛИЗА

ИЗДАНИЕ ЧЕТВЕРТОЕ, ПЕРЕРАБОТАННОЕ

ИЗДАТЕЛЬСТВО «НАУКА»

Москва 1976

原書第4版への訳者まえがき

本書は

A. H. Колмогоров-С. В. Фомин:

Элементы теории функций и функционального анализа

《Наука》 Москва, 1976

(コルモゴロフ-フォミーン:函数の理論および函数解析の基礎)改訂第4版の全訳である.

山崎三郎先生の訳になる"函数解析の基礎(第2版)"は1962年の発行以来好評のうちに版を重ねて来た．1972年,原書の増補改訂第3版が出版されてより,先生は,これに対応する邦訳の改訂の準備をなされていたが,訳稿の作成に至らぬまま,1974年5月に急逝され,御遺志により私がこれを引継ぐことになった．しかし,おなじく訳業なかばにして逝かれたRuzavinの"数学論"を優先させているうちに,1976年原書第4版の刊行を迎えたため,これに従って邦訳の改訂をおこなったものである．

第2版からの改訂のもっとも大きな部分は,原書第3版におけるV. M. Tihomirov氏によるノルム環論の追補であるが,その他の変更については,原著者の第3,4版への序文を見られたい．全体的な構成についてはほぼ第2版の原形を保っているとは言うものの,細部に関しては,序文に言及されている箇所以外にも,ほとんど至るところ修正,削除,追補がなされているため,象嵌による改訂は不可能であり,全面的に版を改めることになった．そのために定価の高騰を招かざるを得なかったのは,残念である．しかし,これを機会として,再読や参照のための便宜を考えて,組み方についていくつかの試みをおこなった．定理と銘うつまでには至らない重要事項(原書,イタリック)を,二字下げ別行に組んだのも,その一例であるが,そのほか二,三の記号を援用することにした:

□ …証明が済んでいること(もしくは証明を省略したこと)を示す.

⌟ …証明中途に入る補助定理等の証了を示す.
　── …定義，定理主文，注意，例などの段落を示す．たとえば定義のあとの'──'は，ここで定義が一段落して，本文にもどることを意味する．また，索引も，この線に沿って徹底的に整備拡充した．これは，習得した知識の確認のためにも役立つであろう．なお，購入の際の負担を考慮して，上下2巻に分けることにした．参照文献表および索引は，下巻巻末につける．

　出版に際して，編集部の荒井秀男氏には，一方ならぬ御世話になった．特に記して謝意をあらわす．また，原著者 Kolmogorov, Fomin 両氏の略歴をお送り下さったソヴィエトの出版社《Наука》(ナウカ)にも，心から御礼を申し上げる．

　山崎三郎先生が逝かれてから5年を経て，ようやくその責めを果たすことができるのは，遅延は心苦しく思いながらも，私の大きなよろこびとするところである．御協力を賜わった多くの方々への感謝とともに，先生の御冥福を切に祈りつつ，ペンを擱く．

　1979年7月

　　　　　　　　　　　　　　　　　　　　　　　　柴岡しるす

原書第2版への訳者序文

　本書はさきに訳出した A. N. Kolmogorov, S. V. Fomin 共著 "函数解析の基礎" の改訂版(1968年)を翻訳したものである．原名は正確には "函数の理論と函数解析の基礎" (Элементы теории функций и функционального анализа) であるが，本書における集合や函数(実函数)についての理論は函数解析の基底に横たわる古典的な諸事項の解説という意図をももっていることを考慮して簡単に '函数解析の基礎' と略称した．

　函数解析は，変分法，積分方程式，直交函数系などをふくむ古典解析学の諸領域を母胎として今世紀の初めから次第に発展し，現在では解析学の中心的な地位を占める大きな部門にまで成長した．古典解析学では主として個々の函数の性質を研究の対象としたのに対して，ここでは特定の性質を共有する函数の集合，すなわち函数空間の構造を研究する．これによって古典解析学の諸問題が統一的な観点から理解できるだけでなく，従来とは異なる新しい重要な問題が提起され，解析学は著しく豊かなものとなることができた．このようにして函数解析の占める領域はすこぶる広汎なものとなったために，その性格を明確に定義づけることは容易ではない．たとえばレニングラード大学の L. V. Kantorovič 教授は '函数解析は一つの流派として固定したものではない．それは内容よりも方法の共通性によって結びつけられた一連の傾向の束であるということができる' といっている．

　現在，函数解析の方法は量子力学や種々の応用解析学などにとりいれられ，その知識は諸方面から要求されるようになったので，わが国でもこの方面のすぐれた書物が幾冊か出版されている．しかし微積分と初等的な線形代数学の知識だけを仮定した '自己完結的' な書物はまだみあたらないようである．訳者は，本書が何よりもその懇切な解説によって，この種の高度の書物と大学の初学年の数学との間の橋わたしの役割をはたすのではないかと考えている．

　改訂版の内容は，旧版にくらべて著しく豊富になり，それにともなって旧版の部分もかなり書きなおされた．たとえば旧版にはなかった位相空間が挿入されたために，旧版で距離空間について述べた諸概念の多くは位相空間の中での

ものとして一般化されている．また旧版では古典的な意味で使われていたコンパクト性の概念は最近慣用されている意味になおされるなどの種々の改良が試みられている．このように改訂版は旧版より一歩を進めて函数解析を展望するための基礎的な教科書としての面を色濃くもつようになった．もとより函数解析は広い領域をもつから，その準備段階をもふくめて述べようとするときの素材の選択は多様であり，これについてはさまざまな見解があるとおもう．たとえば本書にはノルム環の理論が省かれているが，函数解析の'導入部'としての本書の建てまえからすれば，この重要な領域を他の書物にゆずったのは当然であるといえよう*)．なお，著者が序文で推薦している G. E. Šilov の書物もおなじく解析学 III (序文参照) の教科書として書かれたものであり，両者をあわせてソ連邦の大学における現代解析学の教育傾向の一つの型を知ることができるであろう (Šilov によれば，本書のような内容の解析学 III の開講を主張したのは Kolmogorov であるという)．

　翻訳にあたって，理解をたすけるための補足または訂正をした個所が二,三あるが，いちいちことわることを避けた．これらの個所については柴岡泰光氏から種々の貴重な御注意をいただいた．また校正その他でいろいろ御迷惑をおかけした岩波書店の荒井秀男氏に厚くお礼を申しあげたい．

1970 年 12 月

山 崎 三 郎

---

*) 第 3 版において V. M. Tihomirov 氏による簡単な解説が追補された．

第 4 版への序文

この版は，Sergei Vasilievič Fomin の歿後に出版されることになったが，改訂の基本的な仕事はすべて，彼がなしおえていた．本質的に改訂されたのは第 10 章で，そこには陰函数定理のための節が追補され，《極値問題》の節が改訂を受けている．また，これらの変更に伴って，第 4 章でいくつかの手直しがなされている (Hahn-Banach の定理の系や逆作用素に関する Banach の定理の系)．

V. M. Alekseev 氏と V. M. Tihomirov 氏とは，本書の原稿を通読された．ここに衷心よりの感謝の意を表する．

A. Kolmogorov

第 3 版への序文

新しい版を準備するにあたって，本書の基本方針は堅持し，ページ数を増やさないようにつとめた．また，本書全文をあらためて通読し，再編成した．この仕事について，F. V. Širokov 氏より，多大の御助力を頂いた．第 1, 4 章では，いくつかの節の置換えと変更がなされたが，これは，比較的簡単な概念からより複雑な概念への移行 (たとえば第 4 章で Banach 空間からより一般の空間へ――) を容易にしようとの意図から出たものである．また，測度論 (第 5 章) の叙述も，かなり本質的な改訂を受けている．

近年，《解析学 III》の課程に，しばしば，ノルム環の理論とスペクトル解析との初歩が取入れられるようになって来た．このため，本書にもこれに関する叙述を含めるのが適当と考え，これらの問題に関する V. M. Tihomirov 氏の解説を追補することにした．

A. Kolmogorov
S. Fomin

第2版への序文

"函数と函数解析の基礎"の初版は第I部が1954年,第II部が1960年に出版された.これは40年代の末,モスクワ大学の工学数学科の教授課目として'解析学III'が設けられたことと関係している.この課目は測度論,実函数論,積分方程式論,函数解析の知識,ややおくれて変分法——などの基礎を統一して扱うことを目的としたものである.モスクワ大学では,はじめに A. N. Kolmogorov,ついで S. V. Fomin その他が担当したが,この課程は次第に他の大学にも取りいれられるようになった.

当時モスクワ大学では実函数論,積分方程式論,変分法などの個々の課程を'解析学III'というただ一つの課程で置換えることについての大論議がおこなわれたが,その結果,学生につぎの二重の観点を身につけさせることが,この課程の課題とされた:一つは集合論,距離空間や位相空間における連続写像の一般理論,線形空間とその上の汎函数および作用素の一般理論,一般測度空間における測度と積分の理論などの発展についての内的論理関係の追及であり,他の一つの観点は,これらのやや抽象的な諸領域が古典解析学のみならず解析学の応用面における諸空間にも役立つことを見失わないようにすることであった.

以上の観点に立って本書の企画の大体の骨組を述べれば,つぎのようになろう.まず集合の一般理論(第1章)から距離空間と位相空間およびその連続写像(第2章)に進んでもよいし,あるいは直ちに(位相のない)測度空間とそこにおける積分論(第5章)に移ることもできる.第3,4章では線形空間およびその上の線形汎函数と作用素を研究する.これらの章から直ちに第10章(非線形な作用素と汎函数)に進むことができる.第7章では可積分函数の線形空間を研究する.実変数の函数に中心をおいたのは本質的には第6章と第8章だけである.

本書では,函数と函数解析の一般概念の叙述に主力をおいてはいるが,ほとんど章ごとにこれに関連するさまざまな古典的な問題点を考察している.第6章(微分論),第8章(三角級数と Fourier 積分)および第9章(線形積分方程式)

を加えたことにより，本書はモスクワ大学の'解析学 III'の全部を——変分法を除いて——含むようになった．変分法については特に解説することをせず，第 10 章で非線形函数解析の初歩概念を述べるにとどめた．

旧版と同様にこの改訂版でも，測度の一般理論が相当の部分を占めている．近来 Daniel のシェーマによる，測度論を道具としない積分論が数多く書かれている．だが，測度論は積分概念の導入のためだけでなく，それ自身きわめて重要であり大学の課程に含めることが望ましいものであると考える．

新しい章を加えたので本書の量はいちじるしくふえた．また旧版のままの名の各章も本質的に書きかえ，新しい節を挿入した(たとえば順序型，超限数，位相空間，超函数など)．

改訂版は，このように新しい諸分野をつけ加えまた抜本的改訂をおこなってはいるが，初版と同様に比較的初等的な叙述を保つように努力したつもりである．他の書物，特に G. E. Šilov の "Matematičeskii analiz, special'nyi kurs"(数学解析特講)——この書物は距離空間，位相空間，測度論などを独立の対象として解説するよりも，対象の解析的な面を強調することにより多くの関心がおかれている——と共に本書が大学教育においてふさわしい場所を見出すことを期待する．

A. N. Kolmogorov
S. V. Fomin

原著者紹介

АНДРЕЙ　НИКОЛАЕВИЧ　КОЛМОГОРОВ
アンドレイ　ニコラエヴイチ　コルモゴロフ

1903年1月9日生

　A. N. Kolmogorov は，卓越したソヴィエトの数学者であり，ソヴィエト科学アカデミーの会員である．彼には三角級数，測度論，集合論，積分論，近似理論に関する主要な業績がある．Kolmogorov はまた，構成的論理学，トポロジー(この分野で彼は彼の名を冠して呼ばれているホモロジー論の創設者として知られている)，力学(乱れの理論)，微分方程式論，函数解析学においても，本質的な貢献をなした．確率論の領域での Kolmogorov の業績は，根本的な意味をもっている．ここで彼は(1925年以来) Hinčin とともに実函数論の方法の適用を開始している．Kolmogorov はさらに，情報の理論にも重要な貢献をしている．痛みの理論，大量生産の統計的制御法，生物学への数学的方法の応用，数学的言語学に関する諸研究もまた彼に属する．Kolmogorov は，確率論および函数の理論の分野において大きな学派を創設した．彼の弟子たちの中には，アカデミー会員である A. I. Mal'cev, S. M. Nikol'skii, Yu. V. Prohorov, 通信会員の I. M. Gel'fand, A. S. Monin, レーニン賞受賞者の V. I. Arnold, Yu. A. Rozanov その他多くの学者たちがいる．A. N. Kolmogorov は，パリ・アカデミー，ロンドン王立協会その他(オランダ，アメリカ，ポーランド，ルーマニアなど)の諸外国のアカデミーの外国人会員でもある．彼は，国際 Balzan 賞，ソヴィエト国家大賞，レーニン賞を受賞している．

　現在，Kolmogorov は，モスクワ国立大学において，数理統計学の講座を主宰している．

СЕРГЕЙ　ВАСИЛЬЕВИЧ　ФОМИН
セルゲイ　ヴァシリエヴイチ　フオミーン

1917年12月9日生―1975年8月17日歿

　S. V. Fomin は，すぐれたソヴィエトの数学者であり，物理-数学の学位をもつ．ソヴィエト科学アカデミー情報伝達問題研究所，生物学における数学的方法研究室主任教授．

　S. V. Fomin の研究活動は，数学およびその応用の広汎な分野を包含し，高い国際的評価を得ている．抽象代数学，一般位相空間論，函数解析学，力学系の理論，論理学の数学的諸問題などの領域における大きな研究が，彼に属する．彼はまた，ソヴィエトの生物物理学にも偉大な貢献をなした．

S. V. Fomin は，生物学の数学的諸問題に関する世界的に知られた大学教科書-単行本の著者でもある．

　彼の全生涯は，モスクワ大学に結びつく．Uspehi matematičeskih nauk（数学の成果）誌の編集次長でもあった．S. V. Fomin は，国際純粋および応用生物物理学連合 (IUPAB) の評議員に選ばれている．

〔ソヴィエトのナウカ社提供の資料による〕

目　　次

原書第4版への訳者まえがき
原書第2版への訳者序文
第4版への序文
第3版への序文
第2版への序文
原著者紹介

第1章　集合論の基礎

§1. 集合，集合の演算 ………………………………………… 1
　　1°. 基本的な定義(1)　　2°. 集合の演算(2)

§2. 写像，類別 ………………………………………………… 5
　　1°. 集合の写像，函数の一般概念(5)　　2°. 類別，同値関係(8)

§3. 集合の同値，集合の濃度 …………………………………… 11
　　1°. 有限および無限集合(11)　　2°. 可算集合(13)　　3°. 集合の同値(15)　　4°. 実数の非可算性(18)　　5°. Cantor-Bernsteinの定理(19)　　6°. 濃度(20)

§4. 全順序集合，超限数 ………………………………………… 23
　　1°. 半順序集合(23)　　2°. 順序を保存する写像(24)
　　3°. 順序型，全順序集合(25)　　4°. 全順序集合の順序和(26)
　　5°. 整列集合，超限数(27)　　6°. 順序数の比較(28)
　　7°. 選択公理，Zermeloの定理およびそれに同値な諸命題(31)
　　8°. 超限帰納法(33)

§5. 集 合 系 ……………………………………………………… 34
　　1°. 集合環(34)　　2°. 集合の半環(36)　　3°. 半環により生成される環(38)　　4°. σ代数(38)　　5°. 集合系と写像(40)

第2章　距離空間と位相空間

§1. 距離空間 ……………………………………………………… 41
　　1°. 定義と基本的な例(41)　　2°. 距離空間の連続写像, 等長写像(49)

§2. 収束, 開集合と閉集合 ……………………………………… 50
　　1°. 集積点, 閉包(50)　　2°. 収束(52)　　3°. 稠密な部分集合(53)　　4°. 開集合と閉集合(54)　　5°. 直線上の開集合と閉集合(56)

§3. 完備距離空間 ………………………………………………… 60
　　1°. 完備距離空間の定義と例(60)　　2°. 閉球列の原理(64)　　3°. Baire の定理(65)　　4°. 空間の完備化(66)

§4. 縮小写像とその応用 ………………………………………… 69
　　1°. 縮小写像の原理(69)　　2°. 縮小写像の原理の簡単な応用(71)　　3°. 微分方程式に対する解の存在と一意性の定理(74)　　4°. 縮小写像の原理の積分方程式への応用(76)

§5. 位相空間 ……………………………………………………… 79
　　1°. 位相空間の定義と例(79)　　2°. 位相の比較(81)　　3°. 基本近傍系, 基, 可算公理(82)　　4°. 位相空間 T における収束点列(86)　　5°. 連続写像, 同相写像(87)　　6°. 分離公理(90)　　7°. 位相導入の種々の方法, 距離づけ可能性(93)

§6. コンパクト性 ………………………………………………… 94
　　1°. コンパクト性の概念(94)　　2°. コンパクトな空間の連続写像(97)　　3°. コンパクト空間上の連続函数および半連続函数(97)　　4°. 可算コンパクト性(100)　　5°. 相対コンパクト集合(102)

§7. 距離空間におけるコンパクト性 ……………………………103
　　1°. 全有界性(103)　　2°. コンパクト性と全有界性(105)　　3°. 距離空間における相対コンパクトな部分集合(106)

目　次　　xvii

　　4°. Arzelà の定理(107)　　5°. Peano の定理(109)
　　6°. 一様連続性, コンパクト距離空間の連続写像(111)
　　7°. Arzelà の定理の一般化(112)

§8. 距離空間における連続曲線 ……………………………………113

第3章　ノルム空間と位相線形空間

§1. 線 形 空 間 …………………………………………………………118
　　1°. 線形空間の定義と例(118)　　2°. 1次従属性(120)
　　3°. 部分空間(121)　　4°. 商空間(122)　　5°. 線形汎函数
　　(123)　　6°. 線形汎函数の幾何学的意味(125)

§2. 凸集合と凸汎函数, Hahn–Banach の定理 ……………………127
　　1°. 凸集合と凸体(127)　　2°. 同次凸汎函数(130)
　　3°. Minkowski の汎函数(131)　　4°. Hahn–Banach の定理
　　(133)　　5°. 線形空間における凸集合の分離性(137)

§3. ノルム空間 …………………………………………………………138
　　1°. ノルム空間の定義と例(139)　　2°. ノルム空間の部分空
　　間(140)　　3°. ノルム空間の商空間(141)

§4. Euclid 空間 ………………………………………………………144
　　1°. Euclid 空間の定義(144)　　2°. 例(146)　　3°. 直交基
　　の存在, 直交化(148)　　4°. Bessel の不等式, 閉じた直交系
　　(150)　　5°. 完備 Euclid 空間, Riesz–Fischer の定理(153)
　　6°. Hilbert 空間, 同形定理(156)　　7°. 部分空間, 直交補
　　空間, 直和(158)　　8°. Euclid 空間の特徴(163)　　9°. 複
　　素 Euclid 空間(166)

§5. 位相線形空間 ………………………………………………………168
　　1°. 定義と例(168)　　2°. 局所凸空間(171)　　3°. 可算ノル
　　ム空間(172)

第4章　線形汎函数と線形作用素

§1. 連続線形汎函数 ……………………………………………………176

1°. 位相線形空間における連続線形汎函数(176)　2°. ノルム空間における連続線形汎函数(178)　3°. ノルム空間における Hahn-Banach の定理(181)　4°. 可算ノルム空間における線形汎函数(184)

§2. 共役空間 ··184

1°. 共役空間の定義(184)　2°. 共役空間における強位相(185)　3°. 共役空間の例(188)　4°. 第二共役空間(193)

§3. 弱位相と弱収束 ··195

1°. 位相線形空間における弱位相と弱収束(195)　2°. ノルム空間における弱収束(196)　3°. 共役空間における弱位相と弱収束(200)　4°. 共役空間における有界集合(202)

§4. 超 函 数 ···205

1°. 函数概念の拡張(205)　2°. 基本函数の空間(207)　3°. 超函数(208)　4°. 超函数の演算(209)　5°. 基本函数の集合の潤沢性(212)　6°. 原始函数, 超函数の微分方程式(213)　7°. 二, 三の一般化(216)

§5. 線形作用素 ···220

1°. 線形作用素の定義と例(220)　2°. 連続性と有界性(223)　3°. 作用素の和と積(225)　4°. 逆作用素, 可逆性(227)　5°. 共役作用素(233)　6°. Euclid 空間における共役作用素, 自己共役作用素(235)　7°. 作用素のスペクトル, レゾルベント(237)

§6. コンパクト作用素 ···240

1°. コンパクト作用素の定義と例(240)　2°. コンパクト作用素の基本性質(245)　3°. コンパクト作用素の固有値(248)　4°. Hilbert 空間におけるコンパクト作用素(249)　5°. H における自己共役コンパクト作用素(250)

第5章 測 度 論

§1. 平面上の集合の測度 ··255

1°. 基本集合の測度(255)　　2°. 平面上の集合の Lebesgue 測度(259)　　3°. 二, 三の補足と一般化(267)

§2. 測度の一般概念, 半環から環への測度の拡張, 加法性と σ 加法性 ……………………………………………………………269

　　1°. 測度の定義(269)　　2°. 半環から環への測度の拡張(270)　　3°. σ 加法性(272)

§3. 測度の Lebesgue 拡張 ……………………………………276

　　1°. 単位元をもつ半環上の測度の Lebesgue 拡張(276)　　2°. 単位元をもたない半環上の測度の拡張(279)　　3°. σ 有限な測度の場合の可測性の概念の拡張(281)　　4°. Jordan による測度の拡張(284)　　5°. 測度の拡張の一意性(286)

§4. 可 測 函 数 ……………………………………………………287

　　1°. 可測函数の定義と基本性質(287)　　2°. 可測函数上の演算(289)　　3°. 同値可測函数(291)　　4°. ほとんど到るところでの収束(292)　　5°. Egorov の定理(293)　　6°. 測度の意味での収束(294)　　7°. Luzin の定理, 性質 C(297)

§5. Lebesgue 積分 ……………………………………………298

　　1°. 単函数(299)　　2°. 単函数の Lebesgue 積分(299)　　3°. 有限測度の集合の上の Lebesgue 積分(301)　　4°. Lebesgue 積分の σ 加法性と絶対連続性(304)　　5°. 積分記号の下の極限移行(309)　　6°. 無限測度の集合の上の Lebesgue 積分(312)　　7°. Lebesgue 積分と Riemann 積分との比較(314)

§6. 集合系の直積と測度, Fubini の定理 ……………………316

　　1°. 集合系の直積(317)　　2°. 測度の積(318)　　3°. 切り口の 1 次元測度の積分による 2 次元測度の表現および Lebesgue 積分の幾何学的定義(320)　　4°. Fubini の定理(323)

〈下巻内容〉

第6章　Lebesgue 不定積分，微分論
第7章　可積分函数の空間
第8章　三角級数，Fourier 変換
第9章　線形積分方程式
第10章　線形空間における微分法の基礎
補遺　Banach 環
　文献，章別参照文献，基本的な記号，索引

第1章 集合論の基礎

§1. 集合，集合の演算

1°. 基本的な定義

数学では，多角形の辺の集合とか，直線上の点の集合とか，または自然数の集合などのような，さまざまな集合に出あう．集合の概念は余りに一般的で，これに何らかの定義を与えようとすると'集合'という言葉のかわりにおなじ意味をもった他の言葉，たとえば要素の集まりとか全体とかいう表現をつかうことになりがちで，定義ははなはだむずかしいのである．

集合の概念が今日の数学できわめて重要な意義をもつのは，集合の理論がすこぶる広汎で内容のゆたかなものであるというだけではない．むしろ，この集合の理論が前世紀の終りに発生して以来，数学のあらゆる部門に与え，また現に与えている影響によると考えてよいであろう．以下に述べるところは，本書の各章で必要な限りでの集合論の基礎的な記号と基本概念とであって，集合の理論をいくらかなりとも完全に述べようとするものではない．

集合を表わすには，大文字 $A, B, C, \ldots$ を用い，その要素は小文字 $a, b, c, \ldots$ で表わすことにしよう．'要素 a が集合 A に属する'ことを

$$a \in A \quad \text{または} \quad A \ni a$$

と書く．また

$$a \notin A \quad \text{または} \quad A \not\ni a$$

は要素 a が集合 A に属さないことを意味する．集合 A を構成する要素が，すべて集合 B に属するときは，($A=B$ の場合も含めて) A は B の**部分集合**であるといい

$$A \subset B$$

と書く．たとえば，整数は，すべての実数からなる集合の部分集合を形成する．

何らかの集合について考えるとき(たとえばある方程式の根の集合など)，この集合が要素を一つでももつか否かがあらかじめわからない場合がある．その

ために，いわゆる**空集合**，すなわち要素を一つももたない集合という概念を導入しておくと都合がよい．これを $\emptyset$ で表わしておこう．どんな集合も $\emptyset$ を部分集合としてもつ．集合 A の部分集合で $\emptyset$ でも A 自身でもないものを，A の**真部分集合**という．

2°. 集合の演算

任意の集合 A, B の**和集合**または**合併** $A \cup B$ は，A, B の少なくとも一方に属する要素の全体のことである(図1)．

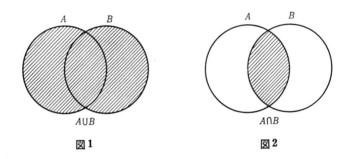

図1　　　　　　　　　図2

同様に，任意個数(有限または無限)の集合の合併とは，つぎのようなものである：A_α を任意の集合とするとき，A_α のうちの少なくとも一つに属する要素の全体からなる集合を A_α の**和集合**または**合併**といい

$$\bigcup_\alpha A_\alpha$$

で表わす．

また，二つの集合 A, B のどちらにも属する要素の全体からなる集合を A, B の**共通集合**または**交わり**といい $A \cap B$ で表わす(図2)．$A \cap B = \emptyset$ のとき，A と B とは**交わらない**という．たとえば，すべての偶数の集合と3の倍数の集合との共通集合は6の倍数の全体である．最後に任意の個数(有限または無限)の集合 A_α の**共通部分**，**共通集合**もしくは**交わり**

$$\bigcap_\alpha A_\alpha$$

とは，A_α のどれにも属する要素の全体のことをいう．

合併と共通集合とをつくる演算が交換律

$$A \cup B = B \cup A, \qquad A \cap B = B \cap A$$

と結合律

$$(A \cup B) \cup C = A \cup (B \cup C), \qquad (A \cap B) \cap C = A \cap (B \cap C)$$

とを満たすことは，定義から明らかである．また，この二つの演算の間には，つぎのような関係がある．

$$(A \cup B) \cap C = (A \cap C) \cup (B \cap C), \qquad (1)$$
$$(A \cap B) \cup C = (A \cup C) \cap (B \cup C). \qquad (2)$$

このうち，はじめの等式[1]を証明してみよう．x を (1) の左辺の集合に属する要素とする：$x \in (A \cup B) \cap C$. すなわち x は C に属し，同時に A または B のどちらかに属する要素であるとする．そうならば x は $A \cap C$ または $B \cap C$ のどちらかに属さなければならない．ゆえに x は上の等式の右辺の集合に属さなければならない．逆に $x \in (A \cap C) \cup (B \cap C)$ とする．このとき $x \in A \cap C$ かまたは $x \in B \cap C$ かである．ゆえに $x \in C$. 一方また仮定から x は A か B かの少なくとも一方に属するはずである．すなわち $x \in A \cup B$. したがって $x \in (A \cup B) \cap C$. これで等式 (1) が証明された．等式 (2) の証明も同様である．

つぎに集合の減法を定義しよう．集合 A と B との差または**差集合** $A \setminus B$ とは，A の要素で B に属さない要素の全体のことである (図 3)．このとき必ずしも $A \supset B$ とは仮定されていない．$A \setminus B$ のかわりに $A - B$ と書くこともある．

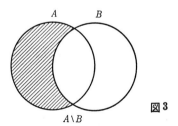

図 3

測度論などでは，A, B のいわゆる**対称差**なるものを考えることがある．これは $A \setminus B$ と $B \setminus A$ との合併のことである (図 4)．A, B の対称差を

---

[1] 二つの集合 A, B についての等式 $A = B$ は，両者が一致すること，すなわち集合 A の各要素は B に属し，またその逆が成立することを意味する．すなわち $A = B$ は $A \subset B$ かつ $A \supset B$ が成立することと同値である．

で表わそう．その定義を記号で示せば
$$A \triangle B = (A \smallsetminus B) \cup (B \smallsetminus A).$$

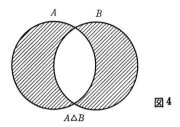

図4

演習. $A \triangle B = (A \cup B) \smallsetminus (A \cap B)$ を証明せよ．

たとえば数直線上のさまざまな集合を考える場合のように，多くの集合が一つの特定の集合 S の部分集合になっている場合を考える必要がしばしばおこる．この場合に，おのおのの集合 A に対して，$S \smallsetminus A$ を (S に関する) A の**補集合**といい，$\complement A$ または A^c で表わす．

集合論およびその応用において，きわめて重要な役割を演ずるものに，いわゆる**双対律**がある．それはつぎの二つの関係にもとづくものである．

1. 集合の合併の補集合は，補集合の共通集合に等しい：
$$S \smallsetminus \bigcup_\alpha A_\alpha = \bigcap_\alpha (S \smallsetminus A_\alpha). \tag{3}$$

2. 共通集合の補集合は，補集合の合併に等しい：
$$S \smallsetminus \bigcap_\alpha A_\alpha = \bigcup_\alpha (S \smallsetminus A_\alpha). \tag{4}$$

これらの相互関係を用いて，一定の集合 S の部分集合のあつまりに関する一つの等式から，その等式に双対的な等式をまったく自動的に導くことができる．これが双対律である．すなわち上の(3), (4)を参照して，考えている集合に対してはその補集合で，合併 $\bigcup$ は交わり $\bigcap$ で，交わり $\bigcap$ は合併 $\bigcup$ でおきかえればよい．第2章§2, 定理3から定理3′を導いたのは，この双対律の適用例である．

関係(3)を証明しておこう．

$x \in S \smallsetminus \bigcup_\alpha A_\alpha$ とする．これは x が $\bigcup_\alpha A_\alpha$ に属さないこと，すなわち A_α の

どれにも属さないことを意味する．したがって x はおのおのの $S\smallsetminus A_\alpha$ に属する．ゆえに $x\in\bigcap_\alpha(S\smallsetminus A_\alpha)$．

逆に $x\in\bigcap_\alpha(S\smallsetminus A_\alpha)$ としよう．すなわち x は $S\smallsetminus A_\alpha$ のおのおのに属するとする．これは x が A_α のどれにも属さないことである．ゆえに x は $\bigcup_\alpha A_\alpha$ に属さない．しかしそうならば $x\in S\smallsetminus\bigcup_\alpha A_\alpha$ である．これで等式(3)が証明された．(4)も同様（証明せよ）．

集合 $A\triangle B$ を'対称差'とよぶのは，必ずしも適切ではない．この集合をつくる演算は，合併 $A\cup B$ をつくる演算と多くの点で似ている．すなわち，$A\cup B$ は'要素が A に属する'，'要素が B に属する'という二つの命題を'非排他的'な'または'で結びつけたものであり，$A\triangle B$ の方はこの二命題を'排他的'な'または'で結びつけたものである．つまり，要素 x が $A\triangle B$ に属するのは，x が 'A だけ' に属するか，または 'B だけ' に属するかの場合にかぎるのである．だから集合 $A\triangle B$ は'二集合 A, B を法とする合併'（両者に共通なものは捨て去った上で二集合を合併する）とよんでもよいであろう．

§2. 写像，類別

1°. 集合の写像，函数の一般概念

解析学では，函数をつぎのように定義する．X を数直線上のある集合とする．この集合の上で一つの函数 f が定義されているということは，任意の $x\in X$ に対して，一定の数 $y=f(x)$ が対応づけられていることである．このとき，X を与えられた函数の**定義域**といい，この函数によってとられる値の全体 Y をその**値域**という．

数の集合の代りに任意の物の集合を考えれば，もっとも一般的な函数の概念が生まれる．M, N を任意の集合としよう．$x\in M$ なる各要素 x に対して N のただ一つの要素 y が対応するような対応関係があるならば，N の '値' をとる M 上の函数 f が定義されているという．一般の物の集合の場合には，'函数'という言葉の代りに'**写像**'という言葉が用いられることが多い．この場合一つの集合から他の集合への写像という形でつかわれる．集合 M, N が特殊なものの場合，特殊なタイプの函数が生まれ，それらは'ベクトル函数'，'測度'，'汎函数'，'作用素' など特定の名でよばれることになる．これらには，のちに出あうことになろう．

M から N への函数(写像)を表わすのに，しばしば記号
$$f: M \longrightarrow N$$
を用いる.

a が M のある要素であるとき，それに対応する N の要素 b
$$b = f(a)$$
を a の(写像 f による)**像**という．与えられた要素 $b \in N$ を像とする M の要素の全体を要素 b の**原像**(正確には**全原像**)といい，$f^{-1}(b)$ で表わす．

また A を M の部分集合とするとき，$f(a)$ (ただし $a \in A$)の形の要素の全体
$$\{f(a) : a \in A\}$$
を A の**像**といい，$f(A)$ で表わす．逆に，N の任意の集合 B に対してその**原像** $f^{-1}(B)$ がきまってくる．すなわち $f^{-1}(B)$ は，像が B に属するような M の点の全体である：
$$f^{-1}(B) = \{a : a \in M, f(a) \in B\}.$$
B のどの要素 b に対しても，その原像が存在しない場合もありうる．このときは原像 $f^{-1}(B)$ は空集合である．

ここでは写像のもっとも一般な性質を考察することにする．

なお，つぎの術語を定義しておこう．すなわち $f(M)=N$ ならば f は集合 M の，集合 N の'**上への**'写像であるといい，一般に $f(M) \subset N$ ならば f は M の N の'**中への**'写像であるという．上への写像を**全射**という．

M の任意の相異なる二要素 x_1, x_2 に対してそれらの像 $y_1=f(x_1)$, $y_2=f(x_2)$ がつねに相異なるなら，f は**単射**であるという．写像 $f:M \to N$ が全射でありかつまた単射でもあるなら，f は**双射**または**全単射**，もしくは M と N との間の**1対1対応**，**1-1対応**あるいは**双一意対応**という[1])．

写像の基本的性質をつぎにあげておく．

定理 1. 二つの集合の合併の原像は，おのおのの原像の合併に等しい：
$$f^{-1}(A \cup B) = f^{-1}(A) \cup f^{-1}(B).$$

証明． 要素 x が集合 $f^{-1}(A \cup B)$ に属するとする．すなわち $f(x) \in A \cup B$ とする．よって $f(x) \in A$ か，または $f(x) \in B$ である．しかし，そうならば x

---

1) 単射を 1-1 対応ということもある．単射は M と $f(M)$ との間の 1-1 対応(訳者)．

は少なくとも $f^{-1}(A), f^{-1}(B)$ のどちらかに属さなければならない. ゆえに
$$x \in f^{-1}(A) \cup f^{-1}(B).$$
逆に $x \in f^{-1}(A) \cup f^{-1}(B)$ ならば, x は $f^{-1}(A), f^{-1}(B)$ のどちらかに属するから, $f(x)$ は A か B かの少なくとも一方に属する. ゆえに
$$f(x) \in A \cup B.$$
すなわち
$$x \in f^{-1}(A \cup B). \qquad \square$$

定理2. 二つの集合の共通集合の原像は, おのおのの原像の共通集合に等しい:
$$f^{-1}(A \cap B) = f^{-1}(A) \cap f^{-1}(B).$$
証明. $x \in f^{-1}(A \cap B)$ ならば $f(x) \in A \cap B$. すなわち
$$f(x) \in A \quad \text{かつ} \quad f(x) \in B.$$
ゆえに, $x \in f^{-1}(A)$ かつ $x \in f^{-1}(B)$. よって
$$x \in f^{-1}(A) \cap f^{-1}(B).$$
逆に $x \in f^{-1}(A) \cap f^{-1}(B)$ ならば, $x \in f^{-1}(A)$ かつ $x \in f^{-1}(B)$. よって
$$f(x) \in A \quad \text{かつ} \quad f(x) \in B.$$
すなわち
$$f(x) \in A \cap B.$$
ゆえに
$$x \in f^{-1}(A \cap B). \qquad \square$$

定理1, 2は任意の有限個または無限個の集合の合併, 共通集合についても同様に成立する.

定理3. 二つの集合の合併の像はおのおのの像の合併に等しい:
$$f(A \cup B) = f(A) \cup f(B).$$
証明. $y \in f(A \cup B)$ とする. その意味から, A, B の少なくとも一方に属する或る x に対して
$$y = f(x)$$
となっている. ゆえに
$$y = f(x) \in f(A) \cup f(B).$$
逆に $y \in f(A) \cup f(B)$ ならば, A か B かのどちらかに属する一つの x に対

して，すなわち $x \in A \cup B$ なる x に対して
$$y = f(x)$$
となっている．すなわち
$$y = f(x) \in f(A \cup B). \qquad \square$$

注意すべきは，'二つの集合の共通集合の像は，一般にはおのおのの像の共通集合と一致しない'ことである．たとえば平面上の点を x 軸に射影するような写像を考えてみよう．このとき
$$0 \leqq x \leqq 1, \quad y = 0;$$
$$0 \leqq x \leqq 1, \quad y = 1$$
なる二線分は共通集合をもたないが，その像は一致してしまう．

演習. 補集合の原像が原像の補集合に一致することを示せ．同様のことは補集合の像に対しても成り立つか．

2°. 類別，同値関係

一つの集合をたがいに共通な要素をもたない部分集合に分けるということは，種々の問題を考えるときしばしば行われる方法である．たとえば，平面は（点の集合と考えたとき）x 軸に平行な直線に分けられるし，3次元空間は（$r=0$ から始まる）種々の半径の同心球面の合併として表わされる．また一つの町の住民はその年齢によって分類することができる．

ある集合が，何らかの方法で，たがいに共通要素をもたない部分集合に分けられたとき，集合 M は**類別**されたという．

類別するに際して，もっとも多く出あうのは，何らかの特徴によって集合 M の要素を類にまとめる場合である．たとえば平面上のすべての三角形の集合を，合同な三角形の類に分けるとか，面積の等しい三角形の類に分けるとか，あるいはまた，与えられた点 x で同一の値をとる函数を一つの類にまとめることによって函数を類に分けるとかいう場合である．

何らかの集合を類別するときの特徴は，きわめて多種多様でありうるが，だからといってまったく任意であってよいというわけにはいかない．たとえば，すべての実数の集合を類別するに際して，$b > a$ なるとき，しかもそのときに限って b を a の属する類にいれるというような特徴をつけたいと考えてみる

と，実は，こんな特徴をもつ類別は存在しないのである．なぜならば，もしこのような類別があったとすれば，$b>a$ のとき b は a の属する類に属さなければならないが，同時にまた $a<b$ であるから a は b の属する類に属することはできないし，さらにまた，a は a より大きくないから，a は a の属する類に属しえないという妙なことになってしまう．もう一つの例をあげてみよう．距離が 1 より小さい二点を一つの類にまとめるというようにして平面上の点を類別することができるであろうか．a から b への距離が 1 より小さく，b から c への距離が 1 より小さくても，a から c への距離は 1 より小さいとは限らない．だから a と b をおなじ類に，b と c をおなじ類にまとめると，同一の類の中に距離が 1 より大きい二点が存在することがありうる．したがって，このような類別は不可能である．

上にあげた例は，何らかの集合を，ある特徴によって類別しようとするとき，この特徴が満たすべき条件を示唆している．

M をある集合とし，この集合のある一対の要素 (a,b) が一定の意味で '特定' であるとする[1]．(a,b) がこの意味で '特定' の一対であるとき，a はこの意味による関係 φ によって b に結びつけられているといい，

$$a \underset{\varphi}{\sim} b$$

と書くことにしよう．たとえば，平面上の三角形を面積の等しい類に分ける場合ならば，対 (a,b) が '特定' であるとは 'a の面積は b の面積と等しい' ことを意味し，このことを $a \underset{\varphi}{\sim} b$ と書くのである．

上の関係 φ がつぎの性質をもっているとき，この関係を **同値関係** という．すなわち

 1. **反射性**：任意の $a \in M$ に対して $a \underset{\varphi}{\sim} a$,
 2. **推移性**：$a \underset{\varphi}{\sim} b$, $b \underset{\varphi}{\sim} c$ ならば $a \underset{\varphi}{\sim} c$,
 3. **対称性**：$a \underset{\varphi}{\sim} b$ ならば $b \underset{\varphi}{\sim} a$.

これらの条件は，関係 φ により集合 M が類別されるために必要かつ十分である．まずある集合が類別されたとすれば，この集合の要素間に一つの同値関係がきまってくることは明らかである．すなわち，$a \underset{\varphi}{\sim} b$ を 'a は b と同じ類に

---

[1] このとき，a,b に順をつけて考えておく，すなわち (a,b) と (b,a) とは一般に異なった一対であると考える．

属する'という意味であるとすれば，この関係が反射性，推移性，対称性の三つを満たすことは容易に検証される．

逆に，$a \underset{\varphi}{\sim} b$ が M の要素間の一つの同値関係であるならば，たがいに同値な要素を同じ類とすることによって，集合 M の類別ができることは，つぎのようにして示される．

いま K_a は，一定の要素 a と同値な M の要素の類であるとしよう：
$$K_a = \{x : x \in M, x \underset{\varphi}{\sim} a\}.$$
反射性により要素 a は K_a に属する．つぎに，二つの類 K_a, K_b は共通な要素を一つももたないかあるいはまったく一致するかのどちらかであることを示そう．一つの要素 c が同時に K_a にも K_b にも属するとしてみる．すなわち
$$c \underset{\varphi}{\sim} a, \quad c \underset{\varphi}{\sim} b$$
とする．そうすれば対称性により $a \underset{\varphi}{\sim} c$ であり，したがって，推移性により
$$a \underset{\varphi}{\sim} b \tag{1}$$
である．

さて，x を K_a の任意の要素とすれば，$x \underset{\varphi}{\sim} a$ であるから，(1)と推移性とにより $x \underset{\varphi}{\sim} b$ となり
$$x \in K_b.$$
同様にして $y \in K_b$ なるすべての要素は K_a に属することがわかる．このように二つの類 K_a, K_b が一つの要素を共有すれば両者は一致する．すなわち，M は与えられた同値関係によって類別されることがわかった．

類別の概念は前項の写像の概念と密接に結びついている．

f を集合 A から集合 B の'中への'写像としよう．B における像が一致するような A の要素をすべて一つの類にあつめれば，明らかに A の類別ができる．逆に，任意の集合 A とその一つの類別を考えてみる．A が分けられた類の全体を B としよう．$a \in A$ なる要素 a に対して，a が属する類(すなわち B の要素)を対応させると，集合 A の集合 B の'上への'写像ができる．

例1. xy 平面の x 軸の上への射影を考えると，x 軸上の点の原像は x 軸に垂直な直線である．したがってこの写像によって，平面の平行直線への類別ができる．

例 2. 3次元空間の原点からの距離が等しい点を全部あつめて類にすると，類別ができる．すなわち，一つの類はある半径の球面である．これらの類の全体は，半直線 $[0, \infty)$ 上のすべての点の集合で表現することができる．よって，3次元空間の同心球面への類別に対して，この空間の半直線の上への写像が対応する．

例 3. 小数部分の等しい実数のすべてを一つの類にまとめてみる．この類別に対応する写像は，直線から周長1の円周の上への写像である．──

同値関係はさらに一般的な概念である**二項関係**の特別の場合である．それはつぎのように定義される．M を任意の集合とし，$a, b \in M$ の対 (a, b) ((a, b) と (b, a) は区別して考えることとする)の全体からなる集合を M^2 で表わす．この際，M 上に二項関係 φ が与えられたということは，M^2 から，一つの部分集合 R_φ が選別されたことを意味する．さらにくわしくいえば，要素 a が要素 b に対して関係 φ をもっているとは (a, b) が R_φ に属することであって，このことを $a\varphi b$ で表わす．たとえば M^2 から (a, a) の形の対だけを選んでできる部分集合によって与えられた二項関係は相等関係 ε とよばれ，$a\varepsilon b$ は $a=b$ を意味する．集合 M 上の同値関係 φ が，つぎの条件を満たす二項関係であることは明らかであろう：

1) (a, a) $(a \in M)$ は R_φ に属する　　（反射性），
2) $(a, b) \in R_\varphi$, $(b, c) \in R_\varphi$ ならば $(a, c) \in R_\varphi$　　（推移性），
3) $(a, b) \in R_\varphi$ ならば $(b, a) \in R_\varphi$　　（対称性）．

すなわち，同値関係は反射性，推移性，対称性を満たす二項関係にほかならない．§4 では二項関係のもう一つの重要な例として，半順序を考察する．

§3. 集合の同値，集合の濃度

1°. 有限および無限集合

さまざまな集合のうちには，実際上はともかくとして，原理的には，集合を構成している要素の個数を明らかにしうるものがある．たとえば，ある多角形の頂点の集合，与えられた数を超えない素数の集合，地球上の水の分子の集合などはそれである．これらの集合のどれをとっても，その要素の数は知られて

いないかもしれないが，しかし問題になっている要素の数はたしかに有限個である．ところが一方において，無限に多くの要素からなる集合が存在する．たとえば，すべての自然数，直線上のすべての点，平面上のすべての円，有理係数のすべての多項式の集合などはそれである．これらの集合が無限に多くの要素を含んでいるという意味は，この集合から，1個，2個というように要素を取り出すことができ，しかもこのように取り出す各段階において，なお残っている要素がかならず存在するということだと考えてよいであろう．

二つの有限な集合の場合には，おのおのが含む要素の数は等しいか，一方の集合の要素の数が他方よりも多いかのどちらかである．すなわち，有限集合の場合には，それらが含む要素の個数によって，両者を比較することができる．

無限集合の場合にも同様な比較ができるであろうか．さらにくわしくいえば，たとえば，平面上の円の集合と直線上の有理点の集合とどちらが多いかとか，閉区間 $[0,1]$ 上で定義された函数の全体と空間の直線の全体とどちらが多いかなどという疑問は，意味があるのかどうかということである．

二つの有限集合を比較する過程をもう少しくわしく考えてみよう．たとえば，一方の集合の要素の数をしらべ，さらに第二のもしらべ，両者をくらべることができる．しかし，別なふうにすることも可能である．すなわち，この二つの集合の要素の間に 1-1 対応をつけることができるか否かをしらべるのである．ここに 1-1 対応をつけるとは，一つの集合の要素のおのおのに他の集合のたがいに異なる一つの要素を対応させ，またおなじような逆の対応をつけることである．

二つの有限集合の間に 1-1 対応が成立するのは，明らかに，両者の含む要素の数が等しい場合に限る．たとえば，あるグループの学生の数と，講堂の椅子の数とが等しいかどうか見るには，おのおのの数を数えるかわりに，おのおのの学生にきまった椅子に腰かけさせればよい．すべての学生が腰をかけられて，しかも椅子が一つも残らないならば，これらの二つの集合の間に 1-1 対応が成立したことになり，そのことは両者の数が等しいことを意味する．

ところで，容易にわかるように，(要素の数を数えあげる)第一の方法は<u>有限</u>集合をくらべるときだけに役立つのに対して，第二の(1-1 対応をつける)方法は，有限集合にも<u>無限</u>集合にもおなじように役立つ．

2°. 可算集合

あらゆる無限集合のうちでもっとも単純なものは，自然数の集合である．すべての自然数の集合と 1-1 対応をつけうる集合を，**可算集合**もしくは**可附番集合**という．いいかえれば，可算集合とは，その要素を $a_1, a_2, \cdots, a_n, \cdots$ のように無限の系列として表わしうる集合のことである．可算集合の例をいくつかあげておこう．

例 1. すべての整数の集合．

すべての整数の集合は，つぎのような形で自然数と 1-1 対応をつけることができる．

$$\begin{array}{ccccc} 0 & -1 & 1 & -2 & 2 & \cdots \\ \updownarrow & \updownarrow & \updownarrow & \updownarrow & \updownarrow & \\ 1 & 2 & 3 & 4 & 5 & \cdots. \end{array}$$

すなわち，一般に

$$n \geq 0 \text{ に対しては } n \leftrightarrow 2n+1,$$
$$n < 0 \text{ に対しては } n \leftrightarrow -2n$$

とすればよい．

例 2. すべての正の偶数の集合．

明らかに

$$n \leftrightarrow 2n$$

の形の 1-1 対応がつけられる．

例 3. 2 の累乗 $2, 4, 8, \cdots, 2^n, \cdots$ の集合．

2^n に対して n を対応させれば，この対応は明らかに 1-1 対応である．

例 4. さらに複雑な例として，すべての有理数の集合が可算であることを示そう．任意の有理数は

$$\alpha = \frac{p}{q} \quad (q > 0)$$

なる形の既約分数で表わすことができる．

$$n = |p| + q$$

を有理数 α の**高さ**と名づけよう．高さが与えられた有理数の個数が，有限であることは明らかである．たとえば，高さ 1 をもつものは $0/1 = 0$，高さ 2 のものは $1/1, -1/1$，高さ 3 のものは $2/1, 1/2, -2/1, -1/2$ だけである．高さ 1 のも

のを最初に，高さ2のものをつぎにというようにすべての有理数を高さの増大する順に番号をつけることができる．このようにして，どんな有理数も一つの番号をもつこととなり，したがって，すべての自然数の集合とすべての有理数の集合との間に 1-1 対応がつけられる．——

可算でない無限集合を**非可算集合**という．また，有限集合と可算集合とをあわせて，**たかだか可算な集合**という．

以下，可算集合の一般的性質を二，三あげておこう．

P1． 可算集合の部分集合は，有限集合であるか，または可算集合である．

証明． A を可算集合，B をその部分集合とする．集合 A の要素は

$$a_1,\ a_2,\ a_3,\ \cdots,\ a_n,\ \cdots$$

のように番号順に並べられる．この中から順に拾いだした B の要素の番号を $n_1, n_2, \cdots$ としよう．これらの数のうち最大のものがあれば，B は有限集合であるし，なければ可算集合である．なぜなら，B の要素 $a_{n_1}, a_{n_2}, \cdots$ は $1, 2, \cdots$ によって番号がつけられているから． □

P2． 可算集合の有限個または可算個の合併は可算集合である．

証明． $A_1, A_2, \cdots$ のおのおのが可算集合であるとする．この際，これらの集合は共通の要素をもたないと考えてよい．もし共通の要素をもつならば，上の集合のかわりに $A_1, A_2 \smallsetminus A_1, A_3 \smallsetminus (A_1 \cup A_2), \cdots$ なる集合列を考えれば，各集合はたかだか可算集合で，その合併は $A_1, A_2, \cdots$ の合併に等しいからである．

さて，集合 $A_1, A_2, \cdots$ の要素はつぎのような無限の表の形に並べられる．

$$\begin{array}{cccc} a_{11} & a_{12} & a_{13} & a_{14} & \cdots \\ a_{21} & a_{22} & a_{23} & a_{24} & \cdots \\ a_{31} & a_{32} & a_{33} & a_{34} & \cdots \\ a_{41} & a_{42} & a_{43} & a_{44} & \cdots \\ \cdots & \cdots & \cdots & \cdots & \end{array}$$

ただし，第一の行は集合 A_1 の要素，第二の行は集合 A_2 の要素というようになっているものとする．こうしておいて，これらすべての要素に'対角線的'に番号をつける．すなわち，第一の要素として a_{11} をとり，第二として a_{12}，第三として a_{21} というように，つぎの表の矢印の示すような順に進むのである．

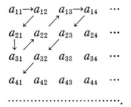

このようにすれば，集合 A_i のおのおのに属するすべての要素に一定の番号がつけられることは明らかである．すなわち，これらの集合 $A_1, A_2, \cdots$ のすべての要素と自然数の集合との間に 1-1 対応がつけられたことになる．これで証明ができた．□

演習 1. 有理係数の多項式からなる集合は可算集合であることを示せ．

演習 2. 有理係数の多項式の根となる数 ξ を**代数的な数**という．すべての代数的な数の集合が可算集合であることを示せ．

演習 3. 直線上のすべての有理区間(両端が有理数の区間)の集合が可算集合であることを示せ．

演習 4. 平面上の有理数の座標をもつ点の全体が可算集合であることを示せ．

ヒント：性質 P 2 を用いる．

P 3. すべての無限集合は可算な部分集合をもつ．

証明． M を無限集合とする．この中から任意の要素 a_1 をとる．M は無限集合であるから a_1 の他に要素 a_2 がある．さらにまた a_1, a_2 とは異なる要素 a_3 がある．以下同様である．このようにして進んでゆけば(M は無限集合であるから，有限回で上の操作がおわってしまうことはない)

$$A = \{a_1, a_2, a_3, \cdots, a_n, \cdots\}$$

なる M の可算部分集合ができる．□

この性質は，可算集合が無限集合のうち'もっとも小さい'ものであることを示している．非可算集合が存在するか否かは 4° で明らかになるであろう．

3°. 集合の同値

前項では，さまざまな集合を自然数の集合と比較することによって，可算集合の概念が生まれることを述べた．集合は明らかに自然数の集合以外の集合とも比較することができる．双一意対応(双射)をつくることによって，任意の二

つの集合を比較しうるのである．まず，つぎの定義をあげておこう．

定義. 二つの集合 M, N の要素の間に 1-1 対応をつけることができるならば，この二つの集合は**同値**であるといい，$M \sim N$ で表わす．——

同値の概念は，有限集合にも無限集合にも適用される．明らかに，二つの有限集合が同値であるのは，両者が要素の数をおなじくするときしかもそのときに限る．また，同値の概念をつかえば，さきに述べた可算集合の定義はつぎのような形にいいかえてもよいであろう．すなわち，

自然数の集合と同値な集合を可算集合という．

明らかに，ある集合と同値な二つの集合はたがいに同値であり，したがって，すべての可算集合はたがいに同値である．

例1. 任意の二つの閉区間 $[a, b]$ と $[c, d]$ との上の点の集合は同値である．これらの二集合の間の 1-1 対応のつけ方は，図5に示したようにすればよい．すなわち，点 p と q とは，それらが補助線分 ef 上の同一の点 r の射影であるときに，たがいに対応するとするのである．

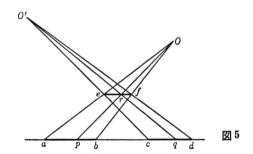

図5

例2. 複素平面上のすべての点からなる集合は，球面上のすべての点からなる集合と同値である．図のようなステレオグラフィクな写像によって $\alpha \leftrightarrow z$ なる対応をつければよい（図6）[1]．

例3. 開区間 $(0, 1)$ 上のすべての点からなる集合は，直線上のすべての点からなる集合と同値である．たとえば，函数

---

1) 北極 N に対応するのは無限遠点 ∞．無限遠点を使わないように対応を修正することも可能（訳者）．

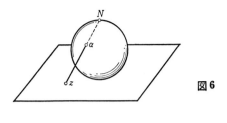

図 6

$$y = \frac{1}{\pi}\tan^{-1}x + \frac{1}{2}$$

による対応を考えればよい．——

2° および 3° で述べた例からみれば，無限集合はその真部分集合と同値でありうる——という興味ある結論がでてくる．たとえば，自然数はすべての整数あるいは有理数と'おなじだけ'あるし，開区間 $(0,1)$ の点は直線上の点と'おなじだけ'あるということになる．この性質がすべての無限集合の特徴であることが，つぎのようにして容易にわかる．2° の性質 3 によれば，任意の無限集合 M から可算集合をとりだすことができる．これを

$$A = \{a_1, a_2, a_3, \cdots, a_n, \cdots\}$$

としよう．A を二つの可算集合

$$A_1 = \{a_1, a_3, a_5, \cdots\}, \quad A_2 = \{a_2, a_4, a_6, \cdots\}$$

にわけてみよう．A も A_1 も可算的であるから両者の間には 1-1 対応がつけられる．この対応を拡大して，$M \smallsetminus A_2$ と M との間に 1-1 対応がつく．すなわち

$$A_1 \cup (M \smallsetminus A) = M \smallsetminus A_2, \quad A \cup (M \smallsetminus A) = M$$

であるから，$M \smallsetminus A_2$，M の双方に含まれる $M \smallsetminus A$ の各要素に対しては，その要素自身を対応させれば，$M \smallsetminus A_2$ と M との間の 1-1 対応ができる．しかも $M \smallsetminus A_2$ は M の真部分集合である．このようにしてつぎの結果が得られる：

　　無限集合はすべてその適当な真部分集合と同値である．

この性質を無限集合の定義としてもよい．

　演習．M を任意の無限集合，A を有限または可算な集合とすれば

$$M \sim M \cup A$$

なることを示せ．

4°. 実数の非可算性

2°において,多くの可算集合の例をあげたが,可算集合の例はこの他にもまだいくらでも示すことができる.なおまた,可算集合の有限和も可算和も可算集合となることさえ示した.そこで当然,つぎの問題が考えられる.すなわち,可算でない無限集合は存在するであろうか.

この疑問に対しては,つぎの定理が示すように,実際に可算でない無限集合が存在するのである.

定理 1. 0 と 1 との間の実数の集合は非可算である.

証明. $[0,1]$ 上の(全部または一部分の)実数 α の列が与えられたとする:

$$\left.\begin{aligned}\alpha_1 &= 0.a_{11}a_{12}a_{13}\cdots a_{1n}\cdots \\ \alpha_2 &= 0.a_{21}a_{22}a_{23}\cdots a_{2n}\cdots \\ \alpha_3 &= 0.a_{31}a_{32}a_{33}\cdots a_{3n}\cdots \\ &\cdots\cdots \\ \alpha_n &= 0.a_{n1}a_{n2}a_{n3}\cdots a_{nn}\cdots \\ &\cdots\cdots\end{aligned}\right\}. \tag{1}$$

ここに a_{ik} は数 α_i の十進小数展開の k 番目の数字である.いま無限小数

$$\beta = 0.b_1b_2b_3\cdots b_n\cdots \tag{2}$$

を,Cantor の対角線論法により,つぎのようにして作ってみる.すなわち b_1 は a_{11} と異なる任意の数字,b_2 は a_{22} と異なる数字というようにして,一般に b_n は a_{nn} と異なる任意の数字とするのである.この無限小数は(1)のなかのどの無限小数とも一致しえない.まず(1)の第一の数とは少なくとも最初の数字がちがうから一致しない.また第二の数とは 2 番目の数字が,一般に第 n の数とは n 番目の数字がちがうから(すべての n に対して $b_n \neq a_{nn}$),無限小数(2)は(1)のどの数とも一致しえない.このように $[0,1]$ 上の数のどんな無限列をつくっても,$[0,1]$ 上のすべての数をつくすことはできない. □

上の証明は少しばかり'いかがわしい'ところがある.というのは,ある種の分数($p/10^q$ の形のもの)を無限小数に表わすとき,たとえば

$$\frac{1}{2} = \frac{5}{10} = 0.5000\cdots = 0.4999\cdots$$

のように,一方は 0 が無限につづき,他方は 9 が無限につづくという二つの形

がある．だから二つの無限小数の数字が一致しないからといって，この無限小数が異なる数であるとはいえないのである．

しかし，無限小数(2)を作るときに，各桁の数字が0でも9でもないようにしておけば（たとえば $a_{nn}=1$ ならば $b_n=2$, $a_{nn} \neq 1$ ならば $b_n=1$ としておけば）上に示した事情は消滅し，証明は完全なものになる．

演習． 二つの異なる形の十進小数をもつ数の全体が可算集合であることを証明せよ．

以上で非可算集合の存在がわかった．つぎに $[0,1]$ に含まれる実数と同値な集合の例を二，三あげておこう．

例1. 任意の閉区間 $[a,b]$ 上のすべての点の集合．または，開区間 (a,b) 上の点の全体．

例2. 直線上のすべての点の集合．

例3. 平面，空間，球面，球の内部などのすべての点からなる集合．

例4. 平面上のすべての直線の集合．

例5. 1変数または多変数のすべての連続函数の集合．

このうち，1,2の証明はやさしい（3°の例1,3参照）が，他のものを<u>直接に</u>証明するのは，かなり複雑である．――

演習． 本節の結果と，2°の演習2とを用いて，<u>超越数</u>すなわち代数的でない数の存在を説明せよ．

5°. Cantor-Bernstein の定理

つぎの定理は，集合論において基本的なもののひとつである．

定理2(Cantor-Bernstein)．A, B は任意の二集合とする．もし，集合 A から B の部分集合 B_1 の上への双一意写像 f が存在し，また集合 B から A の部分集合 A_1 の上への双一意写像 g が存在するならば，A と B とは同値である．

証明． A と B とは交わらない（$A \cap B = \emptyset$）と仮定しても一般性は失われない．A の任意の要素 x に対して，要素列 $\{x_n\}$ をつぎのように定義する．まず $x_0 = x$ とおく．要素 x_n がすでに定義されているとして，要素 x_{n+1} をつぎのように定める．n が偶数ならば（$x_n \in A$ であって），x_{n+1} は $g(x_{n+1}) = x_n$ なる集合 B の要素（もしそのような要素が存在するならば）；また，n が奇数ならば（$x_n \in B$ であるが），そのときには x_{n+1} は $f(x_{n+1}) = x_n$ なる集合 A の要素

(もしそれが存在するならば)——とする．このとき，二つの場合が生ずる．

1°. 或る n に対して，条件を満たすような x_{n+1} が存在しない．このとき，n を要素 x の<u>位数</u>という．

2°. 要素列 $\{x_n\}$ が無限列になる．このとき，要素 x の<u>位数は無限</u>であるという．

さて，集合 A を三つの部分集合に分割する．すなわち，位数が偶数の要素の全体 A_E，位数が奇数の要素の全体 A_O，それに位数無限の要素の全体 A_I である．同様にして集合 B も分割すれば，写像 f は A_E を B_O の上にうつし，また A_I を B_I の上にうつす．そして写像 g^{-1} は A_O を B_E の上にうつす．こうして，$A_E \cup A_I$ の上では f に一致し A_O の上では g^{-1} に一致する A から B への写像 ϕ は，A から B の上への双一意写像になる．□

6°. 濃 度

二つの有限集合が同値ならば，おのおのの要素の個数は等しい．一般には，集合 M, N が同値なとき，M と N とは等しい**濃度**をもつという．すなわち濃度とは，たがいに同値なすべての集合に共通なものであるということができる．有限集合の場合には，濃度の概念は集合の要素の個数という概念と一致する．自然数の集合の濃度(すなわち任意の可算集合の濃度)は記号 $\aleph_0$ (アレフゼロと読む)で表わされる．0, 1 間のすべての実数と同値な集合は，**連続の濃度**をもつ集合といい，この濃度を c もしくは $\aleph$ で表わす．

$\aleph_0$ と c との中間の濃度が存在するかという，きわめて深遠な問題については，§4 で触れることにする．解析学に登場する無限集合は，多くの場合，可算集合か連続の濃度をもつ集合である．

有限集合の濃度すなわち自然数については，'等しい'という概念とならんで'より大きい'とか'より小さい'とかいう概念がある．これらの概念を無限集合の場合に拡張することを考えよう．

A, B は任意の二つの集合，$m(A), m(B)$ をそれぞれの濃度とする．このとき，論理的にはつぎの四つの可能性がある．

1. B は A と同値な部分をもち，A は B と同値な部分をもつ．
2. A は B と同値な部分をもつが，B の部分はどれも A と同値でない．

§3. 集合の同値，集合の濃度

3. B は A と同値な部分をもつが，A の部分はどれも B と同値でない．

4. これら二つの集合のどちらにも，他と同値な部分は存在しない．

1. の場合は，Cantor-Bernstein の定理により集合 A, B はたがいに同値であり，したがって濃度は等しい．i.e. $m(A)=m(B)$．2. の場合には $m(A)>m(B)$，また 3. の場合には $m(A)<m(B)$ と考えるのが自然であろう．最後に，4. の場合には A, B の濃度はたがいに比較しえないと考えざるをえないが，これは実はありえないのである！ このことは，§4, 7° の Zermelo の定理から導かれる．

上述により (Cantor-Bernstein の定理と Zermelo の定理とを仮定して)，任意の二集合 A, B については，これらがたがいに同値 ($m(A)=m(B)$) であるか，もしくは

$$m(A) < m(B), \quad m(A) > m(B)$$

のどちらかの関係が成立することになる．

可算集合が無限集合のうち'最小'のものであることはすでに述べた．さらに可算集合よりも無限の程度がより高い集合が存在することをも示したが，これは連続の濃度の集合であった．だが，連続の濃度よりも大きい濃度の集合は存在するであろうか，また'最大の濃度'をもつ集合が存在するであろうか．これらの疑問に対して，つぎの定理が成り立つ．

定理 3. M は或る集合，$\mathfrak{M}$ は M のすべての部分集合を要素とする集合とする．このとき $\mathfrak{M}$ は M の濃度より大きい濃度をもつ．

証明． $\mathfrak{M}$ の濃度 $\mathfrak{m}$ が M の濃度 m より小さくないことは容易にわかる：M の'一要素'だけからなる部分集合の全体は，M と同値な $\mathfrak{M}$ の部分集合になっているからである．ゆえに，濃度 $m, \mathfrak{m}$ が等しくないことがいえればよい．M の要素 $a, b, \cdots$ と $\mathfrak{M}$ の何らかの要素 $A, B, \cdots$ (すなわち M の何らかの部分集合 $A, B, \cdots$) との間に 1-1 対応

$$a \leftrightarrow A, \; b \leftrightarrow B, \cdots$$

が設定されたとして，この対応が $\mathfrak{M}$ のすべての要素，すなわち M のすべての部分集合を尽くしえないことを証明しよう．つまり，M のいかなる要素とも対応していない集合 $X \subset M$ を構成するのである．いま M の要素でそれに対応する部分集合に含まれないものの全体を X とする．すなわち，$a \leftrightarrow A$ かつ

$a \in A$ ならば a は X の要素ではなく, $a \leftrightarrow A$ かつ $a \notin A$ ならば a は X の要素とするのである. X は M の部分集合だから, これはたしかに $\mathfrak{M}$ の一要素である. このとき, X が M のどんな要素にも対応しないことを証明しよう. $x \leftrightarrow X$ なる $x \in M$ の存在が矛盾をひきおこすことをいえばよい. そのために, x が X に含まれるか否かをしらべてみる. まず $x \notin X$ としてみよう. 定義により, X は, 対応する部分集合に含まれない(M の)要素をすべて含むから, x は X に含まれるはずである. つぎに $x \in X$ としてみれば, x は X に含まれないことになる. X は対応する部分集合に含まれない要素だけから成っているからである. このように, 部分集合 X に対応する要素 x は, 同時に, X に含まれ, また含まれないということになる. 以上により, そのような x は存在しない. すなわち, M の要素と M の部分集合の全体 $\mathfrak{M}$ との間には, 1-1 対応がつけられないのである. これで定理は証明された. □

このようにして, 任意の濃度に対して, これよりも大きい濃度をもつ集合を実際に作ることができるから, したがってまた, さらに大きい濃度をもつ集合を作ることもできる. ゆえに最大の濃度をもつ集合は存在しない.

注意. 集合 $\mathfrak{M}$ の濃度を記号で 2^m と書く. ただし m は M の濃度. (M が有限集合の場合を考えてみれば, この記号の意味は容易に理解しえよう.) こうすれば, 上の定理は不等式の形で $m < 2^m$ と表わすことができる. 特に $m = \aleph_0$ ならば $\aleph_0 < 2^{\aleph_0}$. ここで実は $2^{\aleph_0} = \aleph$ であること, つまり,

自然数の集合のすべての部分集合からなる集合の濃度が連続の濃度に等しい

ことを示そう.

自然数の集合の部分集合の全体を二つの類 $\mathfrak{P}$ と $\mathfrak{Q}$ とに分ける. すなわち, その補集合が無限のものを類 $\mathfrak{P}$ に入れ, 補集合が有限の部分集合を $\mathfrak{Q}$ に入れるのである. 自然数の集合自体は, 補集合が空集合であるから, 当然 $\mathfrak{Q}$ に属することになる. このとき, $\mathfrak{Q}$ に属する部分集合の個数は可算(証明せよ). よって, 類 $\mathfrak{Q}$ は集合 $\mathfrak{M} = \mathfrak{P} \cup \mathfrak{Q}$ の濃度に影響を与えない.

そこで, 類 $\mathfrak{P}$ に属する部分集合と半開区間 $[0, 1)$ の実数 α との間に双一意な対応をつける. すなわち, 部分集合 $A \in \mathfrak{P}$ に対して

$$\varepsilon_n = \begin{cases} 1 & (n \in A) \\ 0 & (n \notin A) \end{cases}$$

とおき，二進小数展開

$$\frac{\varepsilon_1}{2} + \frac{\varepsilon_2}{2^2} + \cdots + \frac{\varepsilon_n}{2^n} + \cdots$$

をもつ実数 a ($0 \leq a < 1$) を部分集合 $A \in \mathfrak{P}$ に対応させるのである．詳細の検討は読者にゆだねる．――

演習．集合 M の上で定義されたすべての数値函数（より一般には，二つ以上の要素を含む集合の中に値をとる函数）の集合は，M の濃度より大きい濃度をもつことを証明せよ．ただし $M \neq \phi$.

ヒント：M 上のすべての特性函数（$X \subset M$ とするとき $x \in X$ ならば $f(x)=1$, $x \notin X$ ならば $f(x)=0$ なる函数を X の**特性函数**という）の集合が M のすべての部分集合の集合と同値であることを用いよ．

§4. 全順序集合，超限数

この節では，集合の要素の順序の考え方に関係する一連の概念を述べる．ここではもっとも基礎的な知識に限り，くわしくは巻末の文献にゆずる．

1°. 半順序集合

M を任意の集合，φ をその中の一つの二項関係とする．（これは或る集合 $R_\varphi \subset M^2$ によって定義される．）φ が

1) **反射性**：$a \varphi a$,
2) **推移性**：$a \varphi b$, $b \varphi c$ ならば $a \varphi c$,
3) **反対称性**：$a \varphi b$, $b \varphi a$ ならば $a = b$

の三条件を満たすとき，関係 φ を**半順序**という．半順序は $\leq$ で表わす．すなわち $a \leq b$ は対 (a, b) が集合 R_φ に属することを意味する．このとき，要素 a は b より'大きくない'または'後にない'あるいは'弱い意味で前にある'という．一つの半順序が与えられた集合を**半順序集合**とよぶ．

半順序集合の例をあげておこう．

例 1. 任意の集合は，'$a=b$ のときしかもそのときに限って $a \leq b$' とおけば，

半順序集合となる．換言すれば，任意の集合において合同関係 ε を2項関係としてとることができる．もちろん，この例は興味のあるものではない．

例 2. 区間 $[\alpha, \beta]$ 上のすべての連続函数からなる集合 M を考える．$f \leq g$ は，すべての $t\,(\alpha \leq t \leq \beta)$ に対して $f(t) \leq g(t)$ (この $\leq$ は通常の意味)の意味であるとすれば，M は明らかに半順序集合となる．

例 3. 一つの集合の部分集合の全体は，$M_1 \subset M_2$ のとき $M_1 \leq M_2$ と書けば半順序集合となる．

例 4. 自然数の全体からなる集合において，$a \leq b$ は 'b が a で割りきれる' ことであるとすれば，半順序集合となる．——

M を半順序集合とする．$a \leq b$ かつ $a \neq b$ のとき記号 $<$ を用いて $a < b$ と書き，a は b 'より小さい' または a は b より '前にある' という．$a \leq b$ のかわりに $b \geq a$ と書き，b は a より '小さくない'($b \neq a$ ならば，b は a より '大きい'，または 'b は a より後にある') という．半順序集合の或る要素 a について，$a \leq b$ から $a = b$ が導かれるとき，a は **極大** であるという．また或る要素 a について，$c \leq a$ ならば $c = a$ となるとき，a は **極小** であるという．

半順序集合において，どの二要素 a, b に対しても $a \leq c$, $b \leq c$ なる c が存在するとき，この半順序集合を **有向集合** という．

2°. 順序を保存する写像

M, M' は半順序集合，f は M から M' の中への写像とする．$a \leq b\,(a, b \in M)$ ならば (M' において) $f(a) \leq f(b)$ となるような写像 f は **順序を保存する** という．f が M から M' への双射であり，かつ関係 $f(a) \leq f(b)$ が $a \leq b$ のときしかもそのときに限って成り立つとき，写像 f は半順序集合 M, M' の **(順序)同形写像** とよび，同形写像 f が存在するとき，集合 M, M' は **(順序)同形** であるという．

たとえば，1° の例 4 のような半順序をつけた自然数の集合 M と，おなじく自然数の集合に通常の順序——$b - a > 0$ のときに $b > a$ とする——をつけた集合 M' とを考えよう．M に属する各 n に M' に属する n を対応させる写像は，順序を保存するが同形ではない．

半順序集合間の同形関係は，明らかに同値関係である(対称性，推移性，反

射性を満たしている)．したがって，半順序集合の集合[1]が与えられたとき，この集合はたがいに同形な集合の類に分類される．問題になっていることが，集合の要素の性質ではなくて，その間の半順序である場合には，たがいに同形な集合は区別する必要はなく，おなじものと見なしてよいであろう．

3°. 順序型，全順序集合

たがいに同形な半順序集合に対しては，これらは**同一の順序型**をもつという．このように，順序型とは，たがいに同形などんな半順序集合にも共通に内属する概念である．濃度が，たがいに同値な集合に固有の共通概念であったことを想起されよ(濃度のほうは，集合にどんな関係が導入されているかは無視して考えている)．

半順序集合の要素 a, b に対して $a \leqq b$, $b \leqq a$ のどちらの関係も成立しない場合がありうる．このとき a, b は**比較しえない**という．このように，半順序関係は一部の要素の対に対してだけ定義されているものであるから，'半'順序というのである．だが，半順序集合 M が比較しえない要素をもたない場合もあるので，このときは集合 M を**全順序集合**(**線形順序集合**もしくは**完全順序集合**)という．つまり，集合 M が全順序集合であるというのは，M が半順序集合で，任意の異なる二要素 $a, b \in M$ がかならず $a < b$ か $b < a$ かの関係にある場合である．

全順序集合の部分集合が全順序集合となることは明らかである．

1° の例 1-4 における集合は，半順序集合だが，全順序集合ではない．自然数の集合，有理数の集合，$[0, 1]$ 上のすべての実数の集合などは，もっとも単純な全順序集合の例である(これらの集合では 'より大きい'，'より小さい' という関係は通常の意味となる)．

全順序は半順序の特別の場合であるから，全順序集合に対しても順序を保存する写像，したがって同形概念を考えることができ，よって，全順序集合の順序型なるものについてものを言うことができる．通常の順序による自然数列 1,

---

[1] 'すべての半順序集合の集合' というような概念は，この際とりあげないことにする．この種のものは 'すべての集合の集合' という概念と同様にそれ自身矛盾概念であって，正確な数学上の術語にはなりえないのである．

2, 3, … はもっとも単純な全順序集合であって，その順序型を記号 ω で表わす．

二つの全順序集合がたがいに同形ならば，それらは明らかに同じ濃度をもつ（同形写像は双射であるから）．したがって，与えられた順序型に対応する濃度を考えることができる（たとえば，型 ω には濃度 $\aleph_0$ が対応する）．しかし逆は正しくない：与えられた濃度をもつ集合は，一般的には，異なった多くの方法で順序づけられるのであって，有限集合だけが要素の数 n によってきまるただ一つの順序型をもつ（この型も n で表わす）．自然数からなる可算集合でさえも，'自然' の型 ω の他に，たとえば

$$1, \ 3, \ 5, \ \cdots, \ 2, \ 4, \ 6, \ \cdots$$

なる型をもっている．これは任意の偶数はすべての奇数の後にあり，奇数も偶数も増大するように順序づけられたものである．濃度 $\aleph_0$ に対応する異なる順序型の数は無限にあり，しかも可算的でないことが証明される．

4°. 全順序集合の順序和

二つの全順序集合 M_1, M_2 の順序型をそれぞれ θ_1, θ_2 としよう．M_1, M_2 は交わらないと仮定する．このとき，合併集合 $M_1 \cup M_2$ の二要素に対して，これらが共に M_1 に属するならば，その間の順序を M_1 におけると同じように，共に M_2 に属するならば M_2 におけると同じように定め，また M_1 の要素はつねに M_2 の要素の前にあるように定めて，$M_1 \cup M_2$ に順序を導入することができる（これが全順序になっていることを検証せよ）．このような全順序集合を集合 M_1, M_2 の**順序和**とよび，$M_1 + M_2$ で表わす．このとき，順序和 $M_1 + M_2$ が $M_2 + M_1$ とかならずしも一致しないことは，注意しておくべきである．和 $M_1 + M_2$ の順序型を順序型 θ_1, θ_2 の**順序和**とよび，$\theta_1 + \theta_2$ で表わす．

この定義は容易に任意の有限個の順序型 $\theta_1, \theta_2, \cdots, \theta_m$ に拡張することができる．

例． 順序型 ω と n とに対して $n + \omega = \omega$ であることは容易にわかる．すなわち，自然数列 $1, 2, \cdots, k, \cdots$ に左から n 個の要素をつけ加えても，順序型 ω がえられる．だが順序型 $\omega + n$, つまり

$$1, \ 2, \ 3, \ \cdots, \ k, \ \cdots, \ a_1, \ a_2, \ \cdots, \ a_n$$

なる全順序集合の順序型は，明らかに ω ではない．

5°. 整列集合,超限数

半順序と全順序について上に述べてきたが,ここではさらに狭い,しかしきわめて重要な概念である'整列順序'の概念を導入する.

定義. 空でない部分集合がすべて最小の要素をもつような全順序集合を**整列(順序)集合**という.ここに最小の要素とは,この部分集合のすべての要素に対して弱い意味で前にある要素のことである.(最初の要素ともいう.)——

有限な全順序集合が整列集合であることはいうまでもない.全順序集合ではあるが整列集合ではないものの例としては,$[0,1]$ 上の有理数の全体からなる集合をあげることができる.この集合自身は最小要素 0 をもつが,正の有理数からなる部分集合は最小要素をもっていない.

整列集合の(空でない)部分集合は,明らかに整列集合である.

整列集合の順序型を**順序数**といい,無限集合の場合には**超限順序数**とよぶ.

通常の順序関係における自然数列は,全順序集合であると同時に整列集合である.したがって,その順序型 ω は(超限)順序数である.また

$$1, 2, \cdots, n, \cdots, a_1, a_2, \cdots, a_k$$

なる集合の型の順序数は $\omega+k$ である.

これに反して

$$\cdots, -n, \cdots, -3, -2, -1 \tag{1}$$

なる集合は,全順序集合だが,整列集合ではない.すなわち,この集合の空でない部分集合は最大(もっとも後にある)の要素をもつが,一般には最小要素はもたない(たとえば全集合(1)は最小要素をもたない).集合(1)の順序型(順序数ではない)を ω^* で表わす.

つぎに,単純ではあるが重要な事実を一つ,証明しておこう.

補助定理 1. 整列集合の有限個の順序和は整列集合である.

証明. 整列集合の順序和 $M_1+M_2+\cdots+M_n$ の任意の部分集合を M とする.M の要素を含む最初の集合を M_k とすれば,交わり $M \cap M_k$ は,整列集合 M_k の空でない部分集合であるから,最初の要素をもつ.この要素は M 全体の最初の要素である. □

系. 順序数の(有限個の)順序和は順序数である.——

このように,順序数がいくつかあれば,これから新しい順序数をつくること

ができる．たとえば自然数(有限の順序数)と順序数 ω とから出発して

$$\omega+n,\ \omega+\omega,\ \omega+\omega+n,\ \omega+\omega+\omega,\ \cdots$$

などの順序数がつくられる．これらの超限順序数に対応する整列集合をつくることは易しい．

順序型の順序和とならんで，**順序積**を導入することもできる．順序型 θ_1, θ_2 をもつ集合を M_1, M_2 としよう．M_2 の各要素に対してひとつずつ順序集合 M_1 のコピーをつくり，しかるのち，M_2 においてその要素を M_1 のコピーで置き換える．こうして得られる集合を M_1 と M_2 との**順序積**といい，$M_1 \cdot M_2$ と書く．形式的には，すべての対 (a, b) ($a \in M_1, b \in M_2$) の集合に対して，$b_1 < b_2$ (a_1, a_2 は任意) のとき $(a_1, b_1) < (a_2, b_2)$，また $a_1 < a_2$ のとき $(a_1, b) < (a_2, b)$ として順序を導入したものが順序積 $M_1 \cdot M_2$ である[1]．

同様に任意の有限個の因数からなる順序積 $M_1 \cdot M_2 \cdots M_p$ が定義できる．全順序集合の積 $M_1 \cdot M_2$ の順序型 θ を順序型 θ_1, θ_2 の積といい

$$\theta = \theta_1 \cdot \theta_2$$

で表わす[1]．順序和と同様に順序積も可換ではない．

補助定理 2. 整列集合の積は整列集合である．

証明． M を積 $M_1 \cdot M_2$ の任意の部分集合とする．M の要素は対 (a, b) である．M に属する対の第二の要素 b の全体は M_2 の部分集合である．M_2 は整列集合であるから，この部分集合は最初の要素をもつ．これを b_1 とし M に属する (a, b_1) なる形のすべての対からなる集合を考える．この集合に属する対の第一の要素 a の全体は M_1 の部分集合である．M_1 の整列順序により，この部分集合は最初の要素をもつ．これを a_1 としよう．このとき (a_1, b_1) が M の最初の要素であることは明らかである．□

系． 順序数の順序積は順序数である．──

例． $\omega+\omega = \omega \cdot 2$, $\omega+\omega+\omega = \omega \cdot 3$ などは明らかである．同様に $\omega \cdot n, \omega^2, \omega^2 \cdot n, \omega^3, \cdots, \omega^p, \cdots$ などの型の集合も容易に構成される．これらの集合はすべて可算の濃度をもつ．

順序型に他の演算を定義することによって，たとえば $\omega^\omega, \omega^{\omega^\omega}$ などの順序数を考えることもできる．

6°. 順序数の比較

二つの有限な順序数 n_1, n_2 については，両者が一致するか，一方が他方より大きいかのいずれかである．このような順序関係を超限順序数に拡張することを考えよう．そのために**切片**なる概念を導入する．整列集合 M の一つの要素

---

[1] いわゆる'辞書式順序'であるが，ここの辞書は単語を'うしろ'から引いている．つまり $(a_1, b_1), (a_2, b_2)$ の大小を定めるのに，まず b_1, b_2 を比較する．本邦では'前から'引く方が普通，したがってここの $\theta_1 \cdot \theta_2$ は $\theta_2 \cdot \theta_1$ と書くことになる．いずれにしても本質的には変りはない（訳者）．

§4. 全順序集合，超限数

a に対して，$x<a$ なるすべての $x \in M$ の集合を(a で決定される)**切片**という．

いま α, β を二つの順序数，M, N はそれぞれ α, β の型の集合とする．集合 M, N が同形のとき $\alpha=\beta$，M が N の或る切片と同形のとき，$\alpha<\beta$，逆に N が M の切片と同形のとき $\alpha>\beta$ と定義しよう．

定理 1. 二つの順序数 α, β の間には

$$\alpha=\beta, \quad \alpha<\beta, \quad \alpha>\beta$$

なる関係のうちの一つしかもただ一つが成立する．――

これを証明するために，つぎの補助定理を証明しておく．

補助定理 3. 整列集合 A から，その部分集合 B の上への同形写像を f とすれば，任意の $a \in A$ に対して $f(a) \geqq a$ である．

証明． もし $f(a)<a$ なる要素 $a \in A$ が存在したとすれば，それらのうち最小のものが存在する(整列集合の性質)．これを a_0 とし $f(a_0)=b_0$ とすれば，$b_0<a_0$ である．ところが f は同形写像であるから，$f(b_0)<f(a_0)=b_0$ となり，a_0 が $f(a)<a$ をみたす最小の要素であることと矛盾する．⌟

定理の証明． 上の補助定理から，整列集合は，その一要素によって決定される切片と同形ではありえないことが，ただちにわかる．A が $a \in A$ による切片と同形ならば，$f(a)<a$ となり，補助定理と矛盾するからである．このことは

$$\alpha=\beta, \quad \alpha<\beta$$

が同時に成立することはありえないことを示している．同様に $\alpha=\beta, \alpha>\beta$ が同時に成立することもない．また

$$\alpha<\beta, \quad \alpha>\beta$$

が同時に成立しえないことも，ただちにわかる．なぜならば，この二式が同時に成立したとすれば $\alpha<\alpha$ となり(推移性)，上に述べたことと矛盾するからである．このように，$\alpha \gtreqless \beta$ なる関係のうち一つが成立すれば他の二つの関係は成立しえないことがわかった．そこで，これらの関係のうち一つは必ず成立すること，すなわち，任意の二つの順序数が比較しうることを示せば，証明は完了する．

いま順序数 α に対して，その'標準的代表者'としての役割をつとめる集合 $W(\alpha)$ をつくる．すなわち，α より小さいすべての順序数の集合を $W(\alpha)$ とする．このとき，$W(\alpha)$ の要素がすべてたがいに比較可能であり，集合 $W(\alpha)$

(要素の順序数の大小によって順序づけた順序集合) の順序型は α であることが, つぎのようにしてわかる: いま,
$$A = \{\cdots, a, \cdots, b, \cdots\}$$
を順序型が α の集合とすれば, 定義により α より小さい順序数は A の切片のどれかと 1-1 対応がつくから, この切片を決定する A の要素と 1-1 対応がつく. 換言すれば, (順序型 α の) 集合 A に属する各要素をこれに対応する α より小さい順序数で置きかえて
$$A = \{a_0, a_1, \cdots, a_\lambda, \cdots\}$$
と考えてよい. ゆえに $W(\alpha)$ の順序型は A とおなじく α である.

さて, α, β を二つの順序数とすれば, $A=W(\alpha)$, $B=W(\beta)$ はそれぞれ順序型 α, β の集合である. $C=A\cap B$ をつくれば, C は α, β より小さい順序数の全体であり, かつ整列集合である. C の順序型を γ とすれば $\gamma\leqq\alpha$ なることが証明される: まず, もし $C=A$ ならば $\gamma=\alpha$ である. つぎに, $C\neq A$ ならば C は A の切片となり, よって
$$\gamma < \alpha$$
となることがつぎのようにしてわかる. すべての $\xi\in C$, $\eta\in A\setminus C$ に対して ξ, η はつねに比較可能 ($\xi>\eta$ または $\xi<\eta$) であるが, $\eta<\xi<\alpha$ とすれば $\eta\in C$ となり矛盾する. ゆえに $\xi<\eta$ である. よって C は集合 A の切片であり, $\gamma<\alpha$ となる. なおまた γ は $A\setminus C$ の最初の要素である: $\gamma\in A\setminus C$. 同様な考察は $B, B\setminus C$ についても成立するから
$$\gamma\leqq\alpha, \quad \gamma\leqq\beta$$
となる. この際 $\gamma<\alpha$, $\gamma<\beta$ は同時に成立しえない. もし同時に成立するとすれば
$$\gamma\in A\setminus C, \quad \gamma\in B\setminus C$$
となり $\gamma\in A\cap B=C$. しかるに上式は $\gamma\notin C$ を示しているから矛盾する. 結局, 可能な場合は
$$\gamma=\alpha, \ \gamma=\beta, \ \text{このとき} \ \alpha=\beta$$
$$\gamma=\alpha, \ \gamma<\beta, \ \text{このとき} \ \alpha<\beta$$
$$\gamma<\alpha, \ \gamma=\beta, \ \text{このとき} \ \alpha>\beta$$
の三つの場合となり, α, β は比較可能であることがわかった. 以上で定理の証

明はおわる．□

　順序数が一定の濃度をもつことと，順序数が比較可能であることとから，対応する濃度の比較可能性が結論される．よってつぎの命題が成立する：二つの整列集合はたがいに同値（濃度がひとしい）か，一方の濃度が他方の濃度より大きいかのいずれかである（すなわち整列集合は比較不可能な濃度をもたない）．

　有限または可算の濃度をもつ順序数の全体からなる集合を取りあげてみよう．これは整列集合を構成するが，その濃度は可算の濃度より大きいことが容易にわかる：すべての可算超限順序数の集合の順序型を，通常 ω_1 で表わす．もし ω_1 の濃度が可算ならば，ω_1 の後にある ω_1+1 なる順序型の集合も可算であるはずだが，一方において ω_1 が有限または可算の濃度をもつすべての超限順序数の後にあることは明らかである．よって ω_1 は ω_1+1 の後にあることになって矛盾する．

　超限順序数 ω_1 の濃度を $\aleph_1$ で表わす．不等式
$$\aleph_0 < m < \aleph_1$$
を満たす濃度 m は存在しないことが容易にわかる：もしこのような m が存在するならば，ω_1 の前にある超限順序数の全体からなる集合 $W(\omega_1)$ の中に濃度 m の部分集合が存在するはずである．この部分集合は整列集合で，$\aleph_0 < m$ により非可算である．ところが，$m < \aleph_1$ によりその順序型 α は ω_1 の前にあるから，α の濃度は可算的でなければならない．これは矛盾である．

7°．選択公理，Zermelo の定理およびそれに同値な諸命題

　任意の二つの整列集合の濃度が比較できるということから，つぎの問題が提起される：すべての集合は何らかの方法で整列順序づけができないだろうか．これが可能ならば，比較不可能な濃度は存在しないことになる．Zermelo は，どんな集合も整列順序づけ可能であるという命題を証明し，この問題を肯定的に解決した．この定理の証明[1]（ここでは省略する．たとえば [2] 参照）は，いわゆる**選択公理**に依拠している．それはつぎの形で述べられるものである：

　A を添え字 α の集合とし，各 α に対して空でない集合 M_α（どんなものでも

---

1) 辻正次：集合論（共立出版）参照（訳者）．

よい)が与えられているものとする．このとき，選択公理の主張するところは，

　各 $\alpha \in A$ に対してこれに対応する集合 M_α の或る要素 m_α を対応づけるような函数 φ をつくることができる

というのである．換言すれば，各集合 M_α からその要素をひとつずつ選出して新しい集合をつくることができるということになる．

　ここに述べた形の集合論は Cantor および Zermelo に始まるもので，いわゆる'素朴な'集合論である．素朴な集合論の枠内に発生した選択公理――Zermelo の公理ともいう――は，連続の濃度が最初の非可算濃度 $\aleph_1$ に一致するかといういわゆる**連続体仮説**などのその他の諸問題と共に，多くの論争を惹き起こし，これが発端となって，数学的論理学や数学基礎論に関する長い一連の仕事が開始された．その結果，Gödel–Bernays, Zermelo–Fraenkel の公理的集合論が建設されているが，これらの理論においては，選択公理の無矛盾性と独立性とが確立されている．これについては A. Fraenkel, I. Bar-Hillel : Foundations of Set Theory (集合論の基礎), Amsterdam, 1958, P. J. Cohen : Set Theory and the Continuum Hypothesis (集合論と連続体仮説), Benjamin, 1966 を参照されたい．選択公理を拒否しては，集合論の構造は本質的に貧困なものと化することに，注意しておく．

　しかしまた一方では，素朴な集合論の批判と選択公理を使わずにやってゆこうとする試みは，たとえば再帰函数の理論や計算可能数の概念のような著しい理論を創設せしめるに至っている．

　選択公理と同値な命題(すなわち，選択公理から導かれる命題で，逆にこの命題を公理とすれば選択公理を証明することができるもの)を二つあげておこう．まず，Zermelo の定理がこの種の命題の一つであることは明らかである．すなわち，集合 M_α が整列順序づけられるならば，各 M_α に対してその最初の要素を値とする函数を選択公理における函数 φ にとればよい．

　選択公理と同値な命題をつくるために，鎖の概念が用いられる．半順序集合 M の部分集合 A の任意の二要素が M の半順序により比較可能なとき，A を**鎖**といい，鎖が M に属する他のどんな鎖の真部分集合でもない場合に，この鎖は**極大**であるという．また，すべての $a' \in M' (\subset M)$ に対して $a' \leqq a$ なる $a \in M$ を，集合 M' の**上界**とよぶ．

Hausdorff の定理． 半順序集合に含まれる任意の鎖に対して，これを含む或る極大な鎖が存在する．

　つぎの定理は選択公理と同値な諸命題のうちもっとも都合のよいものである．

Zorn の補題. 半順序集合 M における鎖がすべて上界をもつならば[1]，M の任意の要素に対してそれより弱い意味で後にあるような M の極大要素が存在する.

これらの命題(選択公理，Zermelo の定理，Hausdorff の定理，Zorn の補題)が同値であることの証明は，たとえば，井関清志訳: ア・ゲ・クローシュ，抽象代数学(東京図書) (A. Г. Курош: Лекции по общей алгебры, физматгиз, 1962)にある．また [8] 参照．ここでは省略する．

部分集合 A の上界の集合が最小要素 a をもつとき，a を A の**最小上界**という．同様に**最大下界**が定義される．すべての空でない有限部分集合が最小上界と最大下界とをもつような半順序集合を，**束**という．

8°. 超限帰納法

種々の命題を証明するのに，数学的帰納法がひろく用いられる．周知のように，それはつぎの形の論法である．自然数 n についての命題 $P(n)$ が，条件

1) 命題 $P(1)$ は真である，
2) $P(k)$ がすべての $k \leq n$ に対して真ならば $P(n+1)$ も真である――

を満たすならば，$P(n)$ はすべての $n=1, 2, \cdots, n, \cdots$ に対して真である．

この証明は容易である: $P(n)$ が成立しないような n があったとし，その最小数を n_1 とすれば，$n_1 > 1$，つまり $n_1 - 1$ も自然数であるから，2)と矛盾する.

同様な方法は自然数のかわりに任意の整列集合に対しても用いられる．この場合には**超限帰納法**という．すなわち超限帰納法とはつぎのようなものである．一つの整列集合 A (ある超限順序数より小さいすべての超限順序数の集合と考えてよい)が与えられ，各 $a \in A$ に対する命題 $P(a)$ が，A の最初の要素に対して真であり，a に先行する各要素に対して真であるならば a に対しても真であるとしよう．このとき，$P(a)$ はすべての $a \in A$ に対して真である．証明は自然数の場合と同様である: $P(a)$ が真でない要素を A が含むとすれば，その最初の要素 a^* が存在するはずであるが，このことはすべての $a < a^*$ に対して $P(a)$ が真であるということを意味し，前提より矛盾を生ずる．

Zermelo の定理により集合はすべて整列順序づけ可能であるから，超限帰

---

[1] このような半順序集合は，**帰納的に順序**づけられているという(訳者).

納法は原理的には任意の集合に適用しうる．しかし実際上は，当該の集合における半順序の存在を仮定した Zorn の補題を使う方が便利である．Zorn の補題を適用するためには，問題となっている集合の要素の間になんらかの半順序が導入されていなければならないが，これは'集合そのもの'の中に自然な形ではいっているのが普通である．

§5. 集 合 系[1]

1°. 集 合 環

要素がそれぞれ何らかの集合であるような集合を**集合系**という．ここでは，特に断らない限り，要素が一定の集合 X の部分集合であるような集合系を考察する．集合系を表わすのにドイツ大文字を用いることにしよう．ここで主として問題とするのは，§1で導入した演算に関して一定の意味で閉じている集合系である．

定義1. 空でない集合系 $\mathfrak{R}$ に対して，$A \in \mathfrak{R}$, $B \in \mathfrak{R}$ ならばつねに $A \triangle B \in \mathfrak{R}$, $A \cap B \in \mathfrak{R}$ となっているとき，$\mathfrak{R}$ を**(集合)環**という[2]．

任意の A, B に対して
$$A \cup B = (A \triangle B) \triangle (A \cap B),$$
$$A \smallsetminus B = A \triangle (A \cap B)$$

であるから，$A \in \mathfrak{R}$, $B \in \mathfrak{R}$ ならば $A \cup B$, $A \smallsetminus B$ も $\mathfrak{R}$ に属する．したがって，集合の環は，合併，共通集合，差集合および対称差をつくることに関して閉じている集合系である．環に属する集合の任意有限個の合併および共通集合

$$C = \bigcup_{k=1}^{n} A_k, \quad D = \bigcap_{k=1}^{n} A_k$$

も明らかにその環に属している．

$A \smallsetminus A = \emptyset$ であるから，環はすべて空集合 $\emptyset$ を含む．空集合だけからなる環は最小の環である．

---

[1] この節で述べることは第5章で測度の一般論を論ずる際に必要となる．したがって，この節は後に読んでもよい．平面上の測度論(第5章§1)だけを研究しようとする読者はこの節を省略してもさしつかえない．

[2] 合併 $\cup$, 交わり $\cap$ に関して閉じている集合系を環とよぶこともある(訳者)．

§5. 集合系

集合 E が集合系 $\mathfrak{S}$ に属し，かつ任意の $A \in \mathfrak{S}$ に対して
$$A \cap E = A$$
なる等式が成立するとき，E を $\mathfrak{S}$ の**単位元**という．すなわち集合系 $\mathfrak{S}$ の単位元とは，$\mathfrak{S}$ に属する集合のどれをも含む最大の集合にほかならない．単位元をもつ集合環を**集合の代数**という．

例 1. A を任意の集合とするとき，その部分集合の全体 $\mathfrak{M}(A)$ は，$E = A$ を単位元とする代数である．

例 2. 空でない集合 A と空集合 $\emptyset$ とからなる集合系 $\{A, \emptyset\}$ は，$E = A$ を単位元とする代数である．

例 3. 任意の集合 A の有限部分集合の全体は，集合環である．この環は，A 自身が有限個の要素からなるときしかもそのときに限り，代数となる．

例 4. 数直線上のすべての有界な集合の系は集合環であるが，単位元は存在しない．——

環の定義からただちにつぎの定理が導かれる．

定理 1. 環 $\mathfrak{R}_\alpha$ の集合の共通部分 $\mathfrak{R} = \bigcap_\alpha \mathfrak{R}_\alpha$ は環である． □

ここで，簡単だがのちに重要となる定理を，述べておこう．

定理 2. 任意の空でない集合系 $\mathfrak{S}$ が与えられたとき，$\mathfrak{S}$ を含み，かつ，$\mathfrak{S}$ を含む任意の環 $\mathfrak{R}^*$ に含まれる環 $\mathfrak{R}(\mathfrak{S})$ が，一つしかもただ一つ存在する．

証明. $\mathfrak{R}(\mathfrak{S})$ が $\mathfrak{S}$ によって一意的にきまることは明らかであるから，その存在を証明すればよい．そのため $\mathfrak{S}$ に属するすべての集合 A の合併 $X = \bigcup_{A \in \mathfrak{S}} A$ と X のすべての部分集合からなる環 $\mathfrak{M}(X)$ を考える．$\mathfrak{M}(X)$ に含まれる集合環で $\mathfrak{S}$ を含むものの全体を Σ とする．このとき
$$\mathfrak{P} = \bigcap_{\mathfrak{R} \in \Sigma} \mathfrak{R}$$
なる共通部分が求める環 $\mathfrak{R}(\mathfrak{S})$ である．すなわち $\mathfrak{S}$ を含む任意の環 $\mathfrak{R}^*$ に対して，$\mathfrak{R} = \mathfrak{R}^* \cap \mathfrak{M}(X)$ を考えれば，これは Σ に属する環であるから
$$\mathfrak{S} \subset \mathfrak{P} \subset \mathfrak{R} \subset \mathfrak{R}^*$$
となり，$\mathfrak{P}$ は最小性の要求を満たしている． □

$\mathfrak{R}(\mathfrak{S})$ を系 $\mathfrak{S}$ 上の**最小の環**もしくは $\mathfrak{S}$ によって**生成される環**といい，$\mathfrak{R}(\mathfrak{S})$ と書く．

2°. 集合の半環

たとえば測度論における一連の問題で，環と共に重要な役割を演ずるものに，集合の半環がある．

定義 2. 集合系 $\mathfrak{S}$ が空集合 $\emptyset$ を含み，共通集合を作る演算に関して閉じており，かつ $A_1, A \in \mathfrak{S}$, $A_1 \subset A$ なる A, A_1 が与えられたとき A を $A = \bigcup_{k=1}^{n} A_k$ (A_k はたがいに共通点をもたない $\mathfrak{S}$ の集合で，$k=1$ のときは与えられた A_1) なる形に表わすことができる場合に，$\mathfrak{S}$ を**半環**という．——

たがいに共通点をもたず，その合併が集合 A に等しいような集合系 $A_1, A_2, \cdots, A_n$ を，A の**有限分割**とよぶことにしよう．

任意の集合環 $\mathfrak{R}$ が半環であることは，$A, A_1 \subset A$ なる $\mathfrak{R}$ の二集合に対して

$$A = A_1 \cup A_2 \qquad (A_2 = A \smallsetminus A_1 \in \mathfrak{R})$$

なる有限分割 A_1, A_2 が存在することから明らかである．

環でない半環の例としては，数直線上の開区間 (a, b)，閉区間 $[a, b]$，半開区間 $[a, b), (a, b]$ の全体からなる系をあげることができる[1]．もうひとつの例としては，平面上の'半分開いた'長方形 $a < x \leq b, c < y \leq d$ の全体，あるいは空間における半開直方体を挙げることができる．

半環についての二，三の性質をあげておこう．

補助定理 1. 集合 $A_1, A_2, \cdots, A_n, A$ は半環 $\mathfrak{S}$ に属し，集合 A_i ($i=1, 2, \cdots, n$) はたがいに共通点をもたない A の部分集合とする．このとき，A_i ($i=1, 2, \cdots, n$) に集合 $A_{n+1}, \cdots, A_s \in \mathfrak{S}$ を補って A の有限分割

$$A = \bigcup_{k=1}^{s} A_k \qquad (s \geq n); \quad A_k \in \mathfrak{S} \qquad (k=1, 2, \cdots, n, \cdots, s)$$

をつくることができる．

証明． 帰納法をつかう．$n=1$ ならば半環の定義から定理が成立することは明らかである．$n=m$ のとき定理が成立すると仮定し，条件を満たす $m+1$ 個の集合 $A_1, A_2, \cdots, A_m, A_{m+1}$ を考える．仮定により A は

$$A = A_1 \cup A_2 \cup \cdots \cup A_m \cup B_1 \cup B_2 \cup \cdots \cup B_p$$

と書ける．ここに B_q ($q=1, 2, \cdots, p$) は $\mathfrak{S}$ の集合である．いま

---

[1] 開区間には'空区間' (a, a) も含め，閉区間には一点からなる閉区間 $[a, a]$ を含めることは，もちろんである．

$$B_{q1} = A_{m+1} \cap B_q$$

とおけば，半環の定義から

$$B_q = B_{q1} \cup B_{q2} \cup \cdots \cup B_{qr_q}$$

と表わせる．ここに B_{qj} は $\mathfrak{S}$ の集合である．これから

$$A = A_1 \cup \cdots \cup A_m \cup A_{m+1} \cup \bigcup_{q=1}^{p} \bigcup_{j=2}^{r_q} B_{qj}$$

となり，$n=m+1$ でも成立することがわかる．ゆえにすべての n に対して成立する．□

補助定理 2. 半環 $\mathfrak{S}$ に属する任意の有限の集合系 $A_1, A_2, \cdots, A_n$ が与えられたとき，$\mathfrak{S}$ に属する適当な，たがいに共通点をもたない有限個の集合の系 $B_1, B_2, \cdots, B_t$ を選んで，おのおのの A_k を

$$A_k = \bigcup_{s \in M_k} B_s$$

の形に B_s で表わすことができる．

証明. $n=1$ のときは $t=1$, $B_1=A_1$ とおくことによって自明である．$n=m$ で成立すると仮定し，$\mathfrak{S}$ に属する一つの集合系 $A_1, A_2, \cdots, A_{m+1}$ を考察する．$A_1, A_2, \cdots, A_m$ に対して，補助定理の条件を満たす $\mathfrak{S}$ の集合系 $B_1, B_2, \cdots, B_t$ をとり

$$B_{s1} = A_{m+1} \cap B_s$$

とおく．補助定理1により

$$A_{m+1} = \bigcup_{s=1}^{t} B_{s1} \cup \bigcup_{p=1}^{q} B'_p \qquad (B'_p \in \mathfrak{S}) \tag{1}$$

なる有限分割が存在する．また半環の定義により

$$B_s = B_{s1} \cup B_{s2} \cup \cdots \cup B_{sf_s} \qquad (B_{sj} \in \mathfrak{S})$$

と書ける．このとき，B_{sj}, B'_p はたがいに共通点をもたず，

$$A_k = \bigcup_{s \in M_k} \bigcup_{j=1}^{f_s} B_{sj} \qquad (k=1, 2, \cdots, m)$$

となることは容易にわかる．このようにして B_{sj}, B'_p が $A_1, A_2, \cdots, A_m, A_{m+1}$ に対して補助定理の条件を満たすことがわかるから，補助定理は成立する．□

3°. 半環により生成される環

先に 1° において，任意の集合系 $\mathfrak{S}$ に対して $\mathfrak{S}$ を含む最小の環が存在することを見たが，与えられた $\mathfrak{S}$ に対して実際に $\mathfrak{R}(\mathfrak{S})$ をつくることはすこぶる複雑である．しかし $\mathfrak{S}$ が半環の場合——この場合が重要である——には $\mathfrak{R}(\mathfrak{S})$ はきわめて見通しがよいものとなる．つぎの定理はこの構成法を与えるものである．

定理 3. $\mathfrak{S}$ を半環とするとき，$\mathfrak{R}(\mathfrak{S})$ は

$$A = \bigcup_{k=1}^{n} A_k \qquad (A_k \in \mathfrak{S})$$

なる有限分割が可能な集合 A の系 $\mathfrak{Z}$ と一致する．

証明． 系 $\mathfrak{Z}$ が環であることを示そう．A, B を $\mathfrak{Z}$ の任意の集合とすれば

$$A = \bigcup_{k=1}^{n} A_k, \quad B = \bigcup_{k=1}^{m} B_k \qquad (A_k \in \mathfrak{S}, \ B_k \in \mathfrak{S})$$

なる分割が存在する．$\mathfrak{S}$ は半環であるから，集合

$$C_{ij} = A_i \cap B_j$$

は $\mathfrak{S}$ に属する．補助定理 1 により

$$A_i = \bigcup_j C_{ij} \cup \bigcup_{k=1}^{r_i} D_{ik}, \quad B_j = \bigcup_i C_{ij} \cup \bigcup_{l=1}^{s_j} E_{jl} \qquad (2)$$

なる分割が存在する．ここに $D_{ik}, E_{jl} \in \mathfrak{S}$ である．等式 (2) から，$A \cap B, A \triangle B$ は

$$A \cap B = \bigcup_{i,j} C_{ij},$$
$$A \triangle B = \bigcup_{i,k} D_{ik} \cup \bigcup_{j,l} E_{jl}$$

なる分割が可能となり，したがって $\mathfrak{Z}$ に属する．このように $\mathfrak{Z}$ は実際に環である．これが $\mathfrak{S}$ を含むすべての環のうちで最小なものであることは明らかであろう． □

4°. σ 代 数

種々の問題，特に測度論では，有限個の集合だけでなく可算個の集合の合併や共通集合を考察しなければならない．そのために，集合環の概念のほかにつぎのような概念を導入しておくと都合がよい．

§5. 集合系

定義 3. 集合環に属する集合の列 $A_1, A_2, \cdots, A_n, \cdots$ に対して，その合併
$$S = \bigcup_n A_n$$
がつねにまたこの環に属するとき，この環を σ 環という．

定義 4. 集合環に属する集合の列 $A_1, A_2, \cdots, A_n, \cdots$ に対して，その共通集合
$$D = \bigcap_n A_n$$
がつねにまたこの環に属するとき，この環を δ 環という．――

単位元をもつ σ 環を σ 代数，単位元をもつ δ 環を δ 代数とよぶのが自然だが，実は，これらの二概念は一致する．すなわち，σ 代数はすべて δ 代数であり，また δ 代数はすべて σ 代数である．このことは，つぎの双対関係：
$$\bigcup_n A_n = E \smallsetminus \bigcap_n (E \smallsetminus A_n),$$
$$\bigcap_n A_n = E \smallsetminus \bigcup_n (E \smallsetminus A_n)$$
から明らかである (p. 4, (3), (4) の変形)．

σ 代数のもっとも単純な例は，集合 A の部分集合の全体からなる系である．

一つの集合系 $\mathfrak{S}$ が与えられたとき，この系を含む σ 代数は少なくとも一つは存在する．実際，
$$X = \bigcup_{A \in \mathfrak{S}} A$$
なる集合 X のすべての部分集合からなる系 $\mathfrak{B}$ を考えれば，これが $\mathfrak{S}$ を含む σ 代数であることは明らかである．$\tilde{\mathfrak{B}}$ を $\mathfrak{S}$ を含む任意の σ 代数，$\tilde{X}$ をその単位元とすれば，$A \in \mathfrak{S}$ は $\tilde{X}$ に含まれるから $X = \bigcup_{A \in \mathfrak{S}} A \subset \tilde{X}$ である．$\tilde{X} = \bigcup_{A \in \mathfrak{S}} A$ なる σ 代数 $\tilde{\mathfrak{B}}$ は (系 $\mathfrak{S}$ に関して) **既約**であるという．換言すれば，$\mathfrak{S}$ 既約な σ 代数とは，どの $A \in \mathfrak{S}$ にも含まれないような点を含まない σ 代数である．このような σ 代数に限定して考えるのは自然であろう．

既約な σ 代数に関しても，環について上に述べた定理 2 と同様な定理が成立する．

定理 4. 任意の空でない集合系 $\mathfrak{S}$ に対して，$\mathfrak{S}$ を含みかつ $\mathfrak{S}$ を含む任意の σ 代数に含まれるような σ 代数 $\mathfrak{B}(\mathfrak{S})$ が存在する．――

証明は定理 2 の方法とまったく同様にすればよい．σ 代数 $\mathfrak{B}(\mathfrak{S})$ を**系 $\mathfrak{S}$ 上の最小の σ 代数**もしくは**系 $\mathfrak{S}$ によって生成される σ 代数**という．

解析学で重要な役割をはたすものに,いわゆる **Borel 集合** または **B 集合**があるが,これは数直線上の閉区間 $[a,b]$ の全体 $\mathfrak{S}$ の上の最小の σ 代数に属する集合のことである.

5°. 集合系と写像

つぎの事実に注意しておこう.これはのちに可測函数を考察する際に必要になるものである.

集合 M の上で定義され,集合 N の値をとる写像 $y=f(x)$ を考える.集合系 $\mathfrak{M}$($\mathfrak{M}$ は集合 M の部分集合からなるものとして)に属する集合 A の像 $f(A)$ の全体を $f(\mathfrak{M})$ で表わし,また,$f^{-1}(\mathfrak{N})$ で集合系 $\mathfrak{N}$($\mathfrak{N}$ は集合 N の部分集合からなるものとして)に属する集合 B の逆像 $f^{-1}(B)$ の全体を表わす.このとき,つぎの事実が成立する.

1) $\mathfrak{N}$ が環ならば $f^{-1}(\mathfrak{N})$ も環である.
2) $\mathfrak{N}$ が代数ならば,$f^{-1}(\mathfrak{N})$ も代数である.
3) $\mathfrak{N}$ が σ 代数ならば,$f^{-1}(\mathfrak{N})$ も σ 代数である.
4) $\mathfrak{R}(f^{-1}(\mathfrak{N})) = f^{-1}(\mathfrak{R}(\mathfrak{N}))$.
5) $\mathfrak{B}(f^{-1}(\mathfrak{N})) = f^{-1}(\mathfrak{B}(\mathfrak{N}))$.

これらの命題において,f^{-1},$\mathfrak{N}$ をそれぞれ f,$\mathfrak{M}$ でおきかえてもよいであろうか.

第2章　距離空間と位相空間

§1. 距　離　空　間

1°. 定義と基本的な例

　極限移行の演算は解析学のもっとも重要な演算の一つである．この演算の基礎は，数直線上の点に対して二点間の距離なるものが定義されているというところにある．解析学の基礎的な事実の多くは，実数の集合の代数的性質（すなわち実数が体であるということ）と関係なく，ただ，距離関係と結びついた実数の性質にのみ依存している．今日の数学で基本的な役割を演ずる'距離空間'は，要素間に距離が導入してある集合としての実数概念を一般化したものである．以下，距離空間およびその一般化としての位相空間の理論の基本的な事項を述べることとしよう．本章の諸結果は，この章に続くすべての叙述に対して本質的な役割を演ずるであろう．

　定義． 集合 X の任意の要素 x,y に対してその間の**距離**とよばれる1価非負の実数値函数 $\rho(x,y)$ が定義されており，かつ，つぎの三条件：
 1)　$x=y$ のときかつこのときに限り $\rho(x,y)=0$,
 2)　$\rho(x,y)=\rho(y,x)$　　（対称の公理），
 3)　$\rho(x,y)+\rho(y,z)\geqq\rho(x,z)$　　（三角形の公理）

を満たすとき，X と ρ との対 (X,ρ) を**距離空間**といい，X の要素を**点**とよぶ．

　この距離空間，すなわち対 (X,ρ) を，通常一つの文字で
$$R=(X,\rho)$$
と表わす．しかし，誤解の恐れがないときには単なる'点の集まり'である X と同じ記号 X で距離空間を示すことが多い．――

　距離空間の例をあげておこう．これらの例のうち若干のものは，解析学できわめて重要な役割を演ずる．

　例1. 任意の集合の要素に対して

$$\rho(x,y) = \begin{cases} 0 & (x=y) \\ 1 & (x \neq y) \end{cases}$$

とおけば，明らかに距離空間ができる．これを**離散距離空間**という．

例2. 実数の集合は，距離を

$$\rho(x,y) = |x-y|$$

とすることによって距離空間 $\mathbf{R}^1$ となる．

例3. n 個の実数の順序列

$$x = (x_1, x_2, \cdots, x_n)$$

の集合は

$$\rho(x,y) = \sqrt{\sum_{k=1}^{n}(y_k - x_k)^2} \tag{1}$$

を距離としたとき，n 次元(算術) **Euclid** 空間 $\mathbf{R}^n$ とよばれる．$\mathbf{R}^n$ に対して公理 1, 2 が成立することは明らか．三角形の公理が $\mathbf{R}^n$ で満たされることを検証しよう．

$$x = (x_1, x_2, \cdots, x_n), \quad y = (y_1, y_2, \cdots, y_n), \quad z = (z_1, z_2, \cdots, z_n)$$

とすれば，三角形の公理は

$$\sqrt{\sum_{k=1}^{n}(z_k - x_k)^2} \leq \sqrt{\sum_{k=1}^{n}(y_k - x_k)^2} + \sqrt{\sum_{k=1}^{n}(z_k - y_k)^2} \tag{2}$$

の形に表わされる．いま

$$y_k - x_k = a_k, \quad z_k - y_k = b_k$$

とおけば

$$z_k - x_k = a_k + b_k.$$

このとき (2) はつぎの形をとる：

$$\sqrt{\sum_{k=1}^{n}(a_k+b_k)^2} \leq \sqrt{\sum_{k=1}^{n}a_k^2} + \sqrt{\sum_{k=1}^{n}b_k^2}. \tag{3}$$

この不等式は Cauchy-Bunyakowski の不等式[1]

$$\left(\sum_{k=1}^{n} a_k b_k\right)^2 \leq \sum_{k=1}^{n} a_k^2 \cdot \sum_{k=1}^{n} b_k^2 \tag{4}$$

---

[1] Cauchy-Bunyakowski の不等式は

$$\left(\sum_{k=1}^{n} a_k b_k\right)^2 = \sum_{k=1}^{n} a_k^2 \cdot \sum_{k=1}^{n} b_k^2 - \frac{1}{2}\sum_{i=1}^{n}\sum_{j=1}^{n}(a_i b_j - b_i a_j)^2$$

なる等式から得られる．この等式は直接の計算によって検証される．

§1. 距離空間

によりただちに導かれる。すなわち

$$\sum_{k=1}^{n}(a_k+b_k)^2 = \sum_{k=1}^{n} a_k{}^2 + 2\sum_{k=1}^{n} a_k b_k + \sum_{k=1}^{n} b_k{}^2$$
$$\leqq \sum_{k=1}^{n} a_k{}^2 + 2\sqrt{\sum_{k=1}^{n} a_k{}^2 \cdot \sum_{k=1}^{n} b_k{}^2} + \sum_{k=1}^{n} b_k{}^2 = \left(\sqrt{\sum_{k=1}^{n} a_k{}^2} + \sqrt{\sum_{k=1}^{n} b_k{}^2}\right)^2.$$

以上により不等式(3),したがってまた(2)が証明された.

例 4. n 個の実数の列 $x=(x_1, x_2, \cdots, x_n)$ の集合に対して,距離を

$$\rho_1(x, y) = \sum_{k=1}^{n} |x_k - y_k| \tag{5}$$

で与えれば,公理1-3が満たされることは明らかである.この空間を $\mathbf{R}_1{}^n$ で表わす.

例 5. 前例のように n 個の数の列 $(x_1, x_2, \cdots, x_n)$ を点とし,距離を

$$\rho_\infty(x, y) = \max_{1 \leqq k \leqq n} |y_k - x_k| \tag{6}$$

で定義した空間 $\mathbf{R}_\infty{}^n$ を考えよう.

公理1-3が満たされることは明らかである.この空間は,Euclid空間 $\mathbf{R}^n$ におとらず,解析学でよく用いられる.

最後の三例が示すように,距離空間を構成する点の全体と,距離空間そのものとに異なる記法を用いることは重要である.それは,点集合としては同じものが異なる方法で距離づけされることもありうるからである.

例 6. 閉区間 $[a, b]$ 上で定義されたすべての連続な実函数の集合を $C[a, b]$ で表わすと,これは

$$\rho(f, g) = \sup_{a \leqq t \leqq b} |g(t) - f(t)| \tag{7}$$

を距離として距離空間となる.公理1-3の成立することは,ただちに検証される.この空間は解析学できわめて重要なものである.この距離空間は**連続函数の空間**とよばれ,空間の点の集合とおなじ記号 $C[a, b]$ で表わすことになっている.

例 7. $\sum_{k=1}^{\infty} x_k{}^2 < \infty$ を満たす実数列

$$x = (x_1, x_2, \cdots, x_n, \cdots)$$

を点とし,

$$\rho(x,y) = \sqrt{\sum_{k=1}^{\infty}(y_k-x_k)^2} \qquad (8)$$

を二点 x, y の距離とする空間を l_2 で表わす．まず，このように定義された函数 $\rho(x,y)$ がすべての $x, y \in l_2$ に対して意味をもつこと，すなわち

$$\sum_{k=1}^{\infty}(y_k-x_k)^2$$

が $\sum_{k=1}^{\infty} x_k^2 < \infty$, $\sum_{k=1}^{\infty} y_k^2 < \infty$ のときに収束することは，初等的な不等式

$$(x_k \pm y_k)^2 \leq 2(x_k^2 + y_k^2)$$

から明らかである．このことは同時にまた，$(x_1, x_2, \cdots, x_n, \cdots)$, $(y_1, y_2, \cdots, y_n, \cdots)$ が l_2 に属すれば $(x_1+y_1, x_2+y_2, \cdots, x_n+y_n, \cdots)$ も l_2 に属することを示している．つぎに函数(8)が距離空間の公理を満たすことを示そう．まず公理1, 2が成立することは明らか．三角形の公理は，この場合

$$\sqrt{\sum_{k=1}^{\infty}(z_k-x_k)^2} \leq \sqrt{\sum_{k=1}^{\infty}(z_k-y_k)^2} + \sqrt{\sum_{k=1}^{\infty}(y_k-x_k)^2} \qquad (9)$$

の形をとる．この不等式の各項が収束することは上に示した通りである．一方各 n に対して

$$\sqrt{\sum_{k=1}^{n}(z_k-x_k)^2} \leq \sqrt{\sum_{k=1}^{n}(z_k-y_k)^2} + \sqrt{\sum_{k=1}^{n}(y_k-x_k)^2}$$

であるから(不等式(2)参照)，ここで $n \to \infty$ とすれば(9)となる．よって l_2 における三角形の公理が証明された．

例8. 例6と同様に閉区間 $[a, b]$ 上の連続函数の全体を考え，距離としては

$$\rho(x,y) = \left(\int_a^b (x(t)-y(t))^2 dt\right)^{1/2} \qquad (10)$$

をとってみる．これが距離空間の公理1, 2を満たすことは明らか．公理3も
Cauchy-Bunyakowski の積分不等式[1)]

$$\left(\int_a^b x(t)y(t)dt\right)^2 \leq \int_a^b x^2(t)dt \cdot \int_a^b y^2(t)dt$$

---

1) この不等式は，つぎの等式(容易に検証しうる)
$$\left(\int_a^b x(t)y(t)dt\right)^2 = \int_a^b x^2(t)dt \cdot \int_a^b y^2(t)dt - \frac{1}{2}\int_a^b\int_a^b [x(s)y(t)-y(s)x(t)]^2 dsdt$$
からただちに証明される．

からただちに検証される．この距離空間を $C_2[a,b]$ で表わし，**二乗積分距離の連続函数の空間**とよぶ．

例 9. 実数の有界数列 $x=(x_1, x_2, \cdots, x_n, \cdots)$ のすべてからなる集合を考える．

$$\rho(x, y) = \sup_k |y_k - x_k| \tag{11}$$

とおくことによって得られる距離空間を m で表わす．公理 1-3 が成立することは明らかであろう．

例 10. n 個の実数の列 $(x_1, x_2, \cdots, x_n)$ のすべてからなる集合は，距離を

$$\rho_p(x, y) = \left(\sum_{k=1}^n |y_k - x_k|^p\right)^{1/p} \qquad (p \geq 1) \tag{12}$$

とすることによって，また距離空間となる．これを $\mathbf{R}_p^n$ で表わす．公理 1, 2 が満たされることは，前同様に明らか．公理 3 を検証してみよう．$\mathbf{R}_p^n$ の三点

$$x=(x_1, x_2, \cdots, x_n), \quad y=(y_1, y_2, \cdots, y_n), \quad z=(z_1, z_2, \cdots, z_n)$$

を考える．

$$y_k - x_k = a_k, \quad z_k - y_k = b_k$$

とおけば，不等式

$$\rho_p(x, z) \leq \rho_p(x, y) + \rho_p(y, z)$$

は

$$\left(\sum_{k=1}^n |a_k+b_k|^p\right)^{1/p} \leq \left(\sum_{k=1}^n |a_k|^p\right)^{1/p} + \left(\sum_{k=1}^n |b_k|^p\right)^{1/p} \tag{13}$$

の形となる．これはいわゆる **Minkowski の不等式**である．$p=1$ のときはこの不等式は明らかだから（和の絶対値は絶対値の和をこえない），$p>1$ のときについて証明すればよい[1]．

不等式 (13) を証明するために，まず，いわゆる **Hölder の不等式**

$$\sum_{k=1}^n |a_k b_k| \leq \left(\sum_{k=1}^n |a_k|^p\right)^{1/p} \left(\sum_{k=1}^n |b_k|^q\right)^{1/q} \tag{14}$$

を作っておこう．ここに q は

$$\frac{1}{p} + \frac{1}{q} = 1 \quad \text{i.e.} \quad q = \frac{p}{p-1} \tag{15}$$

---

[1] $p<1$ の場合には Minkowski の不等式は成立しない．ゆえに $\mathbf{R}_p^n$ $(p<1)$ なる空間を考察しようとしても，この空間は三角形の公理を満たさないのである．

なる数 >1 である．

不等式(14)は斉次，つまり，これが二つのベクトル
$$a = (a_1, a_2, \cdots, a_n), \quad b = (b_1, b_2, \cdots, b_n)$$
によって満たされるならば，また $\lambda a, \mu b$ (λ, μ は任意の数) によっても満たされる．ゆえに，(14)の証明は

$$\sum_{k=1}^{n} |a_k|^p = \sum_{k=1}^{n} |b_k|^q = 1 \tag{16}$$

の場合について行えばよい．したがって，証明すべきことは，条件(16)の下に

$$\sum_{k=1}^{n} |a_k b_k| \leqq 1 \tag{17}$$

が成立することである．

(ξ, η) 平面上の曲線 $\eta = \xi^{p-1}$ $(\xi > 0)$，すなわち $\xi = \eta^{q-1}$ (図7) を考えよう．

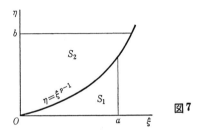

図7

図から，任意の正の数 a, b に対して明らかに $S_1 + S_2 \geqq ab$. ここで面積 S_1, S_2 を求めれば

$$S_1 = \int_0^a \xi^{p-1} d\xi = \frac{a^p}{p}, \quad S_2 = \int_0^b \eta^{q-1} d\eta = \frac{b^q}{q}$$

であるから

$$ab \leqq \frac{a^p}{p} + \frac{b^q}{q}.$$

$a = |a_k|$, $b = |b_k|$ とおいて $k=1$ から $k=n$ までの和を作れば，(15), (16)により

$$\sum_{k=1}^{n} |a_k b_k| \leqq 1$$

となる．これで不等式(17)，したがって一般に不等式(14)が証明された．$p=2$

ならば，Hölder の不等式(14)は Cauchy-Bunyakowski の不等式(4)となる．

さて Minkowski の不等式の証明にうつろう．そのために，恒等式
$$(|a|+|b|)^p = (|a|+|b|)^{p-1}|a|+(|a|+|b|)^{p-1}|b|$$
を考える．この恒等式において $a=a_k$, $b=b_k$ とおき，$k=1$ から $k=n$ まで加えれば
$$\sum_{k=1}^n (|a_k|+|b_k|)^p = \sum_{k=1}^n (|a_k|+|b_k|)^{p-1}|a_k| + \sum_{k=1}^n (|a_k|+|b_k|)^{p-1}|b_k|.$$
右辺のおのおのの和に対して Hölder の不等式を適用すると（$(p-1)q=p$ を用いて）
$$\sum_{k=1}^n (|a_k|+|b_k|)^p \leq \left(\sum_{k=1}^n (|a_k|+|b_k|)^p\right)^{1/q} \left(\left[\sum_{k=1}^n |a_k|^p\right]^{1/p} + \left[\sum_{k=1}^n |b_k|^p\right]^{1/p}\right).$$
この不等式の両辺を
$$\left(\sum_{k=1}^n (|a_k|+|b_k|)^p\right)^{1/q}$$
でわれば
$$\left(\sum_{k=1}^n (|a_k|+|b_k|)^p\right)^{1/p} \leq \left(\sum_{k=1}^n |a_k|^p\right)^{1/p} + \left(\sum_{k=1}^n |b_k|^p\right)^{1/p}$$
となる．これからただちに不等式(13)が導かれる．これによって空間 $\mathbf{R}_p^n$ において三角形の公理が成立することが証明された．

この例における距離 ρ_p は，$p=2$ のとき Euclid 距離（例3）となり，$p=1$ のときには例4の距離となる．また例5で導入された距離
$$\rho_\infty(x,y) = \max_{1 \leq k \leq n} |y_k - x_k|$$
はつぎのような極限値であることが証明される：
$$\rho_\infty(x,y) = \lim_{p \to \infty} \left(\sum_{k=1}^n |y_k - x_k|^p\right)^{1/p}.$$

上で証明した不等式
$$ab \leq \frac{a^p}{p} + \frac{b^q}{q} \qquad \left(\frac{1}{p} + \frac{1}{q} = 1\right)$$
からつぎの **Hölder の積分不等式**
$$\int_a^b |x(t)y(t)|dt \leq \left(\int_a^b |x(t)|^p dt\right)^{1/p} \left(\int_a^b |y(t)|^q dt\right)^{1/q}$$

が容易に得られる．ここに，$x(t), y(t)$ は，右辺の積分が存在するような任意の函数である．

また，上の式から，つぎの **Minkowski の積分不等式**が導かれる．
$$\left(\int_a^b |x(t)+y(t)|^p dt\right)^{1/p} \leq \left(\int_a^b |x(t)|^p dt\right)^{1/p} + \left(\int_a^b |y(t)|^p dt\right)^{1/p}.$$

例 11. さらに一つの興味ある距離空間の例をあげておこう．
$$\sum_{k=1}^{\infty} |x_k|^p < \infty \qquad (p \geq 1)$$
を満たすあらゆる実数の数列
$$x = (x_1, x_2, \cdots, x_n, \cdots)$$
を点とする集合を考える．距離として
$$\rho(x, y) = \left(\sum_{k=1}^{\infty} |y_k - x_k|^p\right)^{1/p} \tag{18}$$
をとったとき，この距離空間を l_p で表わす．

Minkowski の不等式 (13) により，任意の n に対して
$$\left(\sum_{k=1}^{n} |y_k - x_k|^p\right)^{1/p} \leq \left(\sum_{k=1}^{n} |x_k|^p\right)^{1/p} + \left(\sum_{k=1}^{n} |y_k|^p\right)^{1/p}.$$

級数 $\sum_{k=1}^{\infty} |x_k|^p, \sum_{k=1}^{\infty} |y_k|^p$ は収束するから，$n \to \infty$ なる極限を考えて
$$\left(\sum_{k=1}^{\infty} |y_k - x_k|^p\right)^{1/p} \leq \left(\sum_{k=1}^{\infty} |x_k|^p\right)^{1/p} + \left(\sum_{k=1}^{\infty} |y_k|^p\right)^{1/p} < \infty \tag{19}$$
となる．ゆえに左辺の級数も収束する．こうして，l_p で定義された距離 (18) が任意の $x, y \in l_p$ に対して意味をもつことが証明された．同時に，不等式 (19) は，l_p において三角形の公理が成立することを示している．他の公理については明らかである．──

つぎの部分空間の概念によれば，距離空間の例はいくらでも作ることができる：$R = (X, \rho)$ を距離空間，M を X の任意の部分集合とする．おなじ $\rho(x, y)$ を M に属する x, y に対して定義されたものと考え直せば，M が距離空間となる．このとき M を R の**部分空間**という．

2°. 距離空間の連続写像，等長写像

X, Y は二つの距離空間，f は X から Y の中への写像とする．すなわち，各 $x \in X$ に対して Y の一要素 $y = f(x)$ が対応しているものとする．このとき，各 $\varepsilon > 0$ に対して適当な $\delta > 0$ をとれば

$$\rho(x, x_0) < \delta$$

なるすべての x に対して不等式

$$\rho_1(f(x), f(x_0)) < \varepsilon$$

(ρ, ρ_1 はそれぞれ X, Y における距離) が満たされるとき，この写像 f は点 $x_0 \in X$ において**連続**であるといい，f が空間 X の各点において連続なとき，f は **X の上で連続**，あるいは単に，写像 f は連続であるという．X, Y が数の集合，したがって f が数直線上の部分集合の上で定義された実数値函数の場合には，上の定義は初等解析でよく知られた連続函数の定義と一致する．

同様にして，数個の変数 $x_1 \in X_1, \cdots, x_n \in X_n$ の距離空間 Y の中に値をとる連続函数 (連続写像) f を定義することもできる (ここに $X_1, \cdots, X_n$ は距離空間)．

これに関連して，距離 $\rho(x, y)$ 自身が，これを変数 $x \in X, y \in X$ の函数とみなしたとき連続であることに，注意しておこう．このことは，三角形の公理から容易に導かれる不等式 $|\rho(x, y) - \rho(x_0, y_0)| \leq \rho(x_0, x) + \rho(y_0, y)$ より，ただちに出る．

X から Y の上への写像 f が双一意ならば，Y から X の上への逆写像 $x = f^{-1}(y)$ が存在する．写像 f が双一意かつ双連続 (すなわち f, f^{-1} が共に連続) のとき，f は**同相写像**とよばれ，空間 X, Y の間に同相写像が存在するならば，X と Y とはたがいに**同相**であるという．たがいに同相な距離空間の例として，たとえば数直線 $(-\infty, \infty)$ と区間 $(-1, 1)$ とをあげることができる．この場合の同相写像は，たとえば

$$y = \frac{2}{\pi} \tan^{-1} x$$

で与えられる．

同相写像の重要な特別の場合として，距離空間の等長写像がある．すなわち，距離空間 $R = (X, \rho)$ から距離空間 $R' = (Y, \rho')$ への双射 f が，任意の $x_1, x_2 \in R$ に対して

$$\rho(x_1, x_2) = \rho'(f(x_1), f(x_2))$$

を満たすとき，この写像を**等長写像**というのである．空間 R, R' の間に等長写像が存在するとき，X, Y はたがいに**等長**であるという．

空間 R, R' が等長ということは，それぞれの要素間の距離関係がまったく同様であることを意味する．違いうるのは要素自身の性質にすぎないが，これは距離空間の理論の見地からは本質的ではない．それゆえ，以下ではたがいに等長な空間は同一のものと見なすことにする．

ここで述べた諸概念(連続性，同相性)は，本章の§5の終りに，さらに一般的な見地から見なおすことになる．

§2. 収束，開集合と閉集合

1°. 集積点，閉包

この節では，距離空間の理論の基礎的な概念のいくつかを解説する．これらの概念は，以下しばしば用いられるであろう．

距離空間 R における**開球** $B(x_0, r)$ とは，条件

$$\rho(x, x_0) < r$$

を満たす点 $x \in R$ の全体からなる集合のことである．定点 x_0 をこの球の**中心**，r を**半径**という．

閉球 $B[x_0, r]$ とは，条件

$$\rho(x, x_0) \leqq r$$

を満たす点 $x \in R$ の全体からなる集合をいう．

半径 ε，中心 x_0 の開球を，点 x_0 の ε **近傍**ともいい，$O_\varepsilon(x_0)$ で表わす．

演習．$\rho_1 > \rho_2$，$B(x, \rho_1) \subset B(y, \rho_2)$ なる二球 $B(x, \rho_1)$，$B(y, \rho_2)$ をもつ距離空間の例をつくれ．

集合 $M \subset R$ は，それが或る球の中に完全に含まれるとき，**有界**であるという．

点 x の任意の近傍が集合 M の点を少なくとも一つ含むとき，x を集合 M の**触点**という．集合 M の触点の全体を $\bar{M}$ で表わし，M の**閉包**という．このように，集合 M からその閉包 $\bar{M}$ にうつる閉包演算を，距離空間の部分集合

§2. 収束，開集合と閉集合

定理 1. 閉包演算は，つぎの性質をもつ:
1) $M \subset \overline{M}$,
2) $\overline{\overline{M}} = \overline{M}$,
3) $M_1 \subset M_2$ ならば $\overline{M_1} \subset \overline{M_2}$,
4) $\overline{M_1 \cup M_2} = \overline{M_1} \cup \overline{M_2}$.

証明. 1) M に属する点が M の触点であることは明らかだから（この点自身がその近傍のどれにも含まれる），1)は当然である.

2) $x \in \overline{\overline{M}}$ とする．定義からこの点の任意の近傍 $O_\varepsilon(x)$ は点 $x_1 \in \overline{M}$ を含む. $\varepsilon - \rho(x, x_1) = \varepsilon_1$ とし，$O_{\varepsilon_1}(x_1)$ を考えると，この球は $O_\varepsilon(x)$ の中に完全に含まれる．なぜならば，任意の $z \in O_{\varepsilon_1}(x_1)$ に対して $\rho(z, x_1) < \varepsilon_1$ および $\rho(x, x_1) = \varepsilon - \varepsilon_1$ から，三角形の公理により
$$\rho(z, x) < \varepsilon_1 + (\varepsilon - \varepsilon_1) = \varepsilon,$$
すなわち，$z \in O_\varepsilon(x)$ となるからである．$x_1 \in \overline{M}$ であるから，$O_{\varepsilon_1}(x_1)$ は $x_2 \in M$ を含む．したがって $x_2 \in O_\varepsilon(x)$. $O_\varepsilon(x)$ は x の任意の近傍であったから $x \in \overline{M}$. これで 2) が示された.

3) は明らかであろう．最後に第四の性質を証明する.

4) $x \in \overline{M_1 \cup M_2}$ としよう．もし $x \notin \overline{M_1}$, $x \notin \overline{M_2}$ ならば，M_1 の点を含まない ε_1 近傍 $O_{\varepsilon_1}(x)$ と，M_2 の点を含まない ε_2 近傍 $O_{\varepsilon_2}(x)$ とが存在する．よって $\varepsilon = \min(\varepsilon_1, \varepsilon_2)$ とすれば $O_\varepsilon(x)$ は $M_1 \cup M_2$ の点を含まない．この矛盾から，x は $\overline{M_1}, \overline{M_2}$ のどちらかに含まれなければならないこととなる．ゆえに
$$\overline{M_1 \cup M_2} \subset \overline{M_1} \cup \overline{M_2}.$$
逆むきの包含関係は，$M_1 \subset M_1 \cup M_2$, $M_2 \subset M_1 \cup M_2$ であるから，3) により明らかである．□

$x \in R$ の任意の近傍が集合 M の点を無限に多く含むならば，x を M の**集積点**という.

M の集積点は，M に属することも属さないこともある．たとえば，M を閉区間 $[0, 1]$ に属する<u>有理数</u>の全体とすれば，この線分の点はすべて M の集積点である.

点 x が集合 M に属し，かつ，x 以外には M の点を含まないような近傍

$O_\varepsilon(x)$ が存在するならば，x を M の**孤立点**という．つぎの主張の証明は，演習として読者にまかせる．

集合 M の触点は，M の集積点であるか孤立点であるかのどちらかである．

このようにして，M の閉包 $\bar{M}$ は，一般的に，つぎの三種の型の点から構成されていることがわかる．

1) M の孤立点．
2) M に属する M の集積点．
3) M に属さない M の集積点．

それゆえ，閉包 $\bar{M}$ は，M にそのすべての集積点（それがあれば）をつけ加えたものである．

2°. 収束

$x_1, x_2, \cdots$ を距離空間 R の点列とする．一点 x のどの ε 近傍 $O_\varepsilon(x)$ をとっても，ある n から先の番号の x_n がすべてこれに含まれるならば（すなわち任意の $\varepsilon > 0$ に対して適当な数 N_ε が存在し，$n > N_\varepsilon$ なる n に対するすべての x_n が $O_\varepsilon(x)$ に含まれるならば），この点列は点 x に**収束する**といい，点 x を点列 $\{x_n\}$ の**極限**という．

この定義は，容易にわかるように，'点列 $\{x_n\}$ は
$$\lim_{n\to\infty} \rho(x, x_n) = 0$$
のときに点 x に収束する'と言いかえることができる．

極限の定義から，つぎの事実がすぐに結論される．

1) 一つの点列は二つの異なった極限をもちえない．
2) 点列 $\{x_n\}$ が点 x に収束するなら，その任意の部分点列も x に収束する．

つぎの定理は，距離空間における触点や集積点の概念と極限の概念との間の密接な関係を述べたものである．

定理 2. 点 x が集合 M の触点であるためには，x に収束する集合 M の点列 $\{x_n\}$ が存在することが必要かつ十分である．

証明．必要． x が集合 M の触点ならば，その各近傍 $O_{1/n}(x)$ は少なくとも一点 $x_n \in M$ を含み，これらの点は x に収束する点列をつくる．

十分なことは明らかである．□

x が集合 M の集積点ならば,異なる n に対する $x_n \in O_{1/n}(x) \cap M$ が異なる点となるように選ぶことができる.それゆえ——

点 x が M の集積点であるためには,x に収束するたがいに異なる点からなる点列が存在することが必要かつ十分である.

前節では,距離空間 X から距離空間 Y の中への連続写像の概念を導入したが,これは点列の収束概念を用いてつぎのように述べることができる.すなわち,点 x_0 に収束するすべての点列 $\{x_n\}$ に対して,点列 $\{y_n = f(x_n)\}$ が $y_0 = f(x_0)$ に収束するときかつそのときに限り,写像 $y = f(x)$ は点 x_0 で連続である.この定義が§1で導入したものと同値であることの証明は,数値函数の場合の 'ε-δ による' 連続の定義と '数列による' 連続の定義とが同値であることの証明とまったく同様であるから,読者にまかせる.

3°. 稠密な部分集合

距離空間 R における二集合 A, B の間に $\bar{A} \supset B$ なる関係があるとき,A は B において**稠密**であるという.特に $\bar{A}$ が全空間と一致するならば A は (R において)**到るところ稠密**であるという.たとえば,有理数の全体からなる集合は,数直線上到るところ稠密である.どんな球 B を考えても,その球の中に集合 A の点をひとつも含まない球 B' が存在するとき,A は (R において)**疎**であるという.すなわち A がどんな球の中においても稠密でないことである.

到るところ稠密な可算集合を含む空間の例. 到るところ稠密なたかだか可算な集合を含む空間を,**可分**であるという.§1で導入した諸例を,この観点から点検してみよう.

例1. §1,例1における離散空間は,たかだか可算個の点から構成されているときかつそのときに限り可分である.なぜならば,この空間では任意の集合 M に対して $\bar{M} = M$ であるから.

§1の例2-8にあげた空間は,すべて可分である.ここでは各例における到るところ稠密な可算集合を示すにとどめて,そのくわしい証明は読者にまかせることにしたい.

例2. 数直線 $\mathbf{R}^1$——有理数の全体.

例3-5. 空間 $\mathbf{R}^n, \mathbf{R}_1^n, \mathbf{R}_\infty^n$——有理数を座標にもつベクトルの全体.

例 6. 空間 $C[a,b]$ ―― 有理係数の多項式の全体[1].

例 7. 空間 l_2 ―― 各項が有理数で,有限個の(しかし点列ごとに独自な)項のみが 0 でないような点列の全体.

例 8. 空間 $C_2[a,b]$ ―― 有理係数の多項式の全体. ――

<u>有界点列の空間</u> m(§1, 例 9)は可分ではない.それはつぎのように考えればよい.まず,0 と 1 とからなるあらゆる点列を考えると,これらは連続の濃度をもつ(各点列は,0 と 1 との間の実数の二進法による表現と対応できるから).§1の(11)の定義によれば,このうちの二点間の距離は 1 である.ゆえに,各点のまわりに半径 1/2 の開球をえがくと,これらは交わらない.もし,何らかの集合 A がこの空間の到るところで稠密ならば,上のどの球もこの集合 A の少なくとも一点を含まなくてはならないから,この集合 A は可算ではありえない.

4°. 開集合と閉集合

本項では,距離空間におけるもっとも重要な集合の型である開集合および閉集合を考察する.

距離空間の部分集合 M がその閉包に等しいならば,すなわち,

$$M = \bar{M}$$

ならば,M を**閉集合**とよぶ.すなわち閉集合とは,その集積点を全部含む集合である.

定理 1 により,集合 M の閉包は閉集合である.また同じ定理により,$\bar{M}$ は M を含む閉集合のうち最小のものである.(証明せよ!)

例 1. 数直線上の閉区間 $[a,b]$ はすべて閉集合である.

例 2. 閉球は閉集合である.特に空間 $C[a,b]$ において,$|f(t)| \leq K$ を満たす函数 f の全体は閉集合である.

例 3. $|f(t)| < K$ を満たす函数の集合(開球)は閉集合ではない.その閉包は $|f(t)| \leq K$ を満たす函数の全体である.

例 4. いかなる距離空間 R においても,空集合 $\emptyset$ と全空間 R とは閉集合である.

---

[1] 連続函数は多項式で一様に近似しうる(第 8 章 §2, 2° 参照)ことを利用する(訳者).

例 5. 有限個の点からなる集合は閉集合である.——

閉集合の基本的な性質はつぎの形に述べることができる.

定理 3. 閉集合の任意個の共通集合および有限個の合併は,閉集合である.

証明. F_α を閉集合として $F=\bigcap_\alpha F_\alpha$ を考える.いま x を F の集積点とすれば,x の任意の近傍 $O_\varepsilon(x)$ は F の点を無限に含む.したがって $O_\varepsilon(x)$ は各 α に対し F_α の点を無限に含む.F_α は閉集合であるから,x は F_α のおのおのに属する.ゆえに

$$x \in F = \bigcap_\alpha F_\alpha,$$

すなわち F は閉集合である.

つぎに F を有限個の閉集合の合併とする:

$$F = \bigcup_{i=1}^{n} F_i.$$

x を F に属さない点とするとき,x が F の集積点でないことを示そう.点 x はどの閉集合 F_i にも属さないから,どの F_i の集積点でもない.ゆえに各 i に対して適当な $O_{\varepsilon_i}(x)$ をとれば,F_i の点をたかだか有限個しか含まないようにすることができる.$O_{\varepsilon_1}(x), O_{\varepsilon_2}(x), \cdots, O_{\varepsilon_n}(x)$ のうち最小のものをとって $O_\varepsilon(x)$ とすれば,これは点 x の近傍で F の点をたかだか有限個しか含まない.

このようにして,x が F に属さないならば x は F の集積点ではありえないことがわかった.□

点 x の近傍 $O_\varepsilon(x)$ で集合 M に含まれてしまうものがあれば,x は M の**内点**であるという.

内点以外の点をもたない集合を**開集合**という.

例 6. 数直線 $\mathbf{R}^1$ の開区間 (a, b) は開集合である.なぜなら,$a<\alpha<b$ とすれば,$\varepsilon=\min(\alpha-a, b-\alpha)$ なる ε に対して $O_\varepsilon(\alpha)$ は区間 (a, b) に含まれてしまうから.

例 7. 距離空間 R の開球 $B(a, r)$ は開集合である.なぜなら,$x \in B(a, r)$ ならば,$\rho(a, x) < r$ であるから,$\varepsilon = r - \rho(a, x)$ とすれば $B(x, \varepsilon) \subset B(a, r)$.

例 8. $f(t) < g(t)$ ($g(t)$ は一定の連続函数) を満たす $[a, b]$ 上の連続函数 f の集合は,空間 $C[a, b]$ の開部分集合である.——

定理 4. 集合 M が開集合であるためには，補集合 $R \smallsetminus M$ が閉集合であることが必要かつ十分である．

証明. M が開集合ならば，M の各点は M に含まれてしまうような近傍をもっている．この近傍は $R \smallsetminus M$ と共通点をもたない．ゆえに $R \smallsetminus M$ に属さない点は $R \smallsetminus M$ の触点となりえない．すなわち $R \smallsetminus M$ は閉集合である．逆に $R \smallsetminus M$ が閉集合ならば，M の任意の点は，M に含まれてしまうような近傍をもつ．すなわち M は開集合である．□

空集合および全空間 R は閉集合であり，両者はたがいに他の補集合であるから，空集合および全空間は開集合でもある．

定理 3 と双対原理（補集合の共通集合は合併の補集合に等しく，補集合の合併は共通集合の補集合に等しい．p.4 参照）により，つぎの重要な定理（定理 3 の双対）が得られる．

定理 3′. 任意個（有限または無限）の開集合の合併，および有限個の開集合の共通集合は，開集合である．□

空間 R のすべての閉集合と開集合とによって生成される σ 代数に属する集合を，**Borel 集合**という．

5°. 直線上の開集合と閉集合

距離空間の開集合および閉集合の構造は，一般にはきわめて複雑である．2 次元または多次元の Euclid 空間においてすらそうである．しかし，1 次元すなわち直線の場合には，すべての開集合（したがってまた閉集合）の構造を記述することは難しくない．つぎの定理は，その構造を述べたものである．

定理 5. 直線上の開集合は，たがいに交わらない有限または可算無限の開[1] 区間の合併である．

証明. G は直線上の開集合とする．G の点に対してつぎのようにして同値関係 $\sim$ を導入する．すなわち，G の点 x, y に対して

$$x, y \in (\alpha, \beta) \subset G$$

なる開区間 (α, β) が存在するときかつそのときに限り $x \sim y$．この関係は明ら

---

1) $(-\infty, \infty), (\alpha, \infty), (-\infty, \beta)$ なる型の集合も開区間と考える．

かに反射的かつ対称．また，$x \sim y$ かつ $y \sim z$ ならば
$$x, y \in (\alpha, \beta) \subset G; \quad y, z \in (\gamma, \delta) \subset G$$
なる開区間 $(\alpha, \beta), (\gamma, \delta)$ が存在する．しかし，このとき $\gamma < \beta$ であり，開区間 (α, δ) は完全に G に含まれ，しかも点 x, z を含む．よって $x \sim z$ であり，したがってこの関係は推移的である．したがって，集合 G は，たがいに同値な点から成る類 I_τ の合併として表わされることになる：
$$G = \bigcup I_\tau.$$
ここで異なる類は共通点をもたない．さて，各類 I_τ が開区間 (a, b) ($a = \inf I_\tau$, $b = \sup I_\tau$) であることを示そう．$I_\tau \subset (a, b)$ は明らか．他方，もし $x, y \in I_\tau$ なら，I_τ の定義そのものから開区間 (x, y) は I_τ に含まれる．ところが，a の右と b の左とには，どんなにでも a, b に近いところに I_τ の点が存在する．したがって，$a < a' < b' < b$ なる任意の a', b' に対して $(a', b') \subset I_\tau$．これで $I_\tau = (a, b)$ であることがわかった．このようなたがいに交わらない開区間の系は可算無限より大きくない：これらの区間のおのおのから一つずつ有理数を選べば，各区間と有理数の部分集合との間の 1-1 対応ができるからである．最後に，このような開区間 I_x の全体が G を構成することは明らかである．これで証明がおわる．□

閉集合は開集合の補集合であるから，直線上の閉集合はすべて，直線から有限または可算個の開区間をとり除いたものである．

閉区間，個々の点，およびそれらの有限個の合併は，閉集合の最単純な例である．つぎにいわゆる **Cantor の集合** といわれる，やや複雑な閉集合の例を示しておく．

F_0 を閉区間 $[0, 1]$ とする．F_0 から開区間 $(1/3, 2/3)$ を取り去った残りの閉集合を F_1 とする．さらに F_1 から $(1/9, 2/9)$, $(7/9, 8/9)$ なる開区間を取り去った残りの（4個の閉区間からなる）閉集合を F_2 とする．これらの4個の線分のおのおのの中央から $1/3^3$ の長さの開区間を取り去る．以下同様に進むことにしよう（図 8）．このようにすれば次第に小さくなる閉集合の列 F_n が得られる．

そこで
$$F = \bigcap_{n=0}^{\infty} F_n$$

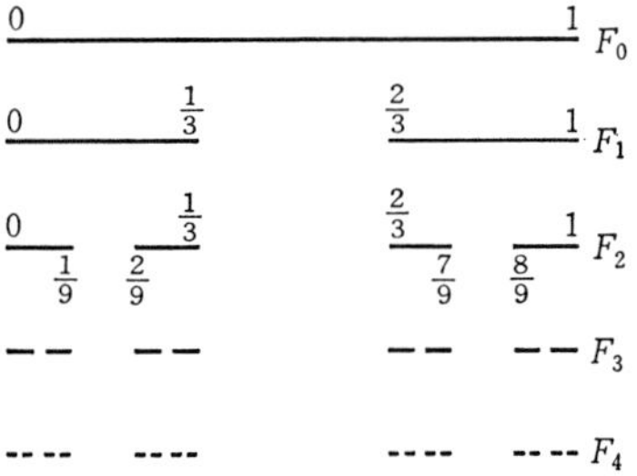

```
0 ─────────────────────────── 1  $F_0$
0 ──────── 1/3    2/3 ──────── 1  $F_1$
0 ── 1/3    2/3 ── 1  $F_2$
   1/9 2/9    7/9 8/9
── ──    ── ──  $F_3$
-- --  -- --  -- --  -- --  $F_4$
```

図 8

とおけば，F は(閉集合の共通集合だから)閉集合で，閉区間 $[0,1]$ から可算個の開区間を取り去ったものである．

F の構造を考えてみよう．

$$0, 1, \frac{1}{3}, \frac{2}{3}, \frac{1}{9}, \frac{2}{9}, \frac{7}{9}, \frac{8}{9}, \cdots \tag{1}$$

は取り去った開区間の両端の点であるから，明らかに F に属する．しかし，F はこれらの点ばかりから構成されているわけではない．実は F を構成する閉区間 $[0,1]$ の点は，つぎのように特徴づけることができるのである：$0 \leqq x \leqq 1$ の数 x を三進法で表わしておく．

$$x = \frac{a_1}{3} + \frac{a_2}{3^2} + \cdots + \frac{a_n}{3^n} + \cdots.$$

ここに，a_n は $0, 1, 2$ のどれかである．十進法におけると同時に，ある種の数は三進法でも二つの表わし方がある．たとえば

$$\frac{1}{3} = \frac{1}{3} + \frac{0}{3^2} + \cdots + \frac{0}{3^n} + \cdots = \frac{0}{3} + \frac{2}{3^2} + \frac{2}{3^3} + \cdots + \frac{2}{3^n} + \cdots.$$

閉区間 $[0,1]$ に属する x を三進法で表わしたとき，$a_1, a_2, \cdots, a_n, \cdots$ なる数列の中に数字 1 が現われないならばそれは F の数であるし，また F の数ならばかならずそのように表わせることは，すぐに検証される．ゆえに，$x \in F$ なる各点に，a_n が 0 または 2 である数列

$$a_1, a_2, \cdots, a_n, \cdots \tag{2}$$

が対応する．このような数列の全体は連続の濃度をもつ．そのことは，(2)の各数列に他の数列

$$b_1, b_2, \cdots, b_n, \cdots \tag{2'}$$

を，$a_n=0$ ならば $b_n=0$, $a_n=2$ ならば $b_n=1$ のように作って対応させればわかる．数列(2)′は $0\leqq y\leqq 1$ なる実数 y の二進法表示における数列と考えられるから，こうして F から線分 $[0,1]$ の上への写像が得られ，したがって F は連続の濃度をもつ[1]．ところが，(1) の点集合は可算であるから，これらの点で F をつくすことはできないわけである．

演習 1. 1/4 は取り除いた区間の端点ではないが，F の点であることを示せ．

ヒント：点 1/4 は閉区間 $[0,1]$ を $1:3$ の比に分ける点である．ところがこの点はまた最初の取り除きのあとで残る線分 $[0,1/3]$ を同じく $1:3$ の比に分ける点になっている．以下同様．

F の点のうち，(1) を第一種，残りを第二種の点という．

演習 2. 第一種の点の集合は F の到るところ稠密な集合であることを証明せよ．

演習 3. $t_1+t_2\ (t_1, t_2 \in F)$ の形の数の全体からなる集合は $[0,2]$ であることを示せ．

集合 F の濃度が連続であること，すなわち F が全線分 $[0,1]$ と同じ濃度の点集合であることが上述で明らかになった．この事実と共に，興味あるつぎの結果をあげておこう．取り除いた区間の長さの和は

$$\frac{1}{3}+\frac{2}{9}+\frac{4}{27}+\cdots$$

となり，ちょうど 1 である！

補充注意． (1) M を距離空間 R の部分集合，$x \in R$ とする．

$$\rho(M, x) = \inf_{a \in M} \rho(a, x)$$

なる数を x と集合 M との距離という．

$x \in M$ ならば $\rho(M, x) = 0$ であるが，$\rho(M, x) = 0$ から $x \in M$ は結論されない．触点の定義から，$\rho(M, x) = 0$ と x が M の触点であることとが同等であることが直ちにわかる．ゆえに閉包化とは，集合に，この集合までの距離が 0 であるような点の全体を添加することであるということができる．

(2) 二集合間の距離も同様に定義することができる．A, B を距離空間 R の二部分集合とするとき

$$\rho(A, B) = \inf_{\substack{a \in A \\ b \in B}} \rho(a, b)$$

を A, B 間の距離という．$A \cap B \neq \emptyset$ ならば $\rho(A, B) = 0$ であるが，逆は正しくない．

(3) $C[a, b]$ の函数のうち Lipschitz の条件

---

[1] F から閉区間 $[0,1]$ への対応は一意的であるが，1-1 対応ではない(同じ数が異なる数列で表わされうるから)．ゆえに F は連続の濃度よりも小さくない濃度をもつ．しかし F は $[0,1]$ の部分集合であるから，その濃度は連続の濃度をこえるわけにはゆかないのである．

を満たすものの全体を M_K としよう。M_K は閉集合であって，$[a,b]$ 上で $|f'(t)|\leq K$ となるような微分可能な函数の全体からなる集合の閉包である．

(4) 上の M_K に対してなんらかの K に対して Lipschitz の条件を満たすような函数の全体 $M=\bigcup_K M_K$ を考えると，これは閉じていない．その閉包は $C[a,b]$ となる．

(5) n 次元 Euclid 空間の集合 G において，その任意の二点 x,y が G に含まれる折れ線で結べるとき，G は<u>連結</u>集合であるという．たとえば $x^2+y^2<1$ なる円の内部は連結集合である．しかし
$$x^2+y^2<1, \quad (x-2)^2+y^2<1$$
なる二円の合併は連結集合ではない（この二円は接しているが）．<u>開集合 G の開部分集合 H が連結集合で，H より大きな G の連結開部分集合が存在しないとき，H を G の成分</u>という．G に同値関係を導入する．x,y を含む G の連結開集合 H:
$$x,y \in H \subset G$$
が存在するとき，$x \sim y$ とする．この関係が推移的であることは，直線の場合と同様に容易に検証され，よって G はたがいに交わらない類に分割される：$G=\bigcup I$. これらの類 I は G の成分であって，その個数は可算より大でない．

$n=1$, すなわち，直線の場合には，連結開集合は開区間である（$(-\infty, a)$, (b, ∞), $(-\infty, \infty)$ をも含めて）．よって，直線上の開集合の構成に関する定理5はつぎの二つの命題を総合したものである：

(a) 直線上の開集合は有限または可算個の成分の合併である．
(b) 直線上の連結開集合は開区間である．

はじめの命題(a)は n 次元 Euclid 空間にもあてはまる（さらに一般化しうる）が，(b) の方は直線のみに適合するものである．

§3. 完備距離空間

1°. 完備距離空間の定義と例

解析学の研究に一歩足をふみ入れると，すぐに気がつくのは，数直線の完備性——実数の基本列はある極限値に収束するという事実——が果している重要な役割である．数直線は，いわゆる<u>完備距離空間</u>のもっとも単純な例であって，本節ではこの完備距離空間の基本的な性質を考察することにする．

距離空間 R の点列 $\{x_n\}$ は，Cauchy の条件，すなわち'任意の $\varepsilon>0$ に対して適当な数 N_ε をとれば，$n'>N_\varepsilon$, $n''>N_\varepsilon$ なる n', n'' に対してつねに
$$\rho(x_{n'}, x_{n''}) < \varepsilon$$

§3. 完備距離空間

となる'を満たすとき，これを**基本点列**(または基本列)もしくは **Cauchy 列** という．

三角形の公理により，収束点列はすべて基本点列をなすことがわかる．なぜなら，$\{x_n\}$ が x に収束するならば，与えられた $\varepsilon>0$ に対して $\rho(x_n, x)<\varepsilon/2$ が $n>N_\varepsilon$ なるすべての n に対して成立するような N_ε が存在する．よって $n'>N_\varepsilon$, $n''>N_\varepsilon$ なる任意の n', n'' に対して

$$\rho(x_{n'}, x_{n''}) \leq \rho(x_{n'}, x) + \rho(x_{n''}, x) < \varepsilon.$$

定義 1. 空間 R において，基本点列がすべて収束するとき，この空間は**完備**であるという．――

§1 で考察した空間は，例 8 を除いてすべて完備である．すなわち

例 1. 離散空間(§1, 例 1)では，ある番号から先の項が同一の点のくりかえしになっているもののみが基本点列である．このような点列が収束することは明らかだから，この空間は完備である．

例 2. 空間 $\mathbf{R}^1$ ――実数の全体――の完備性は，解析学でよく知られている．

例 3. Euclid 空間 $\mathbf{R}^n$ の完備性は，$\mathbf{R}^1$ の完備性からつぎのようにしてただちに導かれる．

$\{x_p\}$ を基本点列とする．すなわち，与えられた $\varepsilon>0$ に対して $N=N_\varepsilon$ を適当に選べば，N より大きいすべての p, q に対して

$$\sum_{k=1}^{n}(x_p^{(k)}-x_q^{(k)})^2 < \varepsilon^2$$

が成立するとする．ただし $x_p=\{x_p^{(1)}, x_p^{(2)}, \cdots, x_p^{(n)}\}$ である．これから $k=1, 2, \cdots, n$ に対して，$p, q>N$ ならば

$$|x_p^{(k)}-x_q^{(k)}| < \varepsilon$$

となるから，$\{x_p^{(k)}\}$ は基本数列である．

$$x^{(k)} = \lim_{p\to\infty} x_p^{(k)},$$

$$x = (x^{(1)}, x^{(2)}, \cdots, x^{(n)})$$

とおけば，明らかに

$$\lim_{n\to\infty} x_n = x.$$

例 4, 5. 空間 $\mathbf{R}_\infty^n$, $\mathbf{R}_1^n$ の完備性も同様に証明される．

例 6. 空間 $C[a,b]$ の完備性を証明しよう。いま $\{x_n(t)\}$ を $C[a,b]$ の一つの基本列とする。これは $\varepsilon>0$ をとると, $n,m>N$ なるすべての n,m に対して
$$|x_n(t)-x_m(t)|<\varepsilon$$
が $a\leqq t\leqq b$ なるすべての t に対して成立するような N が存在することである。したがって, $\{x_n(t)\}$ は一様に収束し, その極限は連続函数で $C[a,b]$ に属する。これを $x(t)$ とすれば, すべての t および N より大きいすべての n に対して
$$|x_n(t)-x(t)|\leqq \varepsilon$$
となる。ところがこれは, $\{x_n(t)\}$ が距離空間 $C[a,b]$ において $x(t)$ に収束するということにほかならない。

例 7. 空間 l_2 における基本列を $\{x^{(n)}\}$:
$$x^{(n)}=(x_1^{(n)},x_2^{(n)},\cdots,x_k^{(n)},\cdots)$$
とする。このとき, 任意の $\varepsilon>0$ に対して適当な N をとれば
$$\rho^2(x^{(n)},x^{(m)})=\sum_{k=1}^{\infty}(x_k^{(n)}-x_k^{(m)})^2<\varepsilon \qquad (n,m>N) \tag{1}$$
が成立する。これから, 任意の k に対して
$$(x_k^{(n)}-x_k^{(m)})^2<\varepsilon$$
となるから, 実数列 $\{x_k^{(n)}\}$ は各 k に対して収束する: $\lim_{n\to\infty}x_k^{(n)}=x_k$。いま, $(x_1,x_2,\cdots,x_k,\cdots)$ を x とおいたとき

　a) $\sum_{k=1}^{\infty}x_k^2<\infty$, すなわち $x\in l_2$, 　　b) $\lim_{n\to\infty}\rho(x^{(n)},x)=0$

となることを証明しよう。

(1)から, 任意の定数 M に対して
$$\sum_{k=1}^{M}(x_k^{(n)}-x_k^{(m)})^2<\varepsilon$$
となる。n を一定にしておいて $m\to\infty$ とすれば
$$\sum_{k=1}^{M}(x_k^{(n)}-x_k)^2\leqq \varepsilon$$
となる。この不等式は任意の M に対して成立するから, $M\to\infty$ に対しても成立する:

§3. 完備距離空間

$$\sum_{k=1}^{\infty}(x_k^{(n)}-x_k)^2 \leq \varepsilon. \tag{2}$$

$\sum_{k=1}^{\infty}(x_k^{(n)})^2$ および $\sum_{k=1}^{\infty}(x_k^{(n)}-x_k)^2$ が収束することから(初等的な不等式 $(a+b)^2 \leq 2(a^2+b^2)$ によって) $\sum_{k=1}^{\infty}x_k^2$ が収束することが導かれる.これで a) が証明された.さらにまた ε は任意に小さくとれるから,上の不等式(2)から

$$\lim_{n\to\infty}\rho(x^{(n)},x) = \lim_{n\to\infty}\sqrt{\sum_{k=1}^{\infty}(x_k^{(n)}-x_k)^2} = 0.$$

すなわち l_2 の距離の意味で $x^{(n)}\to x$.これで b) が証明された.

例8. $C_2[a,b]$ は完備でない.これは容易に証明できる.たとえば,連続函数列 $\{\varphi_n\}$:

$$\varphi_n(t) = \begin{cases} -1 & (-1\leq t \leq -1/n) \\ nt & (-1/n \leq t \leq 1/n) \\ 1 & (1/n \leq t \leq 1) \end{cases}$$

を考えると,これが $C_2[-1,1]$ において基本列であることは

$$\int_{-1}^{1}(\varphi_n(t)-\varphi_m(t))^2 dt \leq \frac{2}{\min(n,m)}$$

から明らかである.しかし,この基本列 $\{\varphi_n\}$ は $C_2[-1,1]$ のどんな函数にも収束しえない.これはつぎのようにして示される.f を $C_2[-1,1]$ の任意の函数,ϕ を $t<0$ で -1,$t\geq 0$ で 1 なる値をとる不連続函数とする.Minkowski の不等式(区分的に連続な函数についてもこの不等式を適用しうることは明らか)により

$$\left(\int_{-1}^{1}(f(t)-\phi(t))^2 dt\right)^{1/2}$$
$$\leq \left(\int_{-1}^{1}(f(t)-\varphi_n(t))^2 dt\right)^{1/2} + \left(\int_{-1}^{1}(\varphi_n(t)-\phi(t))^2 dt\right)^{1/2}.$$

f が連続函数なることから左辺は正である.また

$$\lim_{n\to\infty}\int_{-1}^{1}(\varphi_n(t)-\phi(t))^2 dt = 0$$

となることは明らかだから,$\int_{-1}^{1}(f(t)-\varphi_n(t))^2 dt$ が 0 に収束することはありえない.

演習. すべての有界点列からなる空間 m (§1, 例 9) が完備であることを示せ.

2°. 閉球列の原理

与えられた閉区間の列においておのおのの閉区間がその前のものに含まれるならば，これらの閉区間は共通点をもつという事実は，解析学でよく用いられる．距離空間においてもこれと類似の，**閉球列の原理**ともいうべき定理が，重要な役割を演じる.

定理 1. 距離空間 R が完備であるためには，半径が 0 に収束し，かつつぎつぎに前のものに含まれる閉球の列が，つねに空でない共通集合をもつことが必要かつ十分である．

証明. 必要. 空間 R が完備で，$B_1, B_2, B_3, \cdots$ はつぎつぎに前のものに含まれる閉球の列，B_n の半径を r_n，$\lim_{n\to\infty} r_n = 0$ としよう. B_n の中心を x_n とすれば，$m > n$ なら明らかに $\rho(x_n, x_m) < r_n$ であるから，$\{x_n\}$ は基本列である． R は完備だから $\lim_{n\to\infty} x_n$ は存在する．このとき

$$x = \lim_{n\to\infty} x_n$$

とすれば $x \in \bigcap_n B_n$ となる．実際，球 B_n は上の点列のうち $x_1, x_2, \cdots, x_{n-1}$ 以外の点を全部含むから，x は B_n の集積点である．しかし B_n は閉集合だから $x \in B_n$. これはすべての n に対して成立する.

十分. $\{x_n\}$ を基本列とする．これが定理の条件の下に R で収束することを証明しよう．基本列の定義により $\{x_n\}$ から適当な点 x_{n_1} を選んで，$n \geq n_1$ なるすべての n に対して

$$\rho(x_n, x_{n_1}) < 1/2$$

となるようにすることができる．x_{n_1} を中心とする半径 1 の閉球を B_1 とする．つぎに $\{x_n\}$ から $x_{n_2} (n_2 > n_1)$ を選んで $n \geq n_2$ なるすべての n に対して

$$\rho(x_n, x_{n_2}) < 1/2^2$$

となるようにする．x_{n_2} を中心とする半径 1/2 の閉球を B_2 とする．同様にして $x_{n_1}, x_{n_2}, \cdots, x_{n_k} (n_1 < n_2 < \cdots < n_k)$ がすでに選ばれたとすれば，$x_{n_{k+1}} (n_{k+1} > n_k)$ を，すべての $n \geq n_{k+1}$ に対して

$$\rho(x_n, x_{n_{k+1}}) < 1/2^{k+1}$$

となるように選ぶことができる．$x_{n_{k+1}}$ を中心とし半径 $1/2^k$ の閉球を B_{k+1} とする．以上の操作を続ければ，つぎつぎに前のものに含まれる閉球 B_k の列ができるであろう．B_k の半径は $1/2^{k-1}$ である．定理の条件から，これらの球に共通な点があるから，これを x としよう．x が部分列 $\{x_{n_k}\}$ の極限となることは明らかである．ところが，基本列が点 x に収束するような部分列を含むならば，基本列そのものがこの点 x に収束する．したがって $\lim_{n\to\infty} x_n = x$．□

演習 1. 上の定理における閉球列の共通部分は一点である．これを証明せよ．

演習 2. 距離空間における集合 M の直径とは
$$d(M) = \sup_{x,y \in M} \rho(x, y)$$
のことである．完備距離空間において，つぎつぎに前のものに含まれる空でない閉集合の列が与えられ，おのおのの直径が 0 に収束する場合には，この閉集合の交わりは空でないことを証明せよ．

演習 3. つぎつぎに前の球に含まれるような適当な閉球列の交わりが空集合であるような完備距離空間の例をつくれ．

演習 4. 完備距離空間 R の部分空間は，R において閉じているときしかもそのときに限り完備である．これを証明せよ．

3°. Baire の定理

つぎの定理は，完備距離空間の理論において重要な役割を演ずる．

定理 2 (Baire). 完備距離空間 R を，疎[1]な集合の可算和として表わすことはできない．

証明. 適当な疎集合の列 M_n に対して $R = \bigcup_{n=1}^{\infty} M_n$ となったと仮定して，矛盾を導き出せばよい．いま S_0 を半径 1 の閉球とする．M_1 は疎であるから，S_0 において稠密でない．ゆえに $S_1 \subset S_0$，$S_1 \cap M_1 = \emptyset$ かつ半径が $1/2$ より小さい閉球 S_1 が存在する．M_2 は S_1 において稠密でないから，$S_2 \subset S_1$，$S_2 \cap M_2 = \emptyset$ かつ半径が $1/3$ より小さい閉球 S_2 が存在する．同様にして，つぎつぎに前のものに含まれ，半径が 0 に収束し，かつ $S_n \cap M_n = \emptyset$ なる閉球の列 $\{S_n\}$ が存在する．ゆえに，前項の定理 1 により，$\bigcap_n^{\infty} S_n$ は一点 x を含む．上の構成法より，点 x はどの M_n にも含まれないから，$x \notin \bigcup_n M_n$，よって $R \neq \bigcup_n M_n$ となり，仮定に矛盾する．□

---

[1] p. 53 参照．

特別の場合として,'孤立点をもたない完備距離空間は可算ではない'ことが導かれる.このような空間の一点は疎集合だからである.

4°. 空間の完備化

空間 R が完備でないときには,ある一定の方法によって(本質的には一意的に),これを完備な空間 R^* の中に埋めこむことができる.

定義2. R を任意の距離空間とする.このとき,つぎの二条件

1) R は空間 R^* の部分空間である,
2) R は R^* において到るところ稠密,すなわち $\bar{R}=R^*$ ($\bar{R}$ は R^* の部分集合としての R の閉包)

を満たす完備距離空間 R^* を,R の**完備化空間**という.——

たとえば,実数全体の集合は有理数の空間の完備化空間である.

定理3. 距離空間はすべてその完備化空間をもつ.一つの距離空間のすべての完備化空間の間には,R の点を不変とする等長写像が存在する.この意味で完備化空間は一意的に定まる.

証明. 一意性(等長写像の存在)の証明からはじめよう.すなわち,空間 R の二つの完備化空間 R^*, R^{**} をとると,これらが等長的なること,くわしくいえば

1) すべての $x \in R$ に対して $\varphi(x)=x$,
2) $x^* \leftrightarrow x^{**}, y^* \leftrightarrow y^{**}$ ならば
$$\rho_1(x^*, y^*) = \rho_2(x^{**}, y^{**})$$

なる条件を満たす R^* から R^{**} の上への双一意な写像 φ の存在を証明することである.ここに ρ_1, ρ_2 はそれぞれ R^*, R^{**} における距離とする.

このような写像 φ はつぎのようにして作られる.x^* を R^* の任意の点とすれば,完備化空間の定義によって,x^* に収束する R の基本点列 $\{x_n\}$ が存在する.ところで $\{x_n\}$ は R^{**} の点列であるとも考えられる.R^{**} は完備であるから $\{x_n\}$ は R^{**} において,ある点 x^{**} に収束する.x^{**} が x^* に収束する点列 $\{x_n\}$ の如何にかかわらず一意的に定まることは明らか.そこで $\varphi(x^*)=x^{**}$ とおこう.この対応が相互に一意的で x^* に収束する点列 $\{x_n\}$ のとり方にかかわらずきまることも明らか.これが求める等長写像であることがつぎのように

§3. 完備距離空間

して示される.

まず構成から明らかなように, すべての $x \in R$ に対して $\varphi(x)=x$. さらに,

R^* では $\{x_n\} \to x^*$,　　　R^{**} では $\{x_n\} \to x^{**}$,

R^* では $\{y_n\} \to y^*$,　　　R^{**} では $\{y_n\} \to y^{**}$

('→' は点列の収束を示す)とすれば

$$\rho_1(x^*, y^*) = \lim_{n\to\infty} \rho_1(x_n, y_n) = \lim_{n\to\infty} \rho(x_n, y_n).$$

同時にまた

$$\rho_2(x^{**}, y^{**}) = \lim_{n\to\infty} \rho_2(x_n, y_n) = \lim_{n\to\infty} \rho(x_n, y_n).$$

ゆえに

$$\rho_1(x^*, y^*) = \rho_2(x^{**}, y^{**}).$$

さてつぎに, 完備化空間の存在を証明しよう. この証明のアイディアは, 実数論におけるいわゆる Cantor の理論とおなじものである. 実数論においては新しく導入する対象——無理数——に対して, 四則算法を定義しなくてはならないのだが, われわれの場合は, これにくらべてはるかに単純である.

R を任意の距離空間とする. R の二つの基本点列 $\{x_n\}, \{x'_n\}$ は $\lim_{n\to\infty}\rho(x_n, x'_n)=0$ なるとき '同値' であるといい, $\{x_n\} \sim \{x'_n\}$ と書くことにする. この同値関係は, 反射的, 対称的, 推移的である. したがって, 空間 R の点から構成される基本列はたがいに同値な点列の類に分けられる. いま空間 R^* をつぎのように定義しよう. すなわち, その点としては, たがいに同値な基本列からなる類をとり, このような二点(二つの類)の間の距離としてはつぎのようにきめる: x^*, y^* をこのような二つの類(R^* の二点)とする. これらの二つの類のおのおのから, 一つずつ代表すなわち基本列 $\{x_n\}, \{y_n\}$ を選び

$$\rho(x^*, y^*) = \lim_{n\to\infty} \rho(x_n, y_n) \tag{3}$$

と定義するのである. これで集合 R^* とそこにおける距離とが定義された.

このような距離のきめ方が妥当であること, すなわち(3)なる極限値が存在し, かついかなる代表者 $\{x_n\} \in x^*, \{y_n\} \in y^*$ をとっても(3)の極限が同一であることを証明しよう.

$\{x_n\}, \{y_n\}$ は基本列であるから, 三角形の公理により, 十分に大きい n, m に対しては

$$|\rho(x_n, y_n) - \rho(x_m, y_m)|$$
$$= |\rho(x_n, y_n) - \rho(x_n, y_m) + \rho(x_n, y_m) - \rho(x_m, y_m)|$$
$$\leq |\rho(x_n, y_n) - \rho(x_n, y_m)| + |\rho(x_n, y_m) - \rho(x_m, y_m)|$$
$$\leq \rho(y_n, y_m) + \rho(x_n, x_m) < \varepsilon/2 + \varepsilon/2 = \varepsilon. \tag{4}$$

よって,実数 $s_n = \rho(x_n, y_n)$ の列は Cauchy 条件を満たし,したがって極限値をもつ.あとは,この極限値が $\{x_n\} \in x^*$, $\{y_n\} \in y^*$ の選び方に無関係であることをいえばよい.

$$\{x_n\}, \{x'_n\} \in x^*, \qquad \{y_n\}, \{y'_n\} \in y^*$$

とすれば,(4)とまったく同様な計算により

$$|\rho(x_n, y_n) - \rho(x'_n, y'_n)| \leq \rho(x_n, x'_n) + \rho(y_n, y'_n)$$

となる.このとき

$$\{x_n\} \sim \{x'_n\}, \qquad \{y_n\} \sim \{y'_n\}$$

であるから

$$\lim_{n \to \infty} \rho(x_n, y_n) = \lim_{n \to \infty} \rho(x'_n, y'_n).$$

さて,このようにして構成された R^* において,距離空間の公理が満たされることを証明しよう.

公理1は,基本列の同値性から導かれる.

公理2も明らかである.

最後に三角形の公理を検証しよう.はじめの空間 R では三角形の公理が成立するから

$$\rho(x_n, z_n) \leq \rho(x_n, y_n) + \rho(y_n, z_n).$$

$n \to \infty$ の極限値をつくると

$$\lim_{n \to \infty} \rho(x_n, z_n) \leq \lim_{n \to \infty} \rho(x_n, y_n) + \lim_{n \to \infty} \rho(y_n, z_n),$$

すなわち

$$\rho(x^*, z^*) \leq \rho(x^*, y^*) + \rho(y^*, z^*).$$

つぎに R^* が R の完備化空間であることを証明しよう.

各 $x \in R$ に対して,たがいに同値な基本列からなる或る類が,すなわち点 x に収束するすべての点列からなる類が,対応する.このとき

$$x = \lim_{n \to \infty} x_n, \qquad y = \lim_{n \to \infty} y_n$$

ならば
$$\rho(x,y) = \lim_{n\to\infty} \rho(x_n, y_n).$$

したがって，x に収束する基本列の類 x^* を x に対応させれば，R は等長的に R^* の中に写像される．今後は，R とその R^* における像(すなわち，R の点に収束するたがいに同値な収束点列の類のすべてからなる集合)とを区別せず，R を R^* の部分空間とみなすことにする．

つぎに R が R^* において到るところ稠密なることを示そう．いま x^* を R^* の一点とし，$\varepsilon>0$ を任意に選ぶ．x^* の代表の基本列 $\{x_n\}$ をとる．N を適当に選んで $n, m>N$ なるすべての n, m に対して $\rho(x_n, x_m)<\varepsilon$ なるようにしておけば
$$\rho(x_n, x^*) = \lim_{m\to\infty} \rho(x_n, x_m) \leqq \varepsilon \qquad (x_n \in R),$$
すなわち，点 x^* の任意の近傍は R の点を含んでいる．よって，$\bar{R}=R^*$．

残るのは，空間 R^* が完備なことの証明である．まず，R の点からなる基本列
$$x_1, x_2, \cdots, x_n, \cdots \tag{5}$$
はすべて，R^* においては，この基本列(5)で決定される R^* の点 x^* に収束する．このことは R^* の構成からただちに結論される．さらにまた，R が R^* において稠密なることから，R^* の任意の基本列 $x_1^*, x_2^*, \cdots, x_n^*, \cdots$ に対して，R に属する点からなるこれと同値な点列 $x_1, x_2, \cdots, x_n, \cdots$ をつくりうることがわかる．そのためには x_n として，$\rho(x_n, x_n^*)<1/n$ なるものを R から選び出せばよい．このようにしてつくった点列 $\{x_n\}$ は R における基本列で，上述により，或る $x^* \in R^*$ に収束する．しかし，このときには，点列 $\{x_n^*\}$ もまた点 x^* に収束する．

以上で定理は完全に証明された．□

§4. 縮小写像とその応用

1°. 縮小写像の原理

種々の方程式(たとえば微分方程式)の解の存在定理や一意性は，或る距離空間をそれ自身の中にうつす一定の写像に対する不動点の存在と一意性の問題の

形に述べることができる．そして，このような写像の不動点の存在と一意性とに対する数ある規準の中で，もっとも単純でしかももっとも重要なもののひとつが，いわゆる**縮小写像の原理**なのである．

R をある距離空間とする．空間 R のそれ自身の中への写像 A が**縮小写像**であるとは，任意の $x, y \in R$ に対して

$$\rho(Ax, Ay) \leqq \alpha \rho(x, y) \tag{1}$$

が成立するような一定の正数 $\alpha < 1$ が存在することをいう．(1)により，$x_n \to x$ のとき，$Ax_n \to Ax$ となるから，縮小写像はすべて連続である．

点 x が写像 A の**不動点**であるとは，$Ax = x$ なることをいう．すなわち，不動点とは，方程式 $Ax = x$ の解である．

定理1(縮小写像の原理)．完備距離空間における縮小写像は，一つしかもただ一つの不動点をもつ(すなわち $Ax = x$ は一意の解をもつ)．

証明．x_0 を R の任意の点とする．$x_1 = Ax_0$, $x_2 = Ax_1 = A^2 x_0$ など，一般に $x_n = Ax_{n-1} = A^n x_0$ とおく．

点列 $\{x_n\}$ が基本列となることを示そう．$m \geqq n$ として

$$\begin{aligned}\rho(x_n, x_m) &= \rho(A^n x_0, A^m x_0) \leqq \alpha^n \rho(x_0, x_{m-n}) \\ &\leqq \alpha^n \{\rho(x_0, x_1) + \rho(x_1, x_2) + \cdots + \rho(x_{m-n-1}, x_{m-n})\} \\ &\leqq \alpha^n \rho(x_0, x_1)\{1 + \alpha + \alpha^2 + \cdots + \alpha^{m-n-1}\} \leqq \alpha^n \rho(x_0, x_1) \frac{1}{1-\alpha}.\end{aligned}$$

$\alpha < 1$ であるから，n が十分大きければ，この右辺はいくらでも小さくなる．つまり $\{x_n\}$ は基本列である．

R は完備であるから，$\lim_{n \to \infty} x_n$ が存在する．そこで

$$x = \lim_{n \to \infty} x_n$$

とおく．A は連続であるから

$$Ax = A \lim_{n \to \infty} x_n = \lim_{n \to \infty} Ax_n = \lim_{n \to \infty} x_{n+1} = x.$$

すなわち不動点の存在が証明された．

つぎにそれがただ一つであることを示そう．もし不動点が二つあったとして，これを x, y とすれば

$$Ax = x, \quad Ay = y.$$

これから
$$\rho(x,y) \leqq \alpha\rho(x,y) \qquad (0<\alpha<1)$$
となり，したがって
$$\rho(x,y) = 0 \quad \text{すなわち} \quad x = y. \qquad \square$$

演習. 不動点が存在するためには
$$\rho(Ax, Ay) < \rho(x,y) \qquad (x \neq y)$$
なる条件では十分でないことを示せ．

2°. 縮小写像の原理の簡単な応用

縮小写像の原理は，種々のタイプの方程式の解の存在とその一意性とに関する定理の証明に応用される．方程式 $Ax=x$ の解の存在および一意性の証明と同時に，この原理は，解を漸近的に見いだすための実際的な方法（**逐次近似法**）をも与える．まず，簡単な例から見ることにする．

1. 函数 f は $[a,b]$ 上で定義され，Lipschitz の条件
$$|f(x_2)-f(x_1)| \leqq K|x_2-x_1| \qquad (K<1)$$
を満たし，かつ $[a,b]$ をそれ自身の中に写像するとしよう．そうすれば f は縮小写像となり，上に証明したことにより，数列 $x_0, x_1=f(x_0), x_2=f(x_1), \cdots$ は方程式 $f(x)=x$ のただ一つの根に収束する．

もし特に $[a,b]$ 上で
$$|f'(x)| \leqq K < 1$$
が成立するならば，縮小写像の条件は満たされる．図9，図10 は $0<f'(x)<1$ および $-1<f'(x)<0$ のときの逐次近似の状態を図示したものである．

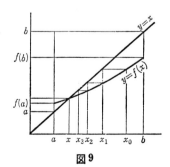

図 9

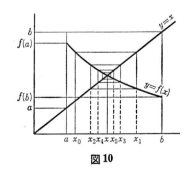

図 10

$F(x)$ が $[a, b]$ 上で定義され，条件 $F(a)<0$, $F(b)>0$, $0<K_1 \leq F'(x) \leq K_2$ を満たすとき，方程式 $F(x)=0$ の根を考える場合には，$f(x)=x-\lambda F(x)$ とおき $F(x)=0$ と同値な $f(x)=x$ の解を考えることに帰着させることができる．すなわち $f'(x)=1-\lambda F'(x)$ から $1-\lambda K_2 \leq f'(x) \leq 1-\lambda K_1$ となり，これから容易に，λ を逐次近似法が使えるように選ぶことができる．これは，根を発見するためのごく普通の方法である．

2. n 次元空間のそれ自身の中への写像 A が，1次方程式の系

$$y_i = \sum_{j=1}^{n} a_{ij} x_j + b_i \qquad (i=1, 2, \cdots, n)$$

で与えられる場合を考えよう．

もし A が縮小写像ならば，方程式 $x=Ax$ を解くのに逐次近似法を使うことができる．

A が縮小写像であるためには，A はどんな条件を満たせばよいであろうか．その答は，空間の距離のとり方によって違ってくるのである．三種類の場合について考察しよう．

(a) 空間 $\mathbf{R}_\infty^n$: $\rho(x, y) = \max_{1 \leq i \leq n} |x_i - y_i|$ のとき．

$$\rho(y', y'') = \max_i |y'_i - y''_i| = \max_i |\sum_j a_{ij}(x'_j - x''_j)|$$

$$\leq \max_i \sum_j |a_{ij}||x'_j - x''_j| \leq \max_i \sum_j |a_{ij}| \max_j |x'_j - x''_j|$$

$$= \left(\max_i \sum_j |a_{ij}| \right) \rho(x', x'').$$

ゆえに縮小条件は

$$\sum_{j=1}^{n} |a_{ij}| \leq \alpha < 1 \qquad (i=1, 2, \cdots, n). \tag{2}$$

(b) 空間 $\mathbf{R}_1^n$: $\rho(x, y) = \sum_{i=1}^{n} |x_i - y_i|$ のとき．

$$\rho(y', y'') = \sum_i |y'_i - y''_i| = \sum_i |\sum_j a_{ij}(x'_j - x''_j)|$$

$$\leq \sum_i \sum_j |a_{ij}||x'_j - x''_j| \leq \left(\max_j \sum_i |a_{ij}| \right) \rho(x', x'').$$

ゆえに縮小条件は

§4. 縮小写像とその応用

$$\sum_i |a_{ij}| \leq \alpha < 1 \qquad (j=1, 2, \cdots, n). \tag{3}$$

(c) 空間 $\mathbf{R}^n : \rho(x, y) = \sqrt{\sum_{i=1}^{n}(x_i - y_i)^2}$ のとき.

Cauchy-Bunyakowski の不等式によって

$$\rho^2(y', y'') = \sum_i \left(\sum_j a_{ij}(x'_j - x''_j) \right)^2 \leq \left(\sum_i \sum_j a_{ij}^2 \right) \rho^2(x', x'').$$

ゆえに縮小条件は

$$\sum_i \sum_j a_{ij}^2 \leq \alpha < 1. \tag{4}$$

このようにして, (2)-(4) の条件のどれかが満たされるならば[1],

$$x_i = \sum_{j=1}^{n} a_{ij} x_j + b_i$$

を満たすただ一点 $x = (x_1, x_2, \cdots, x_n)$ が存在するのである. この際, 解 x に近づく系列は

$$x^{(0)} = (x_1^{(0)}, x_2^{(0)}, \cdots, x_n^{(0)})$$
$$x^{(1)} = (x_1^{(1)}, x_2^{(1)}, \cdots, x_n^{(1)})$$
$$\cdots\cdots$$
$$x^{(k)} = (x_1^{(k)}, x_2^{(k)}, \cdots, x_n^{(k)})$$
$$\cdots\cdots.$$

ただし

$$x_i^{(k)} = \sum_{j=1}^{n} a_{ij} x_j^{(k-1)} + b_i$$

の形になっている. $x^{(0)} = (x_1^{(0)}, x_2^{(0)}, \cdots, x_n^{(0)})$ は $\mathbf{R}^n$ の任意の点でよい.

条件(2)-(4)のどれも, 写像 $y = Ax$ が縮小写像であるための十分条件である. 条件(2)および(3)についてはまた $y = Ax$ が縮小写像であるための必要条件であることが証明できる (それぞれ(a)および(b)の意味の距離による).

しかし条件(2)-(4)のうちどれも, <u>逐次近似法が適用できるための必要条件</u>

---

[1] (2)-(4)の条件のどれからも

$$\begin{vmatrix} a_{11}-1 & a_{12} & \cdots & a_{1n} \\ a_{21} & a_{22}-1 & \cdots & a_{2n} \\ \multicolumn{4}{c}{\cdots\cdots\cdots\cdots\cdots\cdots\cdots\cdots\cdots\cdots} \\ a_{n1} & a_{n2} & \cdots & a_{nn}-1 \end{vmatrix} \neq 0$$

が出てくる.

ではない.

もし $|a_{ij}|<1/n$ ならば,三つの条件はすべて成立し,逐次近似法が適用できる.

もし $|a_{ij}|\geq 1/n$ ならば,条件(2)-(4)はいずれも満たされない.

3°. 微分方程式に対する解の存在と一意性の定理

前項では,1次元および n 次元における縮小写像の原理のもっとも単純な適用例を述べた.しかし,解析学においてもっとも本質的なものは,無限次元空間における縮小写像の原理の適用である.以下,二,三の微分方程式および積分方程式について,その解の存在と一意性とが,この原理によって確認されることを示そう.

1. Cauchy 問題. 微分方程式

$$\frac{dy}{dx} = f(x, y) \tag{5}$$

が初期条件

$$y(x_0) = y_0 \tag{6}$$

と共に与えられているとしよう.ここに $f(x,y)$ は点 (x_0, y_0) を含むある領域 G で連続,かつ,y について Lipschitz の条件

$$|f(x, y_1) - f(x, y_2)| \leq M |y_1 - y_2|$$

を満たすものとする.

このとき,方程式(5)に対して,ある閉区間 $|x-x_0|\leq d$ 上で,初期条件(6)を満たすただ一つの解 $y=\varphi(x)$ が存在することを示そう (**Picard の定理**).

方程式(5)は,初期条件(6)とあわせて,積分方程式

$$\varphi(x) = y_0 + \int_{x_0}^{x} f(t, \varphi(t)) \, dt \tag{7}$$

と同値である.$f(x,y)$ は連続であるから,(x_0, y_0) を含むある領域 $G' \subset G$ で $|f(x,y)|\leq K$ である.いま,$d>0$ をつぎの条件を満たすように選ぶ.

1) $|x-x_0|\leq d,\ |y-y_0|\leq Kd$ ならば $(x,y)\in G'$,
2) $Md<1$.

$|x-x_0|\leq d$ なる閉区間上で定義され $|\varphi(x)-y_0|\leq Kd$ を満たす連続函数 φ の

集合に距離 $\rho(\varphi_1, \varphi_2) = \max_x |\varphi_1(x) - \varphi_2(x)|$ を与えた距離空間を，C^* としよう．

空間 C^* が完備であることは，ただちにわかる（$[x_0-d, x_0+d]$ 上のすべての連続函数のつくる完備空間の閉部分空間であるから）．

$$\psi(x) = y_0 + \int_{x_0}^x f(t, \varphi(t)) dt, \quad |x-x_0| \leq d$$

で定義される写像 A:

$$\psi = A\varphi$$

を考える．これは完備空間 C^* をそれ自身の中に写像する縮小写像である．実際，$\varphi \in C^*$, $|x-x_0| \leq d$ とすれば

$$|\psi(x) - y_0| = \left| \int_{x_0}^x f(t, \varphi(t)) dt \right| \leq Kd$$

であるから，$A(C^*) \subset C^*$．さらに

$$|\psi_1(x) - \psi_2(x)| \leq \int_{x_0}^x |f(t, \varphi_1(t)) - f(t, \varphi_2(t))| dt$$
$$\leq Md \max_x |\varphi_1(x) - \varphi_2(x)|.$$

$Md < 1$ であるから，A は縮小写像である．

したがって，作用素方程式 $\varphi = A\varphi$（すなわち方程式(7)）は空間 C^* においてただ一つの解をもつ．

2. 方程式系に対する Cauchy 問題． 微分方程式の系

$$\varphi_i'(x) = f_i(x, \varphi_1(x), \cdots, \varphi_n(x)) \quad (i=1, 2, \cdots, n) \tag{8}$$

とその初期条件

$$\varphi_i(x_0) = y_{0i} \quad (i=1, 2, \cdots, n) \tag{9}$$

とが与えられたとする．ここに $f_i(x, y_1, \cdots, y_n)$ は，点 $(x_0, y_{01}, \cdots, y_{0n})$ を含む空間 $\mathbf{R}^{n+1}$ の或る領域 G で連続で Lipschitz の条件

$$|f_i(x, y_1^{(1)}, \cdots, y_n^{(1)}) - f_i(x, y_1^{(2)}, \cdots, y_n^{(2)})| \leq M \max_{1 \leq i \leq n} |y_i^{(1)} - y_i^{(2)}|$$

を満たすものとする．

このとき閉区間 $|x-x_0| \leq d$ 上で最初の問題(8), (9)の解が一つしかもただ一つに限り存在すること，すなわち方程式(8)と初期条件(9)とを満たす解 $y_i = \varphi_i(x)$ ($i=1, 2, \cdots, n$) が存在し，しかも解はただ一通りであることを証明しよう．

初期条件(9)を伴う方程式(8)は，積分方程式の系

$$\varphi_i(x) = y_{0i} + \int_{x_0}^{x} f_i(t, \varphi_1(t), \cdots, \varphi_n(t))\,dt \qquad (i=1, 2, \cdots, n) \qquad (10)$$

と同値である．

f_i の連続性から，$(x_0, y_{01}, \cdots, y_{0n})$ を含むある領域 $G' \subset G$ において函数 f_i は有界，すなわち不等式 $|f_i(x, y_1, \cdots, y_n)| \leq K$ が成立する．ここに K は一定数である．ここで d をつぎの条件を満たすように定める．

1) $|x-x_0| \leq d$, $|y_i - y_{0i}| \leq Kd$ ならば $(x, y_1, \cdots, y_n) \in G'$,
2) $Md < 1$.

いま $|x-x_0| \leq d$ で定義され $|\varphi_i(x) - y_{0i}| \leq Kd$ を満たす n 個の函数からなる系 $\varphi = (\varphi_1, \varphi_2, \cdots, \varphi_n)$ を要素とし,

$$\rho(\varphi, \psi) = \max_{x, i} |\varphi_i(x) - \psi_i(x)|$$

によって距離を定義した距離空間 $C_n{}^*$ を考える．

ここに導入した空間 $C_n{}^*$ は完備である．そして，積分方程式

$$\psi_i(x) = y_{0i} + \int_{x_0}^{x} f_i(t, \varphi_1(t), \cdots, \varphi_n(t))\,dt$$

によって定義した写像 $\psi = A\varphi$ が完備空間 $C_n{}^*$ をそれ自身の中にうつす縮小写像となることも，ただちにわかる．実際,

$$\psi_i{}^{(1)}(x) - \psi_i{}^{(2)}(x)$$
$$= \int_{x_0}^{x} [f_i(t, \varphi_1{}^{(1)}(t), \cdots, \varphi_n{}^{(1)}(t)) - f_i(t, \varphi_1{}^{(2)}(t), \cdots, \varphi_n{}^{(2)}(t))]\,dt$$

であるから

$$\max_{x, i} |\psi_i{}^{(1)}(x) - \psi_i{}^{(2)}(x)| \leq Md \max_{x, i} |\varphi_i{}^{(1)}(x) - \varphi_i{}^{(2)}(x)|.$$

ここで $Md < 1$ だから，A は縮小写像である．

以上から作用素方程式 $\varphi = A\varphi$ が空間 $C_n{}^*$ の中に一つしかもただ一つの解をもつことがわかる．

4°. 縮小写像の原理の積分方程式への応用

1. Fredholm の方程式. つぎに，縮小写像の方法を，第二種の Fredholm の非斉次線形積分方程式

§4. 縮小写像とその応用

$$f(x) = \lambda \int_a^b K(x,y) f(y) dy + \varphi(x) \tag{11}$$

の解の存在と一意性との証明に，適用してみよう．

ここに $K(x,y)$ (**核**という)，$\varphi(x)$ は与えられた函数，$f(x)$ は求める函数，λ は任意の定数とする．以下の方法は $|\lambda|$ の十分小さい値に対してだけ適用しうるものである．

$K(x,y)$ および $\varphi(x)$ は $a \leq x \leq b$, $a \leq y \leq b$ で連続，したがって $|K(x,y)| \leq M$ とする．

完備距離空間 $C[a,b]$ をそれ自身の中にうつす写像

$$g(x) = \lambda \int_a^b K(x,y) f(y) dy + \varphi(x)$$

を考察しよう．これを $g = Af$ と書く．

$$\rho(g_1, g_2) = \max |g_1(x) - g_2(x)| \leq |\lambda| M(b-a) \max |f_1(x) - f_2(x)|$$

であるから，$|\lambda| < 1/M(b-a)$ ならば A は縮小写像である．

したがって，縮小写像の原理によって，$|\lambda| < 1/M(b-a)$ のとき Fredholm の方程式はただ一つの連続解をもつわけである．この解を逐次的に近似する函数列 $f_0(x), f_1(x), \cdots, f_n(x), \cdots$ は

$$f_n(x) = \lambda \int_a^b K(x,y) f_{n-1}(y) dy + \varphi(x)$$

の形をもつ．ここで $f_0(x)$ としては任意の連続函数をとることができる．

2. 非線形積分方程式. 縮小写像の原理はまた

$$f(x) = \lambda \int_a^b K(x,y; f(y)) dy + \varphi(x) \tag{12}$$

なる形の非線形方程式にも適用することができる．ただし K, φ は連続，かつ K は Lipschitz 条件

$$|K(x,y;z_1) - K(x,y;z_2)| \leq M |z_1 - z_2|$$

を満たすものとする．このときは

$$g(x) = \lambda \int_a^b K(x,y; f(y)) dy + \varphi(x) \tag{13}$$

で与えられる写像 $g = Af$ が完備空間 $C[a,b]$ をそれ自身の中にうつし，かつ

$$\max |g_1(x) - g_2(x)| \leq |\lambda| M(b-a) \max |f_1(x) - f_2(x)|$$

が成立する．ここに $g_1=Af_1$, $g_2=Af_2$ である．よって $|\lambda|<1/M(b-a)$ ならば A は縮小写像である．

3. Volterra の方程式． 最後に Volterra の積分方程式

$$f(x) = \lambda \int_a^x K(x,y)f(y)\,dy + \varphi(x) \tag{14}$$

を考察しよう．Fredholm の方程式との相違は積分の上限が変数 x となっている点にある．これは Fredholm の方程式における $K(x,y)$ が

$$K(x,y) = 0 \qquad (y>x)$$

となる特別の場合と考えられる．

Fredholm の積分方程式の場合は，λ を小さい値に限定せざるを得なかったが，Volterra の方程式の場合には λ のすべての値について縮小写像の原理を（したがってそれにもとづいた逐次近似の方法を）適用することができる．まず，縮小写像の原理はつぎのように一般化されることに注意しよう：

定理2. A が完備距離空間 R をそれ自身の中にうつす連続写像で，ある n に対して $B=A^n$ が縮小写像となるならば，方程式

$$Ax = x$$

は一つしかもただ一つの解をもつ．

証明． 点 x を写像 B の不動点とする．すなわち $Bx=x$．そのとき

$$Ax = AB^k x = B^k Ax = B^k x_0 \to x \qquad (k\to\infty).$$

なぜなら，B が縮小写像だから，任意の $x_0 \in R$ に対して $Bx_0, B^2x_0, B^3x_0, \cdots$ は写像 B の唯一の不動点 x に収束するから．こうして

$$Ax = x$$

なることがわかった．

不動点の一意性は容易にわかる：すなわち A の不動点は A^n の不動点でもあるが，A^n は縮小写像だから，不動点は一つしかない．□

つぎに，写像 A：

$$(Af)(x) = \lambda \int_a^x K(x,y)f(y)\,dy + \varphi(x)$$

に対して，その何乗かが縮小写像となることを示そう．f_1, f_2 を $[a,b]$ 上の連続函数とすると

$$|Af_1(x)-Af_2(x)| = \left|\lambda\int_a^x K(x,y)(f_1(y)-f_2(y))dy\right|$$
$$\leq |\lambda|M \max |f_1(x)-f_2(x)|(x-a),$$

ただし, $M=\max |K(x,y)|$.

これから

$$|A^2f_1(x)-A^2f_2(x)| \leq \lambda^2 M^2 \frac{(x-a)^2}{2}\max |f_1(x)-f_2(x)|,$$

一般に

$$|A^n f_1(x)-A^n f_2(x)| \leq |\lambda|^n M^n m \frac{(x-a)^n}{n!} \leq |\lambda|^n M^n m \frac{(b-a)^n}{n!}$$

となる. ただし $m=\max |f_1(x)-f_2(x)|$. λ の任意の値に対して, n を十分に大きくとれば

$$\frac{|\lambda|^n M^n (b-a)^n}{n!} < 1$$

となるから, A^n は縮小写像である. ゆえに Volterra の方程式(14)は, 任意の λ に対して解をもち, しかも解はただ一つである.

§5. 位 相 空 間

1°. 位相空間の定義と例

距離空間の理論における基礎的な諸概念(集積点, 触点, 閉包など)は, 近傍, または, 本質的にはおなじことになるが, 開集合の概念に基づいて導入されたものである. さらに近傍や開集合の概念についていえば, これらは空間上に与えられた距離を用いて定義されている. しかし, これとは異なった路, すなわち, 与えられた集合 R に距離を導入することなしに, 公理的な手段によって開集合を定義するという路をたどることもできる. この路は極めて大きな行動の自由を保証するもので, これをたどれば位相空間という概念に至る. この観点に立てば, いままで扱ってきた距離空間は, この位相空間の, きわめて重要ではあるがしかし一つの特別の場合となる.

定義. X を一つの集合——台集合——とする. X の部分集合 G の系 τ がつぎの二条件を満たすとき, τ を X における**位相**という.

1°. 集合 X と空集合 $\emptyset$ とは τ に属する.

2°. τ に属する無限または有限個の集合の合併 $\bigcup_\alpha G_\alpha$ は τ に属し,また τ に属する有限個の集合の交わり $\bigcap_{k=1}^{n} G_k$ は τ に属する.

位相 τ が与えられた集合 X, すなわち対 (X,τ) を**位相空間**という. また系 τ に属する集合を**開集合**とよぶ.

距離空間というのが,点の集合——この概念の担い手もしくは土台となる集合,台集合——とその中に与えられた距離との綜合概念であったのに対して,位相空間は点の集合とその中に導入された位相との綜合概念である.このように,一つの位相空間を与えることは,一つの集合 X とその中に一つの位相 τ を与えること,すなわち,X において開集合とよばれることになる集合を指定することである.

同一の集合 X に異なる位相を導入して異なる位相空間となるようにすることができるのは明らかである.しかし,位相空間すなわち対 (X,τ) を,簡単に一つの文字たとえば T などで示し,この同じ文字 T でこの位相空間の台集合をも表わすことが多い.台集合 T の要素を**点**とよぶ.

開集合の補集合 $T \setminus G$ を位相空間 T の**閉集合**という.公理 1°, 2° に双対原理(第1章§1)を適用すればつぎの命題が成立する.

1′. 空集合 $\emptyset$ と全空間 T とは閉集合である.

2′. 無限または有限個の閉集合の交わりは閉集合,有限個の閉集合の合併は閉集合である.

以上の定義を用いれば,任意の位相空間における近傍,触点,閉包などの概念が自然な形で導入される:点 $x \in T$ の**近傍**[1]とは,x を含む任意の開集合 $G \subset T$ のことをいう;点 $x \in T$ のすべての近傍が集合 M の点を少なくとも一つ含むとき,x を M の**触点**という;点 x のすべての近傍が M の x とは異なる点を少なくとも一つ含むとき,x を M の**集積点**という.集合 M のすべての触点からなる集合を $\bar{M}$ で表わし,M の**閉包**という.開集合の補集合として上に定義した閉集合 M が $\bar{M}=M$ を満たす集合にほかならないことは,容易に証明することができる(証明せよ).距離空間の場合と同様に,$\bar{M}$ は M を含む

[1) 開近傍ともいう.一般には $x \in G \subset V$ なる $V(\subset T)$ を x の近傍ということが多いが,本書では開近傍だけを近傍として理論を展開する(訳者).

最小の閉集合である.

例1. §2, 定理 3' により, 距離空間における開集合は位相空間の公理 1°, 2° を満たす. したがって距離空間は位相空間である.

例2. T は任意の集合とする. その部分集合のすべてを開集合とよんでみると, 公理 1°, 2° が成立することは明らかであるから, これによって位相空間が得られる. この位相空間では, すべての集合が開かつ閉となり, 各集合はその閉包と一致する. §1, 例1の空間は, この種の**離散**な位相をもっている.

例3. 別の極端な例として, 任意の集合 X が与えられたとき X と空集合 $\emptyset$ との二つからなる位相を考えてみよう. このときは, 空でない部分集合の閉包はすべて X である. このような空間は**密着空間**とでもよぶことができよう.

例4. 二点 a, b からなる集合 T を考え, 開集合として, 全集合 T, 空集合 $\emptyset$, 点 b のみより成る集合を指定してみる. これらが公理 1°, 2° を満たしていることはただちにわかる. この空間(**二点空間**という)の閉集合は, 全空間 T, 空集合 $\emptyset$, 一点集合 $\{a\}$ である. また一点集合 $\{b\}$ の閉包は全空間 T となる.

2°. 位相の比較

一つの集合 X に二つの位相 τ_1, τ_2 が与えられたとしよう(これによって二つの位相空間 $T_1 = (X, \tau_1)$, $T_2 = (X, \tau_2)$ ができる). 集合系 τ_2 が τ_1 に含まれているとき, 位相 τ_1 は位相 τ_2 **より強い**もしくは**より細かい**といい, τ_2 は τ_1 **より弱い**もしくは**より粗い**という. 位相 τ_2 が τ_1 より弱い場合には τ_2 が τ_1 より'前にある'ということにして, 順序づけを行えば, 集合 X のすべての位相に半順序をつけることができる. この位相の全体における極大要素は'すべての集合が開集合となる位相'(例2)であり, 極小要素は'$X, \emptyset$ だけが開集合となる位相'(例3)である.

定理1. X における位相の任意の集合の交わり $\tau = \bigcap_\alpha \tau_\alpha$ は X における位相である. この位相は τ_α のどれよりも弱い.

証明. $\bigcap_\alpha \tau_\alpha$ が X と $\emptyset$ を含むことは明らかである. また τ_α は任意個の合併をつくる演算と有限個の交わりをつくる演算とに関して閉じているから, $\tau = \bigcap_\alpha \tau_\alpha$ も同様な性質をもっている. □

系. $\mathfrak{B}$ を集合 X の部分集合の任意の系とすれば, $\mathfrak{B}$ を含む X における位相

のうち最小のものが存在する.

証明. $\mathfrak{B}$ を含む位相はたしかに存在する(たとえば，すべての $A \subset X$ が開なる位相). $\mathfrak{B}$ を含むすべての位相の交わりが求めるものである. □

この最小の位相を系 $\mathfrak{B}$ から**生成された位相**といい $\tau(\mathfrak{B})$ で表わす.

X を任意の集合，A をその部分集合とする. 集合系 $\mathfrak{B}$ が与えられたとき，$A \cap B (B \in \mathfrak{B})$ なる形の集合の全体を，$\mathfrak{B}$ の A における**跡**といい，$\mathfrak{B}_A$ で表わす. (X に与えられた)位相 τ の A における跡 τ_A が A における位相となることは容易にわかる. このようにして，任意の位相空間の部分集合 A はそれ自身ひとつの位相空間となる. 位相空間 (A, τ_A) を，もとの位相空間 (X, τ) の**部分空間**という[1]. もちろん，X における二つの位相 τ_1, τ_2 が $A \subset X$ に対しては同一の位相を与える場合もある. 位相 τ_A を A における**相対位相**という.

3°. 基本近傍系，基，可算公理

上述のように，空間 T に位相を与えるという意味は，その中の開集合の全体を指定するということであった. しかし，多くの具体的な場合には，すべての開集合を与えるよりも，すべての開集合を一意的に決定するようなその或る一部分を与える方が便利である. たとえば距離空間の場合には，まず開球(ε 近傍)の概念を導入し，その後で，開集合とはその各点が適当な球近傍と共にそれに含まれてしまう集合のこととして定義したのであった. いいかえれば，距離空間における開集合とは，（無限または有限個の）開球の合併として表わされる集合にほかならない. 特別の場合として，数直線上の開集合は開区間の合併として表わされるものに限られたのである. このような考察から，位相空間の**基**と称する重要な概念が生れる.

定義. $\mathcal{G}$ を位相空間 T の開集合の集合とする. T のすべての開集合が $\mathcal{G}$ に属する開集合の無限または有限個の合併として表わすことができるとき，$\mathcal{G}$ を位相空間 T の位相の**基**または位相の**基底**という. ──

したがって，たとえば距離空間におけるすべての（可能な限りの中心と半径の）開球の全体は，距離空間の基である. 特別の場合として，開区間の全体は

---

[1] 換言すれば，（部分空間 (A, τ_A) における開集合）＝$A \cap$（T における開集合）であるから双対原理を用いて，（部分空間 (A, τ_A) における閉集合）＝$A \cap$（T における閉集合）となる(訳者).

§5. 位 相 空 間

数直線の上の基である．数直線上の基としては，また，有理数の端点をもった開区間の全体をとることもできる：この種の開区間の合併として，任意の開区間が，したがってまた，すべての開集合が表わされるからである．

このように，空間 T の位相 τ は，この空間においてその基を一つ指定することによって与えることができる．すなわち，この位相 τ は $\mathcal{G}$ に属する集合の合併として表わされる開集合の全体に一致するのである．

位相空間 $T=(X, \tau)$ における基はすべて，つぎの二つの性質をもつ:
1) 各点 $x \in T$ は少なくとも一つの $G_\alpha \in \mathcal{G}$ に属する；
2) $x \in G_\alpha$, $x \in G_\beta$ ならば
$$x \in G_\gamma \subset G_\alpha \cap G_\beta$$
なる $G_\gamma \in \mathcal{G}$ が存在する．

実際，性質 1) は単に，開集合であるはずの全空間 X が $\mathcal{G}$ に属する集合の合併として表わされるべきことを意味するに過ぎないし，また 2) は，やはり開集合となるはずの $G_\alpha \cap G_\beta$ が基 $\mathcal{G}$ の集合の合併となるべきことから，容易に出る．

逆に，X を任意の集合，$\mathcal{G}$ はその部分集合の系で，性質 1), 2) を満たすものとする．このとき，$\mathcal{G}$ の集合の合併として表わされる集合の全体は，X においてある位相を定める．（すなわち，位相空間の定義における公理 $1°, 2°$ を満たす．）

実際，$\mathcal{G}$ に属する集合の合併として表わされる X の集合の全体を $\tau(\mathcal{G})$ と書けば，空集合[1]および全空間 X, さらに $\tau(\mathcal{G})$ の集合の任意個の合併はたしかに $\tau(\mathcal{G})$ に属する．$\tau(\mathcal{G})$ の集合の有限個の交わりがやはり $\tau(\mathcal{G})$ に属することを証明しよう．二つの集合の場合について証明すれば十分．$A=\bigcup_\alpha G_\alpha$, $B=\bigcup_\beta G_\beta$ とすれば $A \cap B = \bigcup_{\alpha,\beta}(G_\alpha \cap G_\beta)$ である．条件 2) により，どの $G_\alpha \cap G_\beta$ も $\tau(\mathcal{G})$ に属することがわかる．したがって $A \cap B = \bigcup(G_\alpha \cap G_\beta) \in \tau(\mathcal{G})$．

こうして，つぎの定理を得る．

定理 2. 集合 X の部分集合の系 $\mathcal{G}$ が X における或る位相の基であるためには，$\mathcal{G}$ が性質 1), 2) を満たすことが必要かつ十分．□

---

[1] これは系 $\mathcal{G}$ の要素の空集合の合併として得られる．

今度は空間 T に或る位相 τ があらかじめ与えられているものとする．T において性質 1), 2) を満たす開集合の系 $\mathcal{G}$ を採り，これを基とする T における位相 $\tau(\mathcal{G})$ をつくれば，$\tau(\mathcal{G})$ は，明らかに，もとの位相 τ に一致するかもしくは τ より弱い．そこで，$\mathcal{G}$ がもとの位相 τ に一致する位相を生成する(すなわち $\tau(\mathcal{G})=\tau$ となる)ための条件を求めよう．

定理 3. 系 $\mathcal{G}\subset\tau$ が初めの位相 τ の基となっているためには，条件

3) 任意の開集合 G と任意の点 $x\in G$ とに対して
$$x\in G_x\subset G$$
なる $G_x\in\mathcal{G}$ が存在する——

が満たされることが，必要かつ十分である．

証明. もし条件 3) が満たされるなら，開集合 G はすべて
$$G=\bigcup_{x\in G}G_x$$
の形に表わされる．すなわち，$\mathcal{G}$ は位相 τ の基である．逆に $\mathcal{G}$ が位相 τ の基ならば，$G\in\tau$ はすべて $\mathcal{G}$ に属する集合の合併の形に表わされ，したがって，任意の $x\in G$ に対して $x\in G_x\subset G$ なる $G_x\in\mathcal{G}$ が存在する．□

演習. $\mathcal{G}_1, \mathcal{G}_2$ を X における二つの基(すなわち p. 83 の条件 1), 2) を満たす集合系)とし，これらによって定まる位相をそれぞれ τ_1, τ_2 とする．このとき，$\tau_1\subset\tau_2$ となるためには，任意の $G_1\in\mathcal{G}_1$ と任意の点 $x\in G_1$ とに対して $x\in G_2\subset G_1$ なる $G_2\in\mathcal{G}_2$ が存在することが必要かつ十分であることを，証明せよ．

定理 3 を用いれば，たとえば距離空間の場合に，開球の全体がその距離空間の位相の基となっていることが容易に示される．半径が有理数の開球の全体もまた基をなす．直線上では，基として，たとえば有理区間(すなわち端点が有理数の開区間)の全体を採ることができる．

位相空間のうち，<u>可算基をもつ空間</u>，すなわち，たかだか可算個の開集合からなる基が少なくとも一つ存在するような空間は重要である．このような空間を**第二可算公理**を満たす空間という．

　位相空間 T が可算基をもつならば，この空間には到るところ稠密な可算集合，すなわち閉包が全空間 T に等しい可算集合が存在する．

証明. $\{G_n\}$ を可算基とし，G_n から任意に一点 x_n をとる．可算集合 $X=\{x_n\}$ は T で到るところ稠密，すなわち $\bar{X}=T$ である．なぜなら，開集合

$T\diagdown \bar{X}$ が空でないとすれば,それは $\{G_n\}$ の集合の合併で表わされるから,或る $x_n \in G_n$ を含むはずであるが,一方 $T\diagdown \bar{X}$ が X の点を含まないことは明らかだから,矛盾を生ずる. □

到るところ稠密な可算集合をもつ位相空間は,**可分**であるという.

上述より,可算基をもつ位相空間は可分.距離空間の場合には逆も成立する.すなわち:

距離空間 R が可分ならば,R は可算基をもつ.

なぜなら,n, m があらゆる自然数をとるとして,$B(x_n, 1/m)$ なる開球の全体は明らかに可算基となるから.よってつぎの定理が成立する.

定理 4. 距離空間 R が可算基をもつためには,この空間が可分なことが必要かつ十分. □

この定理によって,可分な距離空間の例はすべて,第二可算公理を満たす距離空間の例となる.有界数列の空間(§1,例9参照)は可分でなく,よって可算基をもたない.

注意. 定理 4 は(距離空間でない)任意の位相空間に対しては一般に成立しない:到るところ稠密な可算集合をもちながら可算基をもたない空間の例が存在するのである.その事情を解説しておこう.距離空間 R の各点 x に対して,その近傍から成る可算な系 $\mathcal{U}$ でつぎの条件を満たすものが存在する(たとえば開球 $B(x, 1/n)$ の全体):'x を含む任意の開集合 G に対して $\mathcal{U}$ に属する開集合で G の中にまったく含まれてしまうものが存在する'.このような近傍の系 $\mathcal{U}$ を点 x の**基本近傍系**という.

位相空間 T の点 x が可算個の集合からなる基本近傍系 $\mathcal{U}$ をもつとき,この点において**第一可算公理**が満たされているといい,T の各点に対してこの公理が満たされているなら,空間 T は第一可算公理を満たすという.

距離空間の場合には,たとえ可分でなくとも,第一可算公理は自動的に満たされる.しかし,一般の位相空間の場合には(たとえ要素が可算個だとしても)第一可算公理が成立するとはいえない.したがって,距離空間の場合に到るところ稠密な可算集合の存在から可算基の存在を導いた上の論法は,一般の位相空間にそのまま移すことはできないのである.もっとも,可分な空間において第一可算公理が成立したとしても,可算基は存在しないことがある.——

集合の系 $\{M_\alpha\}$ が $\bigcup_\alpha M_\alpha = X$ を満たすとき，$\{M_\alpha\}$ を集合 X の**被覆**という．開(閉)集合からなる位相空間 T の被覆を**開(閉)被覆**という．被覆 $\{M_\alpha\}$ の一部分 $\{M_{\alpha_i}\}$ がやはり T の被覆であるとき，$\{M_{\alpha_i}\}$ を $\{M_\alpha\}$ の**部分被覆**とよぶことにしよう．

定理 5. 位相空間 T が可算基をもつならば，T の任意の開被覆から有限または可算の部分被覆を選び出すことができる．

証明． $\{O_\alpha\}$ を空間 T の開被覆とすれば，各点 $x \in T$ はある O_α に属する．$\{G_n\}$ を T における可算基としよう．定理 3 により各点 $x \in T$ に対して $x \in G_n(x) \subset O_\alpha$ なる基の要素 $G_n(x)$ が存在する．このように選んだ集合 $G_n(x)$ は，有限または可算個で，全空間 T を覆う．各 $G_n(x)$ に対して，これを含む一つの O_α をきめれば，これによって $\{O_\alpha\}$ の有限もしくは可算の部分被覆が得られる．□

位相空間の定義により，全空間 T と空集合 $\emptyset$ とは同時に閉かつ開である．この両者以外には閉かつ開なる集合が存在しない空間を，**連結**であるという．直線 $\mathbf{R}^1$ は連結空間のもっとも単純な例の一つである．もし $\mathbf{R}^1$ から，たとえ一点にせよ取り除いてしまえば，残りの空間はもはや連結ではない．

4°. 位相空間 T における収束点列

距離空間の場合に述べた<u>収束点列</u>の概念は位相空間にも転用される．すなわち，T の点列 $x_1, x_2, \cdots, x_n, \cdots$ が与えられたとき，一点 x の任意の近傍が，$\{x_n\}$ のある番号から先のすべての点を含むとき，この点列は x に**収束**するという．しかし一般の位相空間では，収束の概念は距離空間におけるほど重要な役割は演じない．その原因は，距離空間 R における点 x が集合 $M \subset R$ の触点であるためには x に収束する M の点列が存在することが必要かつ十分であるのに対して，位相空間の場合には，一般的にはそうでないということにある．つまり，位相空間 T において点 x が集合 M の触点である (i.e. $x \in \overline{M}$) としても，点 x に収束する M の点列が存在するとは限らないのである．例として区間 $[0,1]$ をとり，これから有限または可算個の点を取り去った部分集合(および空集合)を開集合として定義してみる．このとき公理 1°, 2° (p. 80) が満たされることは容易にわかるから，ここに一つの位相空間 $[0,1]$ ができる．この空

間の収束点列は停留点列，すなわち或る番号から先の点がすべて一致する点列 ($x_m=x_{m+1}=\cdots$) に限ることが示される (証明せよ)．一方 M としてたとえば $(0, 1]$ をとれば，0 は M の触点である (証明せよ) が，この空間において 0 に収束する M の点列は存在しない．

一般の位相空間ではなく，第一可算公理をもつ空間 T，すなわち各点 x が可算基本近傍系をもつ空間を考える場合には，収束点列はその'権利を回復'する．この場合には，集合 $M \subset T$ の触点 x はつねに，M の点列の極限として表わすことができる．その証明：点 x の可算基本近傍系を $\{O_n\}$ とする．この際 $O_{n+1} \subset O_n$ と考えてよい (そうでなければ O_n のかわりに $\bigcap_{k=1}^{n} O_k$ をとればよい)．O_k に含まれる M の点を一つとって x_k とする ($k=1,2,\cdots$)．x が M の触点であるから，このような x_k はかならず存在する．こうしてつくられた点列 $\{x_k\}$ が点 x に収束することは明らかである．

先に述べたように，距離空間は第一可算公理を満たす．だからこそ，閉包，触点などの諸概念を点列の収束という概念によって形成することができたのである．

5°. 連続写像，同相写像

§1 では距離空間における連続写像の概念を導入したが，これは自然な形で位相空間にも一般化することができる．

定義． 位相空間 X, Y および X から Y の中への写像 f が与えられたとする．点 $x_0 \in X$ の f による像 $y_0=f(x_0)$ の任意の近傍 U_{y_0} に対して x_0 の適当な近傍 V_{x_0} をとれば $f(V_{x_0}) \subset U_{y_0}$ となるとき，写像 f は**点 x_0 において連続**であるという．また各点 $x \in X$ において連続な写像 f を**連続写像**とよぶ．特に，位相空間 X から数直線の中への連続写像を X 上の**連続函数**という．――

距離空間から距離空間への写像に対しては上の定義が §1 で述べたものと事実上一致することは，容易に理解されよう．

ここの定義は'局所的な'性格をもっている．すなわち，写像 f が X 全体で連続ということを，X の各点において連続なこととして定義している．位相空間から位相空間への連続写像の概念は，しかし，開集合の概念を用いて，すなわち両空間の位相の言葉で，述べることもできる．

定理 6. 位相空間 X から位相空間 Y の中への写像 f が連続であるためには, すべての開集合 $G \subset Y$ に対してその原像 $\Gamma = f^{-1}(G)$ が (X において) 開集合であることが必要かつ十分である.

証明. 必要. f は連続, G を Y の開集合とする. $\Gamma = f^{-1}(G)$ が開集合であることを証明する. Γ の任意の点 x をとり $y = f(x)$ とすれば, G は y の近傍である. 連続性の定義により, x の適当な近傍 V_x に対して $f(V_x) \subset G$ すなわち $V_x \subset \Gamma$ となる. 換言すれば, 任意の $x \in \Gamma$ に対して Γ に含まれるような x の近傍 V_x が存在する. よって Γ は開集合である.

十分. $G \subset Y$ が開集合ならば $\Gamma = f^{-1}(G)$ が開集合であるとする. 任意の点 $x \in X$ と点 $y = f(x)$ の任意の近傍 U_y とを考える. $y \in U_y$ により $x \in f^{-1}(U_y)$ であるが, $f^{-1}(U_y)$ は仮定により開集合であるから点 x の近傍であり, しかもその像は U_y に含まれる. □

注意. X, Y は任意の集合, f は X から Y の中への写像とする. もし Y に一つの位相 τ (すなわち Y と $\emptyset$ とを含み任意個の合併と有限個の交わりとに関して閉じた集合系) が与えられているならば, 位相 τ の**原像**(すなわち $f^{-1}(G)$ ($G \in \tau$) の全体) は X における位相となる.

証明には, 集合の合併および交わりの原像に関する定理 (第1章§2参照) を使えばよい. この位相を $f^{-1}(\tau)$ で表わしておく. いま X, Y をそれぞれ位相 τ_X, τ_Y をもつ位相空間とすれば, 定理6はつぎのように表わすことができる:

写像 $f: X \to Y$ が連続であるためには位相 τ_X が位相 $f^{-1}(\tau_Y)$ よりも強いことが必要かつ十分である.

補集合の原像が原像の補集合であることを用いて, 定理6の双対定理が得られる.

定理 6′. 位相空間 X から位相空間 Y の中への写像 f が連続であるためには, Y のすべての閉集合の原像が (X において) 閉集合であることが必要かつ十分である. □

連続写像による開(閉)集合の像がかならずしも開(閉)集合でないことは, 容易にわかる. たとえば, 半開区間 $X = [0, 1)$ から同じ長さの円周の上への写像を考えてみる. この場合, $[0, 1)$ における閉集合 $[1/2, 1)$ の像は, 円周上では閉集合でない(図11).

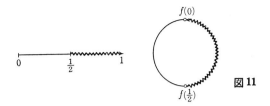

図 11

写像が開集合をつねにふたたび開集合にうつすとき,これを**開写像**という.閉集合を閉集合にうつす写像は,**閉写像**という.

連続写像に対して,解析学でよく知られた合成函数の連続性に関する定理に類するつぎの定理が成立する.

定理 7. X, Y, Z は位相空間,f, φ はそれぞれ X から Y,Y から Z の中への連続写像とする.このとき,X から Z の中への写像 $x \mapsto \varphi(f(x))$ は連続である.

この定理の証明は,定理 6 からただちに得られる. □

§1 で距離空間に対して導入した同相写像の概念も,位相空間の場合に一般化することができる.すなわち,位相空間 X から位相空間 Y の上への写像 f が双一意的かつ双連続であるとき,f は**同相写像**,空間 X と Y とは**同相**であるといわれる.たがいに同相な空間は位相的性質がまったく同じであるから,位相的観点からすれば同一の位相空間の二つの標本と考えられる.同相な二つの空間の位相はたがいに像と原像との関係にある.同相関係は反射的,対称的,推移的であるから,位相空間の任意の集まりは,たがいに同相な空間からなる類に分けられる.

注意. たがいに同相な距離空間の距離関係はかならずしも同じでないことに,注意する必要がある[1].それゆえ,同相な距離空間の一方が完備で他方がそうでない場合もありうる.たとえば,開区間 $(-\pi/2, \pi/2)$ は数直線と同相である($x \mapsto \tan x$ なる写像がこの場合の同相写像)が,数直線は完備で開区間は完備でない.

---

[1] 空間 R 上の距離は,R の位相を一意的に決定するが,逆は成立しない:$R=(X, \rho)$ における位相は X における異なる距離によっても得られるのである.

6°. 分離公理

距離空間の基本的な諸概念の多くは，容易に一般の位相空間に移すことができるが，解析学の諸問題の観点から見るとき，単に位相空間というだけでは，研究対象として余りに一般的にすぎるのである．ここでは，距離空間の場合に起こりうるものとは本質的に異なった情況が生起する．たとえば p. 81，例 4 で見たように，有限個の点からなる集合が閉集合でない場合もある．

位相空間の中から性質上距離空間にかなり近いものを取り出すことができる．そのためには，位相空間の公理 1°, 2°(p. 80)に別の補足条件をつけ加えなければならない．たとえば可算公理もこの条件の一つであって，これによって位相空間を収束概念にもとづいて研究することができるのであった．これ以外に，まったく別の性格の重要な補足条件として，一連のいわゆる分離公理なるものがある．以下，条件の強まる順にしたがって列挙してゆこう．

T_1, **第一分離公理**：位相空間 T の任意の異なる二点 x, y に対して，y を含まない x の近傍 O_x と x を含まない y の近傍 O_y とが存在する．——

この公理を満たす空間を T_1 **空間**という．T_1 空間でない空間の例としては連結二点空間(p. 81，例 4)がある．

T_1 空間においては，一点は閉集合である．$x \neq y$ とすれば，点 x を含まない点 y の近傍 O_y が存在するから $y \notin \bar{x}$, したがって $\bar{x} = x$ となり x は閉集合である．このことから，T_1 空間では有限個の点からなる集合は閉集合となる．逆に，このような空間がすべて T_1 空間であることも，容易に証明することができる．

さきに，位相空間 T において点 x が集合 M の集積点であるということを，交わり $U \cap M \smallsetminus \{x\}$ が空でないこととして定義した(p. 80 参照)．ここで U は点 x の任意の近傍である．

公理 T_1 を満たさない空間においては，有限個の点から成る集合ですら集積点をもつことがある．たとえば T を，$\emptyset$, $\{b\}$ および $\{a, b\}$ を位相とする連結二点空間とし，$M = \{b\}$ とすれば，点 a は集合 M の集積点である．

T_1 空間においては，このような現象はもはや起こらない．すなわち，つぎの主張が成立する．

補助定理． T_1 空間において点 x が集合 M の集積点であるためには，この

点 x の任意の近傍 U が M の点を無限に多く含んでいることが必要かつ十分.

この条件が十分なことは明らか.必要なことを示す.x を M の集積点とする.点 x の近傍 U で M の点を有限個しか含まないものが存在したとしよう.これらの有限個の点を,点 x 自身は除いて(もし $x \in M$ なら)$x_1, x_2, \cdots, x_n$ とする.このとき $V = U - \{x_1, \cdots, x_n\}$ は点 x の近傍であって $V \cap M \smallsetminus \{x\} = \phi$.

距離空間は,勿論,すべて T_1 空間である.それ故にこそ,距離空間における集合の集積点を定義するに際して,補助定理に言う性質が採用されたのである.

第一分離公理をやや強めたものが第二分離公理である.

T_2, **第二**(もしくは **Hausdorff の**)**分離公理**:位相空間 T の任意の異なる二点 x, y に対して,たがいに交わらない近傍 O_x, O_y が存在する.──

この条件を満たす空間を T_2 **空間**または **Hausdorff 空間**という.Hausdorff 空間は T_1 空間であるが,逆は正しくない.前述の $[0, 1]$ から有限または可算個の点を取り去った集合および空集合を開集合と定義した空間 $[0, 1]$ は,Hausdorff 空間でない T_1 空間の例になっている.

T_3, **第三分離公理**:任意の点およびそれを含まない任意の閉集合に対して,それぞれの近傍でたがいに交わらないものが存在する.ただし,位相空間 T において集合 M の近傍とは,M を含む任意の開集合のことをいう.──

この公理は,つぎのように言い換えることができる:

任意の点 x とその任意の近傍 U とに対して,点 x の近傍 V でその閉包 $\bar{V}$ が U に含まれるものが存在する.

二つの主張が同値なことの証明は,演習問題として読者にまかせる.

一般の位相空間においては,一点から成る集合はかならずしも閉集合でないから,第三分離公理は,公理 T_1 を満たす空間に対してのみ興味がある.公理 T_1, T_3 を共に満たす空間を,**正則空間**という.

正則空間は,勿論,すべて Hausdorff である.正則でない Hausdorff 空間の例としては,つぎのように位相を与えた線分 $[0, 1]$ を挙げることができる.すなわち,点 0 以外の点に対しては,その近傍を通常の仕方で定義する.また,点 0 に対しては,$[0, \alpha)$ なる半開区間から $1/n$ $(n=1, 2, \cdots)$ の形の点を取り除いたものの全体を考える.こうして得られる空間 $[0, 1]$ は Hausdorff であるが,

そこでは，点 0 と閉集合 $\{1/n : n=1, 2, \cdots\}$ とをたがいに交わらない近傍で分離することはできない．すなわち，公理 T_3 は満たされない．

解析学では，Hausdorff 空間よりも一般な空間に出あうことは余りない．むしろ解析学の観点から興味があるのは，より強い条件を満たす空間，いわゆる正規空間である．

T_4, **第四分離公理**：交わらない二つの閉集合はつねに交わらない近傍をもつ．この公理を満たす T_1 空間を，**正規空間**という．——

距離空間はすべて正規空間である：X, Y を距離空間の交わらない閉集合とする．点 $x \in X$ は Y と交わらない近傍 O_x をもつから，x から Y までの距離 ρ_x は正である．同様に $y \in Y$ と X との距離 ρ_y も正である．いま，それぞれ X, Y を含む開集合[1] U, V：

$$U = \bigcup_{x \in X} B\left(x, \frac{\rho_x}{2}\right), \quad V = \bigcup_{y \in Y} B\left(y, \frac{\rho_y}{2}\right)$$

を考えると，これらは交わらない．実際，もし $z \in U \cap V$ とすれば，$\rho(x_0, z) < \rho_{x_0}/2$, $\rho(z, y_0) < \rho_{y_0}/2$ なる $x_0 \in X$, $y \in Y$ が存在する．いま，たとえば $\rho_{x_0} \leq \rho_{y_0}$ とすれば

$$\rho(x_0, y_0) \leq \rho(x_0, z) + \rho(z, y_0) < \frac{\rho_{x_0}}{2} + \frac{\rho_{y_0}}{2} \leq \rho_{y_0},$$

すなわち $x_0 \in B(y_0, \rho_{y_0})$ となり，ρ_{y_0} の定義と矛盾する．⌟

距離空間の部分空間は，それ自身距離空間であるから，正規空間である．しかし，このようなことは一般的には正規空間に対しては当てはまらない：正規空間の部分空間がつねに正規空間であるとはいえないのである．すなわち，空間の正規性は遺伝的性質[2]ではない．

完全正則性． 位相空間の，いわゆる完全正則性なるものは，遺伝的性質である．これは正則性よりも強い重要な性質である．すなわち，T_1 空間 T の任意の閉集合 $F \subset T$ と任意の点 $x_0 \in T \setminus F$ とに対して，点 x_0 では 0 となり，閉集合 F 上では 1 となるような実数値連続関数 f $(0 \leq f(x) \leq 1)$ が存在するとき，空間 T は**完全正則**であるという．

---

1) $B(x, r)$ は半径 r，中心 x の開球である．
2) 位相空間 T が性質 P をもつことから，T のいかなる部分空間も性質 P をもつことが結論されるとき，P は遺伝的性質であるという．

正規空間は完全正則であるが，逆は正しくない[1]．完全正則(特に正規)空間の部分空間は完全正則である．完全正則空間を導入した A. N. Tihonov は，完全正則空間が或る正規空間の部分空間となっていることを示した．完全正則空間の解析学上での重要性は，このような空間の上には'十分に多くの'連続函数が存在すること，すなわち，完全正則空間の任意に与えられた二点 x, y において異なる値をとる実数値連続函数が存在するという事実にある．

7°. 位相導入の種々の方法，距離づけ可能性

集合に位相を導入するためのもっとも直接かつ原理的に単純な方法は，どの集合を開集合と考えるかを直接に指定することである．この際，その集合の類は公理 1°, 2° (p. 80) を満たさなければならない．これと双対的に，閉集合を指定してもよい．この場合には条件 1', 2' (p. 80) を満たすようにしなくてはならない．だが，実際には以上の方法は適用しにくい．たとえば平面の場合を考えてみても，すべての開集合を直接に記述することは，到底不可能なことである (§2，定理 5 によって直線の場合には可能だが)．

空間に位相を導入するためにしばしば用いられるのは，そこにおける基を指定する方法である．たとえば距離空間に位相を導入した際にも，実は，距離に依拠して，開球の全体からなる集合を基として指定したのである．

空間に位相を与える他の方法の一つとして，収束概念の導入も考えられる．しかし，距離空間の範囲から出るとき，この方法はいつでもぐあいよくゆくとは限らない．4° で述べたように，集合からその閉包への移行は，かならずしも点列の収束によって記述しうるとは限らないからである．もっとも，収束点列という概念そのものを適当に一般化して，この方法を普遍的なものにすることは可能である．

閉包化の公理を与えることによって集合 X に位相を導入することもできる．すなわち，各 $A \subset X$ に A の閉包と称する集合 $\bar{A} \subset X$ を対応させ，この対応が §2，定理 1 における 1)-4) の性質をもつようにしたとき，X に**閉包演算**が定義

---

[1] この(決して明白でない)事実はつぎの Uryson の定理から導かれる：T が正規空間で F_1, F_2 がたがいに交わらない閉集合とすれば，F_1 上では 0，F_2 上では 1 なる値をとる連続函数 $f (0 \leq f(x) \leq 1)$ が T 上に存在する (証明はたとえば，松坂和夫：集合・位相入門(岩波書店)，p. 229 参照(訳者))．

されたという．閉包演算が与えられれば，これを用いて，閉集合なるものを $\bar{A}=A$ なる集合 A として定義することができる．この意味での閉集合の全体が条件 $1', 2'$ (p.80) を満たすことは，容易に示される．すなわち，X に実際に位相が導入されたわけである．

空間に距離概念を設定することは，位相導入の最重要な方法の一つではあるが，きわめて特殊なものである．先に見たように，距離空間は正規空間であり，第一可算公理をもっている．それゆえ，空間がこれらの性質の一方にせよ欠いているなら，その位相は，距離の導入によっては与えることができない．

定義. 位相空間 T の位相が何らかの距離概念の導入によって与えられるとき，この空間は**距離づけ可能**であるという．――

上に述べたことにより，空間の正規性と第一可算公理とは，距離づけ可能のための必要条件であるが，この性質のどれか一方あるいは双方を考えても，距離づけ可能なための十分条件とはならない．しかし，Uryson によるつぎの定理が成立する：

> 可算基をもつ位相空間が距離づけ可能であるためには，この空間が正規なことが必要かつ十分である．

この条件が必要なことは明らかである．十分なことの証明は，たとえば P. S. Aleksandrov [2] を参照されたい（松坂和夫：集合・位相入門（岩波書店），p.290 参照（訳者））．

§6. コンパクト性

1°. コンパクト性の概念

Heine-Borel の名で知られているつぎの事実は，解析学において重要な役割を演ずる：

> 直線上の閉区間 $[a, b]$ の開区間からなる被覆からは，つねに，有限の部分被覆を選ぶことができる．

この命題は開区間からなる被覆のかわりに開集合としても成立する：

> 閉区間 $[a, b]$ の任意の開被覆から有限の部分被覆を選ぶことができる．

閉区間のこの性質から出発して，つぎの重要な定義が導入される．

§6. コンパクト性

定義. 位相空間 T の任意の開被覆からつねに有限の部分被覆が選び出せるとき，空間 T は**コンパクト**であるといい，T を**コンパクト(位相)空間**という．

コンパクトな Hausdorff 空間を単に**コンパクト**[1]ということがある．——
後述するが，閉区間だけでなく有限次元の Euclid 空間の有界閉集合はコンパクト性をもっている．これに反して直線，平面，3次元空間などはコンパクトでない空間の例である．

集合 T の部分集合の系 $\{A\}$ に対して，その任意有限個の交わり $\bigcap_{i=1}^{n} A_i$ がいずれも空でないとき，この系は**有心的**である，あるいは**有限交叉性**をもつという．コンパクト性の定義と双対関係とからつぎの定理が導かれる．

定理 1. 位相空間 T がコンパクトなためには，つぎの条件が成立することが必要十分である：

(R) 閉集合からなる系が有限交叉性をもつなら，その系のすべての集合の交わりは空でない．

証明. T がコンパクトとし，T の閉集合の有心系 $\{F_\alpha\}$ を考える．$G_\alpha = T \setminus F_\alpha$ は開集合である．どんな有限個の F_α の交わり $\bigcap_{i=1}^{n} F_i$ も空でないから，どんな有限個の開集合 $G_i = T \setminus F_i$ の系も全空間を覆わない．ゆえに $\{G_\alpha\}$ は T の被覆ではありえない(コンパクト性)．よって $\bigcap F_\alpha \neq \emptyset$. 以上により T がコンパクトならば条件(R)が満たされる．逆に T が条件(R)を満たすとし，T の開被覆 $\{G_\alpha\}$ を考える．$F_\alpha = T \setminus G_\alpha$ とおけば $\bigcap F_\alpha = \emptyset$, よって条件(R)により $\{F_\alpha\}$ は有心的ではありえない．すなわち，適当な $F_1, F_2, \cdots, F_n$ に対して $\bigcap_{i=1}^{n} F_i = \emptyset$. このとき $G_i = T \setminus F_i$ $(i=1, 2, \cdots, n)$ は被覆 $\{G_\alpha\}$ の有限部分被覆である．こうして，条件(R)からコンパクト性が導かれた．□

以下，コンパクトな位相空間の基本的な性質を二，三述べておく．

定理 2. コンパクトな空間の無限部分集合は少なくとも一つの集積点をもつ．

証明. コンパクト空間 T に集積点を一つももたない無限部分集合 X が存在したとすれば，X から取り出した可算集合 $X_1 = \{x_1, x_2, \cdots\}$ もまた集積点をもたない．ところが，このとき，閉集合 $X_n = \{x_n, x_{n+1}, \cdots\}$ の系 $\{X_n : n = 1, 2,$

---

[1] この'コンパクト'は原書では名詞．以下の叙述でも，'コンパクトの閉部分集合はコンパクト'のように使っているが，混乱を避けるため，名詞的用法はすべて言い換えた．
まぎらわしさを避けるため(必ずしも Hausdorff 空間でない)コンパクト空間を準コンパクト空間といい，Hausdorff 空間のときにコンパクト空間という流派もある．たとえば Bourbaki(訳者)．

$3, \cdots\}$ は,有心的でありながらその交わりは空. よって T はコンパクトでない. □

定理3. コンパクト空間 T の閉部分集合は, T の部分空間としてコンパクトである.

証明. F をコンパクト空間 T の閉部分集合として,空間 (F, τ_F) (§5, 2°参照) がコンパクトなことを証明する. (F, τ_F) における閉部分集合の任意の有心系 $\{F_\alpha\}$ を考える. F_α は T においても閉じており,よって $\{F_\alpha\}$ は T における閉集合の有心系である. ゆえに $\bigcap F_\alpha \neq \phi$ となり,定理1により F はコンパクト. □

Hausdorff 空間の部分空間が Hausdorff であることから

系. コンパクト Hausdorff 空間の閉部分集合はコンパクト Hausdorff 空間である. □

定理4. Hausdorff 空間 T の部分空間 K がコンパクトなら, K は T において閉集合である.

証明. K を Hausdorff 空間 T のコンパクトな部分集合 (つまり部分空間 (K, τ_K) がコンパクト), $y \notin K$ とする. T が Hausdorff であるから,任意の $x \in K$ に対して x の近傍 U_x と y の近傍 V_x とを適当にとれば

$$U_x \cap V_x = \phi$$

となる. 近傍 U_x ($x \in K$) の全体は K の開被覆をなすから, K のコンパクト性により有限個の部分被覆 $U_{x_1}, U_{x_2}, \cdots, U_{x_n}$ が選べる. そこで

$$V = V_{x_1} \cap V_{x_2} \cap \cdots \cap V_{x_n}$$

とおけば, V は点 y の近傍で $U_{x_1} \cup U_{x_2} \cup \cdots \cup U_{x_n} \supset K$ と交わらない. ゆえに $y \notin \bar{K}$, すなわち K は閉集合である. □

定理3, 4により, Hausdorff 空間については, コンパクト性が空間の内的な性質であること, 換言すれば, ある空間がコンパクトなら, それをどんなに広い Hausdorff 空間に含ませて考えてもコンパクトであることが示されている.

定理5. コンパクト Hausdorff 空間は正規空間である.

証明. X, Y をコンパクト Hausdorff 空間 K のたがいに交わらない閉部分集合とする. 前定理の証明の中の推論を繰り返せば,各 $y \in Y$ に対して適当な近傍 U_y と開集合 $O_y \supset X$ とを選んで $U_y \cap O_y = \phi$ とすることができる. すなわ

ち，コンパクト Hausdorff 空間はすべて正則．さて，y を集合 Y 上を動かして得られる Y の開被覆 $\{U_y\}$ から有限部分被覆 $U_{y_1}, U_{y_2}, \cdots, U_{y_n}$ を取り出せば，
$$O^{(1)} = O_{y_1} \cap O_{y_2} \cap \cdots \cap O_{y_n}, \quad O^{(2)} = U_{y_1} \cup U_{y_2} \cup \cdots \cup U_{y_n}$$
なる二集合は
$$O^{(1)} \supset X, \quad O^{(2)} \supset Y, \quad O^{(1)} \cap O^{(2)} = \phi$$
を満たす．これは K が正規であることを示している．□

2°. コンパクトな空間の連続写像

コンパクトな空間の連続写像は一連の興味ある重要な性質をもっている．

定理 6. コンパクトな空間の連続写像による像は，コンパクトな空間である．

証明． X をコンパクトな空間, f を X から位相空間 Y の中への連続写像とする．$\{V_\alpha\}$ を像 $f(X)$ の, 空間 $f(X)$ における開集合 V_α による被覆とし，$U_\alpha = f^{-1}(V_\alpha)$ とおく．U_α は（連続写像 $f: X \to f(X)$ による開集合の原像であるから）開集合，したがって $\{U_\alpha\}$ は空間 X の開被覆である．X のコンパクト性により, 有限部分被覆 $U_1, U_2, \cdots, U_n$ が取り出せるが，このとき $V_i = f(U_i)$ ($i=1, 2, \cdots, n$) は空間 X の像 $f(X)$ の被覆 $\{V_\alpha\}$ の有限部分被覆になっている．□

定理 7. コンパクト空間 X から Hausdorff 空間 Y の上への双一意連続写像 φ は同相写像である．

証明． 定理の条件から，逆写像 φ^{-1} が連続であることを導けばよい．F を X における閉集合，その Y における像を $P = \varphi(F)$ とする．前定理により P はコンパクトだから，Hausdorff 空間 Y において閉じている．このように，すべての閉集合 $F \subset X$ の φ^{-1} による原像は閉集合である．このことは φ^{-1} が連続であることにほかならない．□

3°. コンパクト空間上の連続函数および半連続函数

前項ではコンパクト空間から Hausdorff 空間の中への連続写像について述べた．コンパクト空間から数直線の中への連続写像すなわちコンパクト空間上の連続函数は, このような写像の特別な場合になっているが, このような函数については，閉区間上の連続函数について解析学でよく知られている基本的な諸事実が，そのまま成立する．

定理8. T をコンパクト空間, f を T 上の連続函数とする. このとき, f は T 上で有界であり, しかも, T 上で函数値の上限および下限をとる.

証明. 連続函数とは, T から数直線 $\mathbf{R}^1$ への連続写像である. $\mathbf{R}^1$ における T の像は, 一般的な定理6によってコンパクト. しかし, 解析学でよく知られているように(§7, 2° をも参照せよ), 数直線のコンパクト部分集合は有界かつ閉, したがって, 単に上限, 下限が存在するだけでなく, その上限, 下限を含む. □

演習. K はコンパクト距離空間, A は K からそれ自身の中への写像で, $x \neq y$ のとき $\rho(Ax, Ay) < \rho(x, y)$ とする. 写像 A が K の中に唯一つの<u>不動点</u>をもつことを示せ.

上述の定理8は, よりひろい函数のクラス, すなわちいわゆる半連続函数のクラスにまで, 一般化することができる.

函数 $f(x)$ が点 x_0 において下に(上に)**半連続**であるとは, 任意の $\varepsilon > 0$ に対して点 x_0 の近傍でそこで $f(x) > f(x_0) - \varepsilon$ ($f(x) < f(x_0) + \varepsilon$) となるものが存在することをいう.

たとえば, 'x の整数部分'を表わす函数 $f(x) = E(x)$ は上に半連続. 或る連続函数 $f(x)$ に対して或る点 x_0 におけるその値 $f(x_0)$ を増大(減少)させて得られる函数は上に(下に)半連続. また, $f(x)$ が上に半連続なら $-f(x)$ は下に半連続. これら二つの注意によれば, 半連続な函数の例はいくらでもつくることができる.

半連続な実数値函数の性質を研究する場合に, それらが無限大なる値をもとりうるとしておくのが便利である.

$f(x_0) = -\infty$ ならば, 函数 f は点 x_0 において下に半連続と考えられる. さらにもし任意の $h > 0$ に対して点 x_0 の近傍でそこでは $f(x) < -h$ となるものが存在するなら, 函数 f は点 x_0 において上に半連続とみなすことにしよう.

同様に, $f(x_0) = +\infty$ ならば函数 f は点 x_0 において上に半連続と考えられ, さらにもし任意の $h > 0$ に対してそこでは $f(x) > h$ となるような点 x_0 の近傍が存在するなら, 函数 f は点 x_0 において下に半連続とみなす.

距離空間 R 上の実数値函数 $f(x)$ と点 $x_0 \in R$ とに対して, (有限もしくは無限の)値

$$\lim_{\varepsilon \to 0} \left(\sup_{x \in B(x_0, \varepsilon)} f(x) \right)$$

を点 x_0 における函数 $f(x)$ の**上極限**といい, $\bar{f}(x_0)$ と書く. **下極限** $\underline{f}(x_0)$ も, 上限を下限にかえて同様に定義される. 差

$$\omega f(x_0) = \bar{f}(x_0) - \underline{f}(x_0)$$

を(もしそれが意味をもつなら, つまり $\bar{f}(x_0), \underline{f}(x_0)$ が同じ符号の無限大でないなら)函数 $f(x)$ の点 x_0 における**振動**という. 容易にわかるように, $f(x)$ が x_0 において連続なためには, $\omega f(x_0) = 0$ なること, すなわち $-\infty < \underline{f}(x_0) = \bar{f}(x_0) < +\infty$ なることが, 必要かつ十分.

距離空間上に与えられた任意の函数 $f(x)$ に対して，函数 $\bar{f}(x)$ は上に半連続であり，函数 $\underline{f}(x)$ は下に半連続である．これは上下極限の定義より容易に導かれる．

距離空間 M を考える：その要素 x は線分 $[a,b]$ 上で与えられた任意の有界実数値函数 $\varphi(t)$，M における距離は

$$\rho(x,y) = \rho(\varphi,\psi) = \sup_{a\leq t\leq b}|\varphi(t)-\psi(t)|$$

として定義する．M 上の函数を，M の要素である函数 $\varphi(t)$ と区別するため，一般の語法にならって**汎函数**と呼ぶ．

さて，半連続な汎函数の重要な一例を考察する．

曲線 $y=f(x)$ $(a\leq x\leq b)$ の長さを，汎函数

$$L_a^b(f) = \sup \sum_{i=1}^{n} \sqrt{(x_i-x_{i-1})^2+(f(x_i)-f(x_{i-1}))^2}$$

として定義する．ただし上限(無限大のこともありうる)は，線分 $[a,b]$ のあらゆる可能な分割に対してとる．この汎函数は，全空間 M の上で定義される．連続な f に対しては，これは極限値

$$\lim_{\max|x_i-x_{i-1}|\to 0}\sum_{i=1}^{n}\sqrt{(x_i-x_{i-1})^2+(f(x_i)-f(x_{i-1}))^2}$$

に一致する．さらに，連続微分可能な f に対しては，これは

$$\int_a^b \sqrt{1+(f'(x))^2}\,dx$$

の形に書くことができる．

汎函数 $L_a^b(f)$ は M において下に半連続である．これはその定義から容易に導かれる．

前述の定理 8 は，半連続函数に対して拡張することができる．

定理 8a． コンパクトな T_1 空間 T の上の下に(もしくは上に)半連続な有限値函数は，下に(対応して，上に)有界．

証明． $\inf f(x) = -\infty$ と仮定する．このとき $f(x_n)<-n$ なる点列 $\{x_n\}$ が存在する．空間 T がコンパクトであるから，(定理 2 によって)無限点集合 $\{x_n\}$ は少なくともひとつの集積点 x_0 をもつ．仮定により函数 f は点 x_0 において有限かつ下に半連続．よって点 x_0 の近傍 U で $f(x)>f(x_0)-1$ $(x \in U)$ なるものが存在する．しかし，このとき近傍 U は集合 $\{x_n\}$ の点をたかだか有限個しか含みえない．これは x_0 がこの集合の集積点であることに矛盾する．

上半連続函数の場合も同様にして証明される．□

定理 8b． コンパクトな T_1 空間 T の上の下に(上に)半連続な有限値函数 f は，T においてその函数値の下限(上限)を実際にとる．

証明． $f(x)$ を下半連続とする．定理 8a により $f(x)$ の下限は有限．よって $f(x_n)\leq \inf f(x)+1/n$ なる点列 $\{x_n\}$ が存在する．

T がコンパクトだから,集合 $\{x_n\}$ は集積点 x_0 をもつ.もし $f(x_0) > \inf f(x)$ なら,函数 f が下半連続なることより,正数 δ と点 x_0 の近傍 U が存在してすべての $x \in U$ に対して $f(x) > \inf f(x) + \delta$. しかし,このとき U は集合 $\{x_n\}$ の点をたかだか有限個しか含みえない.したがって $f(x_0) = \inf f(x)$. □

4°. 可算コンパクト性

定義. 空間 T の任意の無限部分集合が少なくとも一つの集積点をもつとき,空間 T を**可算コンパクト**であるという.——

1° の定理 2 は,コンパクトな空間が可算コンパクトであることを示している.しかし,逆は一般に正しくない.可算コンパクトだがコンパクトではない'伝統的'な例をあげておこう.最小の非可算順序数 ω_1 よりも小さいすべての順序数の集合 X を考える.二つの順序数 $\alpha < \beta$ に対して $\alpha < \gamma < \beta$ なる順序数 γ の全体を**開区間** (α, β) とよぶことにし,この意味での開区間の合併を開集合とよぶ.このとき,集合 X が可算コンパクトだがコンパクトではないことは,容易に検証することができる.

コンパクト性と可算コンパクト性との関係は,つぎの定理によって明らかになる.

定理 9. 位相空間 T が可算コンパクトであるためには,つぎの二条件のうち一方が成立することが必要かつ十分である.

1) T の可算開被覆はつねに有限部分開被覆をもつ.
2) 閉集合の可算有心系の交わりは空でない.

証明. 1), 2) が同値であることは両者の双対関係から明らかである.また T が可算コンパクトでないならば,定理 2 の証明と同様にして,T の閉集合の可算有心系で交わりが空となるものの存在を示すことができる.それゆえ 2) は(したがって 1) も)可算コンパクトなために十分である.条件 2) が必要であることを証明しよう.T が可算コンパクトであるとし,$\{F_n\}$ を T における閉集合の可算有心系とする.$\bigcap F_n \neq \emptyset$ を示せばよい.いま

$$\Phi_n = \bigcap_{k=1}^{n} F_k$$

とおけば,これは閉集合で,$\{F_k\}$ が有心系であることから $\Phi_n \neq \emptyset$,また $\Phi_1 \supset \Phi_2 \supset \cdots$ であるから

§6. コンパクト性

$$\bigcap \Phi_n = \bigcap F_n.$$

このとき二つの場合が考えられる.

1) ある番号 n_0 に対して

$$\Phi_{n_0} = \Phi_{n_0+1} = \cdots$$

となる場合. このときは明らかに $\bigcap \Phi_n = \Phi_{n_0} \neq \phi$.

2) $\{\Phi_n\}$ がたがいに異なる無限に多くの集合からなる場合. このときは, Φ_n がことごとく異なっていると考えてよいことは明らか. いま

$$x_n \in \Phi_n \smallsetminus \Phi_{n+1}$$

とすれば, 点列 $\{x_n\}$ は T のたがいに異なる点からなる無限集合である. T が可算コンパクトとの仮定により, $\{x_n\}$ は少なくとも一つの集積点 x_0 をもつ. Φ_n は $x_n, x_{n+1}, \cdots$ を含むから x_0 は Φ_n の集積点であり, Φ_n が閉集合であるから $x_0 \in \Phi_n$. それゆえ $x_0 \in \bigcap \Phi_n$, すなわち $\bigcap \Phi_n \neq \phi$. □

このように, コンパクトも可算コンパクトも空間の開被覆の'挙動'によって特徴づけられる. すなわち, 可算コンパクトな空間とは, 可算開被覆がつねに有限部分被覆を含む空間のことであり, コンパクトな空間とは任意の開被覆がつねに有限部分被覆を含む空間のことである.

一般的には可算コンパクト性からコンパクト性を導くことはできないが, つぎの重要な定理が成立する.

定理 10. 可算基をもつ空間では, コンパクト性と可算コンパクト性とは一致する.

証明. §5, 定理 5 により, 可算基をもつ空間 T の任意の開被覆からは, つねに可算被覆を選び出すことができる. それゆえ, T が可算コンパクトならば, この選び出した可算被覆から有限部分被覆を取り出すことができる. すなわち T はコンパクトである. □

注意. 位相空間の可算コンパクト性の概念は(コンパクト性とくらべて)余り有効でもなければ自然でもない. それは, いわば'惰性'によって数学に持ち込まれたのである. その理由は, (次節で述べるように)距離空間の場合には(可算基をもつ空間と同様に)この二つの概念が一致するという点にある. 元来, コンパクト性の概念は, '無限集合は集積点をもつ'という形で, すなわち可算コンパクト性として距離空間に対して導入されたのであった. この定義が距離

空間から'自動的'に位相空間に移されて，位相空間の可算コンパクト性という概念ができた．このような由来があるために，やや古い文献では'コンパクト性'という術語は'可算コンパクト性'の意味で用いられ，上で採用した位相空間のコンパクト性(位相空間の開被覆がつねに有限部分開被覆を含む)はビコンパクト性とよばれていることが多い．この際は，コンパクトな Hausdorff 空間(すなわちコンパクト)はビコンパクトといい，'コンパクト'の名称はコンパクトな距離空間として用いられた．われわれはコンパクト性，可算コンパクト性などの術語を上に定義した意味で用いることにする．この際，コンパクトな距離空間もコンパクトとよび，特に距離の存在を強調する場合には'距離をもつコンパクト'とよぶことにする[1]．

5°. 相対コンパクト集合

Hausdorff 空間 T の部分集合 M は，閉集合でなければコンパクトではありえない．たとえば，数直線上の閉じていない部分集合はコンパクトではない．しかし，このような集合 M の閉包 $\bar{M}$ がコンパクトなことはありうる．たとえば，数直線または n 次元空間の<u>有界</u>な部分集合がそうである．そこで，つぎのように定義する．

定義. 位相空間 T の部分集合 M の閉包 $\bar{M}$ がコンパクトなとき，M は(Tにおいて)**相対コンパクト**であるという．同様に，すべての無限集合 $A \subset M$ が少なくとも一つの集積点(Mに属するとは限らない)をもつとき，M は T において**相対可算コンパクト**であるという．──

相対コンパクト性の概念は(コンパクト性とは異なり)与えられた集合がどんな空間 T で考察されているかに関係する．たとえば，$(0,1)$ 上の有理数の集合は，これを数直線の部分集合と考えれば相対コンパクトであるが，すべての有理数からなる空間の部分集合と考えれば相対コンパクトではない．

相対コンパクト性の概念は，距離空間の場合にもっとも重要なものとなる．これについては次節で述べよう．

---

1) p. 95 脚注参照(訳者).

§7. 距離空間におけるコンパクト性

1°. 全有界性

距離空間は位相空間の特別の場合であるから,前節で述べた定義や事実は,距離空間にそのまま適用される.距離空間の場合には,コンパクト性は,以下に述べる全有界性と密接に結びついている.

M を距離空間 R の中の或る集合, ε をある正の数としよう. R の点集合 A が M に対して ε 網であるとは,任意の点 $x \in M$ に対して
$$\rho(a, x) \leqq \varepsilon$$
なる $a \in A$ が少なくとも一つ存在することをいう.(集合 A が M に含まれている必要はない.それどころか, M の点を一つも含んでいないことさえありうる.しかし, M に対して ε 網 A が存在するなら, M に含まれる 2ε 網をつくることができる.)

たとえば,平面における整数点は $1/\sqrt{2}$ 網である.

任意の $\varepsilon>0$ に対して集合 M に対する有限個の点からなる ε 網が存在するとき, M は**全有界**であるという.全有界な集合が有界であることは,それが有界集合の有限個の合併であることから明らかである.しかし下の例2が示すように,逆は一般に成立しない.

つぎの命題は,明白ではあるが,よく使われるから書き出しておこう:

M が全有界ならば,閉包 $\bar{M}$ も全有界である.

全有界性の定義から,全有界な距離空間 R はすべて可分であることが,ただちに結論される.なぜなら,各 n に対して R において有限の $1/n$ 網をつくれば,すべての n に対するそれらの $1/n$ 網の合併集合は R において到るところ稠密な可算集合となるから.しかし,可分な距離空間は可算基をもつ(§5, 定理4)から,結局

全有界な距離空間はすべて可算基をもつ.

例1. n 次元 Euclid 空間の部分集合に対しては,全有界性は単なる有界性,すなわち,与えられた集合をある十分大きな立方体(n 次元の)でつつみうることと一致する.なぜなら,そのような立方体を一辺が ε なる小さい立方体に分

割すれば，これらの小立方体の頂点は，はじめの立方体に対する有限の $\frac{\sqrt{n}}{2}\varepsilon$ 網となり，したがってこの立方体につつまれる任意の集合に対しても $\frac{\sqrt{n}}{2}\varepsilon$ 網となるから．

例 2. 空間 l_2 における単位球 S は，有界だが全有界ではない集合の例である．なぜなら，いま

$$e_1 = (1, 0, 0, \cdots)$$
$$e_2 = (0, 1, 0, \cdots)$$
$$\cdots\cdots$$
$$e_n = (0, 0, 0, \cdots, 1, 0, \cdots)$$
$$\cdots\cdots$$

なる S の点を考えると，これらのうち任意の二点 e_n, e_m $(m \neq n)$ の距離は $\sqrt{2}$ であり，したがって $\varepsilon < \sqrt{2}/2$ なる ε に対しては単位球 S に対する有限の ε 網は存在しないから．

例 3. l_2 において

$$|x_1| \leq 1, \ |x_2| \leq \frac{1}{2}, \ \cdots, \ |x_n| \leq \frac{1}{2^{n-1}}, \ \cdots$$

なる条件を満たすすべての点

$$x = (x_1, x_2, \cdots, x_n, \cdots)$$

の集合 Π を考えよう．この集合は空間 l_2 の**基本平行体**('Hilbert の煉瓦')とよばれ，無限次元の全有界集合の例になっている．その全有界性の証明は，つぎのようにすればよい．

任意に与えられた $\varepsilon > 0$ に対して，n を $1/2^{n-1} < \varepsilon/2$ のように選んでこれを固定する．

$$x = (x_1, x_2, \cdots, x_n, \cdots) \tag{1}$$

なる Π の点 x に対して，同じく Π に属する点

$$x^* = (x_1, x_2, \cdots, x_n, 0, 0, \cdots) \tag{2}$$

をつくれば

$$\rho(x, x^*) = \sqrt{\sum_{k=n+1}^{\infty} x_k^2} \leq \sqrt{\sum_{k=n}^{\infty} \frac{1}{4^k}} < \frac{1}{2^{n-1}} < \frac{\varepsilon}{2}.$$

(2)なる形の点からなる Π の部分集合 Π^* は全有界(n 次元空間の有界集合で

あるから). よって Π^* に対する有限な $\varepsilon/2$ 網をつくれば, 明らかに, それが同時に Π に対する ε 網になっている.

2°. コンパクト性と全有界性

定理 1. 距離空間 R が可算コンパクトならば, R は全有界である.

証明. R が全有界でないと仮定すれば, 適当な $\varepsilon_0 > 0$ に対して R には有限な ε_0 網が存在しないことになる. R に点 a_1 を任意にとる. この点 a_1 に対して $\rho(a_1, a_2) > \varepsilon_0$ なる $a_2 \in R$ が存在する(存在しなければ一点からなる集合 a_1 が R の ε_0 網となる). さらにまた

$$\rho(a_1, a_3) > \varepsilon_0 \quad \text{かつ} \quad \rho(a_2, a_3) > \varepsilon_0$$

なる $a_3 \in R$ が存在する. そうでなければ, a_1, a_2 が ε_0 網となるからである. 同様にして, $a_1, a_2, \cdots, a_k$ がすでに定まっているなら, これに対して

$$\rho(a_i, a_{k+1}) > \varepsilon_0 \quad (i = 1, 2, \cdots, k)$$

なる点 $a_{k+1} \in R$ を選ぶことができる.

$\rho(a_i, a_j) > \varepsilon_0$ $(i \neq j)$ であるから, このようにして構成した無限点列 $a_1, a_2, \cdots$ は集積点をもたない. よって R は可算コンパクトではありえない. □

こうして, 可算コンパクトな距離空間 R は全有界であり, したがって可算基をもつ.

§6 の定理 10 を併用すれば, つぎの重要な命題が得られる.

系. 可算コンパクトな距離空間はコンパクトである. □

全有界性は, 距離空間がコンパクトであるための<u>必要条件</u>ではあるが, <u>十分条件ではない</u>. たとえば, 閉区間 $[0, 1]$ の有理数の全体に通常の距離を導入して得られる距離空間は, 全有界だがコンパクトではない: たとえば $\sqrt{2} - 1$ の十進小数展開の近似列

$$0, \ 0.4, \ 0.41, \ 0.414, \ 0.4142, \ \cdots$$

は, この空間の無限点列であるが, この空間の中には集積点をもたない. しかしつぎの定理が成立する.

定理 2. 距離空間 R がコンパクトであるためには, R が
1) 全有界性,
2) 完備性

を共にもつことが必要かつ十分である.

証明. 全有界性が必要であることはすでに証明した.完備性が必要なことは容易にわかる.実際,$\{x_n\}$ が R における基本点列で収束しないとすれば,無限集合 $\{x_n\}$ は集積点をもたないことになる.

つぎに,R が全有界かつ完備なら R はコンパクトであることを証明する.そのためには,定理1の系により,R が可算コンパクトなこと,すなわち R の任意の無限点列 $\{x_n\}$ が集積点をもつことをいえばよい.

R における有限な1網をとり,その各点を中心とする半径1の閉球をつくると,これらの球は全空間 R を覆い,その個数は有限であるから,そのうちのどれかの球 B_1 は $\{x_n\}$ の無限部分列 $x_1^{(1)}, \cdots, x_n^{(1)}, \cdots$ を含む.つぎに有限な $1/2$ 網を B_1 の中にとり,その各点を中心として半径 $1/2$ の閉球をつくると,そのうちのどれか B_2 は $\{x_n^{(1)}\}$ の無限部分列 $x_1^{(2)}, \cdots, x_n^{(2)}, \cdots$ を含む.さらにまた中心を B_2 の中にもつ半径 $1/4$ の閉球 B_3 を選んで $\{x_n^{(2)}\}$ の無限部分列 $x_1^{(3)}, \cdots, x_n^{(3)}, \cdots$ を含むようにする.以下同様にして閉球 B_n の列をつくり,B_n と中心を共有し半径が二倍の閉球 A_n を考える.$A_1 \supset A_2 \supset A_3 \supset \cdots$ なることはただちにわかるから,R の完備性により $\bigcap_{n=1}^{\infty} A_n$ は空ではなく,ただ一点 x_0 よりなる.x_0 の近傍はすべて,ある球 B_k を含み,したがって $\{x_n\}$ の無限部分列 $\{x_n^{(k)}\}$ を含む.ゆえに点 x_0 は $\{x_n\}$ の集積点である. □

3°. 距離空間における相対コンパクトな部分集合

前節で位相空間の部分集合に対して導入した相対コンパクト性の概念は,特別の場合として,距離空間の部分集合に対しても適用しうる.この際,相対可算コンパクト性と相対コンパクト性とが一致することは明らかである.まず,つぎの単純だが重要な事実に注意しておこう.

定理3. 完備距離空間 R における集合 M が相対コンパクトであるためには,M が全有界であることが必要十分である.

証明. このことは,定理2と,完備距離空間の閉部分集合が完備であるという明白な事実とから,ただちにわかる. □

解析学への応用に対しては相対コンパクト性が重要なのだが,一つの集合の相対コンパクト性を直接に証明するよりも,その全有界性を示すことの方が一

般にやさしいという点に，この定理の意義がある．

4°. Arzelà の定理

解析学では距離空間における種々の集合のコンパクト性を確認する必要がしばしばおこるが，2°の定理2を直接適用することは，かならずしも容易とはいえない．具体的な空間の中に置かれた集合に対しては，実用上便利なコンパクト性(もしくは相対コンパクト性)の判定条件を求めておくのがよい．

n 次元 Euclid 空間では，集合の相対コンパクト性は有界性と見なすことができるが，より一般な距離空間では，これはもはや正しくない．

解析学における重要な距離空間の一つである $C[a,b]$ の部分集合に対する相対コンパクト性の判定法――いわゆる Arzelà の定理は，しばしば使われる重要なものである．

この定理を述べるには，まずつぎの<u>一様有界</u>なる概念を必要とする．

区間 $[a,b]$ 上で定義された函数 φ の族 Φ が**一様有界**であるとは，定数 K を適当にとれば．すべての $x \in [a,b]$，すべての $\varphi \in \Phi$ に対して

$$|\varphi(x)| \leqq K$$

が成立することをいう．

また，各 $\varepsilon>0$ に対して適当な $\delta>0$ をとれば，$\rho(x_1,x_2)<\delta$ なるすべての $x_1,x_2 \in [a,b]$ およびすべての $\varphi \in \Phi$ に対して

$$|\varphi(x_1)-\varphi(x_2)|<\varepsilon$$

が成立するとき，函数族 $\Phi=\{\varphi\}$ は**同程度連続**であるという．

定理4(Arzelà). 閉区間 $[a,b]$ で定義された連続函数の族 Φ が $C[a,b]$ において相対コンパクトであるためには，この族が一様有界かつ同程度連続なることが必要十分である．

証明． 必要．集合 Φ が $C[a,b]$ で相対コンパクトとしよう．このとき，前定理によって，Φ には各 $\varepsilon>0$ に対して有限個の $\varepsilon/3$ 網

$$\varphi_1, \varphi_2, \cdots, \varphi_k$$

が存在する．函数 φ_i のおのおのは，$[a,b]$ で連続だから有界:

$$|\varphi_i(x)| \leqq K_i.$$

$\varepsilon/3$ 網の定義により，すべての $\varphi \in \Phi$ に対して

$$\rho(\varphi, \varphi_i) = \sup_{a \leq x \leq b} |\varphi(x) - \varphi_i(x)| \leq \frac{\varepsilon}{3}$$

なる φ_i が少なくとも一つ存在する．ゆえに，$K = \max K_i + \varepsilon/3$ とおくと，

$$|\varphi(x)| \leq |\varphi_i(x)| + \frac{\varepsilon}{3} \leq K_i + \frac{\varepsilon}{3} \leq K,$$

すなわち $\varPhi$ は一様に有界である．

また $\varepsilon/3$ 網を構成する各函数 φ_i は，閉区間 $[a, b]$ で連続だから一様に連続．ゆえに，与えられた $\varepsilon/3$ に対して適当な δ_i をとれば，$|x_1 - x_2| < \delta_i$ なるとき

$$|\varphi_i(x_1) - \varphi_i(x_2)| < \frac{\varepsilon}{3}.$$

$\delta = \min \delta_i$ とおけば，$|x_1 - x_2| < \delta$ なるとき，$\varPhi$ に属する任意の函数 φ に対して $\rho(\varphi, \varphi_i) < \varepsilon/3$ なる φ_i をとることによって，

$$\begin{aligned}
&|\varphi(x_1) - \varphi(x_2)| \\
&= |\varphi(x_1) - \varphi_i(x_1) + \varphi_i(x_1) - \varphi_i(x_2) + \varphi_i(x_2) - \varphi(x_2)| \\
&\leq |\varphi(x_1) - \varphi_i(x_1)| + |\varphi_i(x_1) - \varphi_i(x_2)| + |\varphi_i(x_2) - \varphi(x_2)| \\
&< \varepsilon/3 + \varepsilon/3 + \varepsilon/3 = \varepsilon.
\end{aligned}$$

これで $\varPhi$ の同程度連続性が証明された．

十分．$\varPhi$ を一様有界かつ同程度連続な函数族としよう．定理3により，$\varPhi$ が $C[a, b]$ で相対コンパクトなことを証明するには，$\varepsilon > 0$ を任意にとるとき，$C[a, b]$ において $\varPhi$ に対する有限の ε 網が存在することをいえばよい．

さて，すべての $\varphi \in \varPhi$ に対して

$$|\varphi(x)| \leq K$$

であり，また $\delta > 0$ が適当に選ばれていて，$|x_1 - x_2| < \delta$ なるとき，すべての $\varphi \in \varPhi$ に対して

$$|\varphi(x_1) - \varphi(x_2)| < \varepsilon/5$$

が成立するとしよう．x 軸上の閉区間 $[a, b]$ を長さが δ より小さい区間に分割して，その分点を $x_0 = a < x_1 < x_2 < \cdots < x_n = b$ とし，各分点から垂直線を立てる．また y 軸上の閉区間 $[-K, K]$ を長さが $\varepsilon/5$ より小さい線分に分割してその分点を $-K = y_0 < y_1 < y_2 < \cdots < y_m = K$ とし，各点から水平に直線をひく．このようにすれば，長方形 $a \leq x \leq b$, $-K \leq y \leq K$ は水平の辺が δ より小さく，

垂直の辺が $\varepsilon/5$ より小さい小長方形に分割されるであろう．いま各 $\varphi \in \Phi$ に対して頂点を (x_k, y_l) ——上に作った網の交点——にもち，x_k において函数 φ とのへだたりが $\varepsilon/5$ よりも小さいような折れ線 $\psi(x)$ をつくる（このような折れ線が存在することはいうまでもない）．

上の構成から
$$|\varphi(x_k) - \psi(x_k)| < \varepsilon/5, \qquad |\varphi(x_{k+1}) - \psi(x_{k+1})| < \varepsilon/5,$$
$$|\varphi(x_k) - \varphi(x_{k+1})| < \varepsilon/5$$
であるから
$$|\psi(x_k) - \psi(x_{k+1})| < 3\varepsilon/5$$
となる．x_k と x_{k+1} との間では函数 $\psi(x)$ は線形であるから
$$|\psi(x_k) - \psi(x)| < \frac{3}{5}\varepsilon \qquad (x_k \leq x \leq x_{k+1}).$$

いま x を $[a, b]$ の任意の点，x_k を上の分点のうち左から x にもっとも近いものとしよう．このとき
$$|\varphi(x) - \psi(x)| \leq |\varphi(x) - \varphi(x_k)| + |\varphi(x_k) - \psi(x_k)| + |\psi(x_k) - \psi(x)| < \varepsilon.$$
ゆえに折れ線 $\psi(x)$ の全体は Φ に対する ε 網である．しかも，その個数は明らかに有限．すなわち Φ は全有界である．これで定理の証明はおわる．□

5°．Peano の定理

Arzelà の定理はさまざまな応用をもっているが，ここでは，右辺が連続である常微分方程式の解の存在定理に対する応用を述べておこう．

定理 5(Peano)．微分方程式
$$\frac{dy}{dx} = f(x, y) \tag{3}$$
において，$f(x, y)$ がある有界な閉領域 G で連続ならば，この領域の任意の点 (x_0, y_0) に対して，この点を通る解曲線が少なくとも一つ存在する．

証明．$f(x, y)$ は，有界閉領域で連続であるから，有界：
$$|f(x, y)| < M = 定数.$$
点 (x_0, y_0) を通り，傾きが M，$-M$ なる二直線をひく．さらに垂直線 $x = a$ および $x = b$ をひき（$a < x_0 < b$ とする），それによって切りとられる，(x_0, y_0) を共通の頂点とする二つの三角形がまったく G の内部にあるようにする．

これらの二つの三角形は，閉集合 $\varDelta$ をつくる．

さらに，与えられた微分方程式に対するいわゆる **Euler の折れ線**をつぎのようにしてつくる．まず，点 (x_0, y_0) を通り傾きが $f(x_0, y_0)$ なる線分をひき，その上に点 (x_1, y_1) をとる．この点を通り傾きが $f(x_1, y_1)$ なる線分をひく．さらにまたこの上に点 (x_2, y_2) をとり，この点を通り傾きが $f(x_2, y_2)$ なる線分をひく．以下同様な操作によってできる折れ線がすなわち Euler の折れ線である．このとき $L_1, L_2, \cdots, L_k, \cdots$ なる Euler の折れ線の系列において L_k の最大の辺は $k\to\infty$ のとき 0 に収束するようにしておく．いま L_k をグラフにもつ函数を φ_k としよう．函数列 $\varphi_1, \varphi_2, \cdots, \varphi_k, \cdots$ はつぎの性質をもっている．
 1) どの函数も $[a, b]$ 上で定義されている．
 2) 一様に有界である．
 3) 同程度連続である．

Arzelà の定理によって，函数列 $\{\varphi_k\}$ から一様に収束する部分列を選び出すことができる．これを
$$\varphi^{(1)}, \varphi^{(2)}, \cdots, \varphi^{(k)}, \cdots$$
としよう．

$\varphi(x) = \lim_{k\to\infty} \varphi^{(k)}(x)$ とおく．$\varphi(x_0) = y_0$ は明らかであるから φ が $[a, b]$ 上で与えられた微分方程式を満たすことをいえばよい．そのためには任意の $\varepsilon > 0$ に対して，$|x''-x'|$ が十分小さいとき
$$\left|\frac{\varphi(x'') - \varphi(x')}{x'' - x'} - f(x', \varphi(x'))\right| < \varepsilon$$
が成立することをいえばよい．ところで，このことをいうには，$|x''-x'|$ が十分小さいとき，十分大きな k に対して
$$\left|\frac{\varphi^{(k)}(x'') - \varphi^{(k)}(x')}{x'' - x'} - f(x', \varphi^{(k)}(x'))\right| < \varepsilon$$
を証明すればよい．

$f(x, y)$ は領域 G で連続であるから，任意の $\varepsilon > 0$ に対して $\eta > 0$ を適当に選んで
$$f(x', y') - \varepsilon < f(x, y) < f(x', y') + \varepsilon \qquad (y' = \varphi(x'))$$
が $|x - x'| < 2\eta$, $|y - y'| < 4M\eta$ なる限り成り立つようにすることができる．

後の二つの不等式を満たす点 $(x, y) \in G$ は全体として一つの長方形 Q をつくるであろう．いま K を十分に大きくとって $k > K$ なるすべての k に対して
$$|\varphi(x) - \varphi^{(k)}(x)| < 2M\eta$$
とし，かつ折れ線 L_k のすべての辺の長さが η より小さいようにしておく．そうすれば $|x'-x| < 2\eta$ のとき Euler の折れ線 $y = \varphi^{(k)}(x)$ $(k > K)$ はまったく Q の内部にある．

さらに $(a_0, b_0), (a_1, b_1), \cdots, (a_{n+1}, b_{n+1})$ を $y = \varphi^{(k)}(x)$ の頂点としよう．ただし
$$a_0 \leq x' < a_1 < a_2 < \cdots < a_n < x'' \leq a_{n+1}$$
とする ($x'' > x'$ と考えておく．$x'' < x'$ の場合も同様)．このとき，定義により

§7. 距離空間におけるコンパクト性　　　　111

$$\varphi^{(k)}(a_1) - \varphi^{(k)}(x') = f(a_0, b_0)(a_1 - x')$$
$$\varphi^{(k)}(a_{i+1}) - \varphi^{(k)}(a_i) = f(a_i, b_i)(a_{i+1} - a_i) \qquad (i=1, 2, \cdots, n-1)$$
$$\varphi^{(k)}(x'') - \varphi^{(k)}(a_n) = f(a_n, b_n)(x'' - a_n)$$

である. ゆえに $|x''-x'|<\eta$ ならば

$$[f(x', y') - \varepsilon](a_1 - x') < \varphi^{(k)}(a_1) - \varphi^{(k)}(x') < [f(x', y') + \varepsilon](a_1 - x'),$$
$$[f(x', y') - \varepsilon](a_{i+1} - a_i) < \varphi^{(k)}(a_{i+1}) - \varphi^{(k)}(a_i) < [f(x', y') + \varepsilon](a_{i+1} - a_i)$$
$$(i=1, 2, \cdots, n-1),$$
$$[f(x', y') - \varepsilon](x'' - a_n) < \varphi^{(k)}(x'') - \varphi^{(k)}(a_n) < [f(x', y') + \varepsilon](x'' - a_n).$$

これらの不等式の和をつくれば,

$$[f(x', y') - \varepsilon](x'' - x') < \varphi^{(k)}(x'') - \varphi^{(k)}(x') < [f(x', y') + \varepsilon](x'' - x').$$

これがすなわち証明すべき関係である. □

Euler の折れ線列 $\{\varphi_i\}$ の一様収束部分列はただ一つであるとは限らないから, 上に求められた函数 $\varphi(x)$ は点 (x_0, y_0) を通る $\dfrac{dy}{dx} = f(x, y)$ の或る一つの解であって, 一般にはただ一つの解ではない.

6°. 一様連続性, コンパクト距離空間の連続写像

距離空間から距離空間の中への写像に対しては, したがってその特別な場合として距離空間上の数値函数に対しても, 連続性の概念と並んで一様連続なる概念が, 解析学にとって重要な意味をもつ. すなわち, 距離空間 X から距離空間 Y の中への写像 F が**一様連続**であるとは, 任意の $\varepsilon>0$ に対して $\delta>0$ を適当に選んで, $\rho_1(x_1, x_2) < \delta$ でさえあればつねに $\rho_2(F(x_1), F(x_2)) < \varepsilon$ となるようになしうることをいう (ただし ρ_1 は X における距離, ρ_2 は Y における距離). ここで δ は ε にのみ依存し, x_1, x_2 には無関係.

演習. 実数値函数 $F(x) = \sup\limits_{a \leqq t \leqq b} x(t)$ が空間 $C[a, b]$ において一様連続なことを示せ.

コンパクトな距離空間の連続写像に対しては, 閉区間上の連続函数に関して初等解析学でよく知られている定理の一般化として, つぎの定理が成立する:

定理 6. コンパクトな距離空間から距離空間の中への連続写像は, 一様連続.

証明. F をコンパクト距離空間 K から距離空間 M の中への連続写像とする. F が一様連続ではないとすれば, 或る $\varepsilon>0$ が存在して, 各自然数 n に対して, K の中に

$$\rho_1(x_n, x_n') < 1/n \quad \text{かつ} \quad \rho_2(F(x_n), F(x_n')) \geqq \varepsilon$$

なる二点 x_n, x_n' が存在する. (ただし ρ_1, ρ_2 はそれぞれ K, M における距離.)

K がコンパクトだから,点列 $\{x_n\}$ の中から或る点 $x \in K$ に収束する部分列 $\{x_{n_k}\}$ を選ぶことができる.このとき $\{x_{n_k}'\}$ もまた点 x に収束するが,x_n, x_n' の選び方より,各 k に対して

$$\rho_2(F(x), F(x_{n_k})) \geqq \varepsilon/2, \quad \rho_2(F(x), F(x_{n_k}')) \geqq \varepsilon/2$$

のうちの少なくとも一方が成立する.しかしこれは F が点 $x \in K$ において連続との仮定に矛盾する. □

7°. Arzelà の定理の一般化

X, Y をコンパクトな距離空間とし,空間 X から Y の中への連続写像の全体を $C(X, Y)$ で表わそう.いま集合 $C(X, Y)$ に

$$\rho(f, g) = \sup_{x \in X} \rho(f(x), g(x))$$

によって距離を導入すれば,容易にわかるように,$C(X, Y)$ は完備距離空間となる.

定理7(Arzelà の定理の一般化).集合 $D \subset C(X, Y)$ が相対コンパクトであるためには,写像 $f \in D$ が同程度連続なことが必要かつ十分.すなわち,任意の $\varepsilon > 0$ に対して適当な $\delta > 0$ をとれば

$$\rho(x', x'') < \delta \tag{4}$$

なるすべての $x', x'' \in X$ およびすべての $f \in D$ に対して

$$\rho(f(x'), f(x'')) < \varepsilon \tag{5}$$

が成立することが必要かつ十分である.

証明. 上の条件の必要性の証明は定理4と同様であるから省略する.

条件が十分であることを証明しよう.

コンパクト距離空間 X からコンパクト距離空間 Y の中への有界な写像の全体からなる集合に,$C(X, Y)$ におけるものとおなじ距離

$$\rho(f, g) = \sup_{x \in X} \rho(f(x), g(x))$$

を導入して得られる完備距離空間 $M(X, Y)$ の中で,$C(X, Y)$ を考察する.集合 D が $M(X, Y)$ において相対コンパクトなことを証明しよう.$C(X, Y)$ は $M(X, Y)$ で閉じている[1]から,D が $M(X, Y)$ で相対コンパクトなことをいえば,$C(X, Y)$ でも相対コンパクトであることになる.

さて，$\varepsilon>0$ を任意に与えたとき，適当な $\delta>0$ をとり，すべての $f \in D$ および すべての $x', x'' \in X$ に対して (4) ならば (5) が成立するようにしたとしよう．このとき $\bigcup_{i=1}^{n} E_i = X$, $E_i \cap E_j = \emptyset$ $(i \neq j)$ となるように有限個の集合 $E_1, E_2, \cdots, E_n$ を適当に選んで，$x', x'' \in E_i$ ならば $\rho(x', x'') < \delta$ となるようにすることができる．そのためには，たとえば X における有限の $\delta/2$ 網 $x_1, x_2, \cdots, x_n$ を考え
$$E_i = B(x_i, \delta/2) \setminus \bigcup_{j<i} B(x_j, \delta/2)$$
とおけばよい．ただし $B(x_i, \delta/2)$ は点 x_i を中心とする半径 $\delta/2$ の開球．

いま Y の中に或る有限の ε 網 $y_1, y_2, \cdots, y_m$ をとる．集合 E_i 上で値 y_j をとるような写像 g の全体を L としよう．そのような写像の数は明らかに有限である．これが $M(X, Y)$ における D に対する 2ε 網となっていることを示そう．

$f \in D$ を任意にとる．各 x_i に対して
$$\rho(f(x_i), y_j) < \varepsilon$$
となるような y_j を $y_1, y_2, \cdots, y_m$ から選び，$g(x_i) = y_j$ $(i=1, \cdots, n)$ となるような写像 $g \in L$ をとる．任意の $x \in X$ に対して，$x \in E_i$ なる i を選べば
$$\rho(f(x), g(x)) \leq \rho(f(x), f(x_i)) + \rho(f(x_i), g(x_i)) + \rho(g(x_i), g(x)) < 2\varepsilon,$$
すなわち
$$\rho(f, g) \leq 2\varepsilon.$$
有限集合 L はたしかに D に対する 2ε 網となっており，したがって D は $M(X, Y)$ において相対コンパクト，したがって $C(X, Y)$ でも相対コンパクトである．□

§8. 距離空間における連続曲線[2]

閉区間 $a \leq t \leq b$ から距離空間 R の中への連続写像
$$P = f(t)$$
を考える．t が閉区間を a から b まで '動く' とき，対応する点 P は空間 R における一つの '連続曲線' 上を '動く'．この素朴な叙述に，厳密な形を与えることを考えよう．

---

1) コンパクト Hausdorff 空間上の連続写像の列が一様に収束すれば，その極限の写像も連続．このことは微積分学における同様な定理の直接の拡張で，その証明もまた同様である．
2) この節は以後の叙述と無関係である．省略してもさしつかえない．

まず，点が曲線上を動く順序は，その曲線に本質的なものと見なすことにする．たとえば，図12に示したのと同じ集合を，図13，図14のように異なる向きにたどったときは，これらを異なる曲線と見なすことにするのである．他の例として，図15のように閉区間 $[0,1]$ 上で定義された実数値函数を考察しよう．この函数は y 軸上の閉区間 $[0,1]$ 上に置かれた'曲線'を定義している．通常の $[0,1]$ なる線分(y 軸上の)は 0 から 1 まで一重に通過したものであるのに，この'曲線'の場合は $[A,B]$ を三重に(二度上に，一度下に)通過しているから，両者は異なるものである．

図12　　　図13　　　図14

しかし点の通過の順が同じ場合には，'媒介変数' t は本質的なものとは見なさないこととしよう．たとえば，図15, 16 に示された函数は，曲線上のある点に対応する媒介変数 t の値が図 15 と図 16 とでは異なっているけれども，これらは y 軸上におかれた同一の'曲線'を決定する．すなわち，図 15 の場合には，点 A に対応する t 軸上の点は離れた二点であるが，図 16 の場合は，孤立した一点と一つの線分全体とからなっている(t がこの線分上を動くとき，曲線上の点は同一の場所に止っている)．($P=f(t)$ の点が不動であるような線分を許すことは曲線の集合のコンパクト性の研究に際して便利である．)

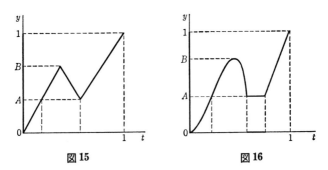

図15　　　　　　図16

以上の注意のもとに本格的な定義に移ろう．閉区間 $a' \leq t' \leq b'$, $a'' \leq t'' \leq b''$ で定義された距離空間 R の中への二つの連続写像
$$P = f'(t'), \quad P = f''(t'')$$
について
$$a \leq t \leq b$$

で定義された二つの連続非減少函数
$$t' = \varphi'(t), \qquad t'' = \varphi''(t)$$
が存在して
$$\varphi'(a) = a', \qquad \varphi'(b) = b'$$
$$\varphi''(a) = a'', \qquad \varphi''(b) = b''$$
$$f'(\varphi'(t)) = f''(\varphi''(t)) \qquad (t \in [a, b])$$
なる性質をもつとき，もとの二つの連続写像は**同値**であるという.

ここに導入した同値の関係が反射的 (f は f に同値)，対称的 (f' が f'' に同値ならば f'' は f' に同値)，推移的 (f' が f'' に同値，f'' が f''' に同値ならば f' は f''' に同値) であることは容易にわかる．ゆえに，上のタイプのすべての連続写像は，たがいに同値な写像からなる類に分けられる．この類のそれぞれは空間 R における一つの**連続曲線**を定義する．

容易にわかるように，ある閉区間 $[a', b']$ 上で定義された任意の写像 $P = f'(t')$ に対して，閉区間 $[a'', b''] = [0, 1]$ 上で定義されたこれと同値な写像が存在する．たとえば
$$t' = \varphi'(t) = (b'-a')t + a', \qquad t'' = \varphi''(t) = t$$
とおけばよい[1]．したがって，曲線はすべて，閉区間 $[0, 1]$ 上で定義された写像によって媒介的に与えられると考えることができる．

こうして，閉区間 $I = [0, 1]$ を空間 R にうつす連続写像の空間 $C(I, R)$ に対して
$$\rho(f, g) = \sup_t \rho(f(t), g(t))$$
なる距離を導入することが適当となる.

さて，曲線の列 $L_1, L_2, \cdots, L_n, \cdots$ において L_n は
$$P = f_n(t) \qquad (0 \leq t \leq 1)$$
で与えられるとする．さらに
$$P = f(t) \qquad (0 \leq t \leq 1)$$
で与えられる曲線 L が存在して，$n \to \infty$ のとき
$$\rho(f, f_n) \to 0$$
であるならば，$L_1, L_2, \cdots, L_n, \cdots$ は曲線 L に**収束する**ということにしよう．

空間 $C(I, R)$ に拡張された Arzelà の定理 (§7, 定理7) を適用すれば，つぎの定理1が得られる.

定理1. コンパクトな距離空間 K の中にある曲線の系列 $L_1, L_2, \cdots, L_n, \cdots$ が，$[0, 1]$ 上の同程度連続な写像によって媒介的に与えられるならば，その中から収束する部分列をとりだすことができる. □

いま媒介的に与えられた曲線
$$P = f(t) \qquad (a \leq t \leq b)$$

---

[1] $a < b$ とする．また $[a, b]$ 上で函数 $f(t)$ の値が不動の場合，ただ一点から成るものが得られるが，これも '曲線' と考える.

の長さを
$$\sum_{i=1}^{n} \rho(f(t_{i-1}), f(t_i)),$$
$$a = t_0 \leqq t_1 \leqq \cdots \leqq t_i \leqq \cdots \leqq t_n = b$$
の上限と定義しよう．

曲線の長さがその表現の媒介変数の如何に関係しないことは容易にわかる．閉区間 [0,1] 上で与えられた写像による媒介的表現の場合についてのみ考えるならば，曲線の長さが f の下に半連続な汎函数(空間 $C(I,R)$ における)であることは，前節と同様な考察によって容易に証明される．この結果は，幾何学的な言葉でつぎのように述べることができる．

定理 2. 曲線の系列 L_n が曲線 L に収束するならば，L の長さは L_n の長さの下極限よりも大きくない．□

いま，特に<u>有限の長さ</u>の曲線を考察しよう．曲線が媒介的に
$$P = f(t) \qquad (a \leqq t \leqq b)$$
なる写像で定義されているとする．閉区間 $[a, T]$ ($a \leqq T \leqq b$) の上に限定して考えたとき，写像 f は点 $P_a = f(a)$ から点 $P_T = f(T)$ までの曲線の'切片'を定義する．
$$s = \varphi(T)$$
をその長さとしよう．
$$P = g(s) = f(\varphi^{-1}(s))$$
がおなじ曲線の新しい媒介変数による表現であることは容易にわかる．このとき S を全曲線の長さとすれば，上の表現で s は
$$0 \leqq s \leqq S$$
なる範囲を動く．このような表わし方によれば，
$$\rho(g(s_1), g(s_2)) \leqq |s_2 - s_1| \qquad (*)$$
となる(弧の長さは弦の長さより短くない)．

閉区間 $[0,1]$ にうつせば，
$$P = F(\tau) = g(s), \quad \tau = \frac{s}{S}$$
なる媒介的表現となり，$(*)$ により，これは Lipschitz の条件
$$\rho(F(\tau_1), F(\tau_2)) \leqq S|\tau_1 - \tau_2|$$
を満たす．

こうして，長さ S が
$$S \leqq M \qquad (M \text{ は定数})$$
なるすべての曲線は，同程度に連続な写像によって媒介的に表現することができる．ゆえに，これに対して定理 1 を適用することができる．

このような一般的な結果を用いると，たとえばつぎの重要な定理が証明される．

定理 3. コンパクト距離空間 K の二点 A, B を長さの有限な連続曲線で結ぶことがで

§8. 距離空間における連続曲線

きるならば，これらの曲線の中に最小の長さをもつものが存在する．

証明． K において A と B とを結ぶ曲線の長さの下限を Y とし，A を B に結ぶ曲線 $L_1, L_2, \cdots, L_n, \cdots$ の長さが Y に収束するとしよう．定理 1 により，系列 L_n から収束する部分列を選ぶことができる．定理 2 により，この部分列の極限の曲線は Y より大きな長さをもちえない． □

K が 3 次元 Euclid 空間のなめらかな曲面(適当な回数だけ微分可能な曲面)で，かつ，閉集合である場合でも，十分に近い二点 A, B に関する場合のみを取り扱うのが通例になっている微分幾何学の段階では，上の定理は直接には出てこない．このことは注意すべきである．

もし，与えられた距離空間 R のすべての曲線の集合から，距離空間をつくりうるならば，上に述べたすべてのことがらは，非常にわかりやすくなるであろう．このためには曲線 L_1 と L_2 とに対して

$$\rho(L_1, L_2) = \inf \rho(f_1, f_2)$$

なる距離を導入すればよい．ここに下限は，曲線 L_1, L_2 の

$$P = f_1(t) \quad (0 \leq t \leq 1),$$
$$P = f_2(t) \quad (0 \leq t \leq 1)$$

なる形のあらゆる媒介的表現の一対についてとったものである．

これが距離空間の公理を満たすことを示すのは，大体において簡単であるが，ただ

$$\rho(L_1, L_2) = 0$$

から L_1 と L_2 とが等しいということを示すのは，やや，困難である．この証明は，適当な媒介的表現を選ぶと，上の $\rho(L_1, L_2)$ の定義における下限が実現されるということを用いると，ただちにできる．しかし，これを証明するのも，それほど簡単なことではない．

第3章 ノルム空間と位相線形空間

§1. 線 形 空 間

線形空間の概念は数学におけるもっとも基礎的な概念の一つである．この概念は，この章だけでなく，以下のすべての章において重要な役割を演ずる．

1°. 線形空間の定義と例

定義1. 要素 $x, y, z, \cdots$ の(空でない)集合 L が，つぎの条件を満たすとき，L は**線形空間**または**ベクトル空間**といわれる．

I. 任意の二要素 $x, y \in L$ に対して，それらの**和**とよばれる第三の要素 $z = x+y$ が一意的にきまる．ただし和はつぎの性質をもつものとする．

1) $x+y = y+x$ （交換法則），
2) $x+(y+z) = (x+y)+z$ （結合法則），
3) L には，すべての要素 $x \in L$ に対して $x+0=x$ を満たす一定の要素 0 が存在する(零要素の存在)[1]．
4) すべての要素 $x \in L$ に対して $x+(-x)=0$ なる要素 $(-x) \in L$ が存在する(反対要素の存在)．

II. 任意の数 α および任意の $x \in L$ に対して要素 $\alpha x \in L$ (要素 x と数 α との**積**)がきまり，これについてつぎの関係が成立する．

1) $\alpha(\beta x) = (\alpha\beta) x$, 　 2) $1 \cdot x = x$,
3) $(\alpha+\beta) x = \alpha x + \beta x$, 　 4) $\alpha(x+y) = \alpha x + \alpha y$.

数が何であるか(複素数であるか，実数だけに限るか)によって複素線形空間，実線形空間の区別をする[2]．以下の構成は，何とも断っていないときには，実

---

[1] 数 0 と似た役割を果たすので同じ記号を用いているが，別の記号で表わすことも多い．定義1から $0 \cdot x = 0$ (左辺の 0 は数，右辺は零要素)，および $(-x) = (-1)x$ となる：
II, 2) と 3) とから $0 \cdot x + x = 0 \cdot x + 1 \cdot x = (0+1)x = 1 \cdot x = x$, ゆえに $0 \cdot x = 0$.
I, 4), II, 3) から $x+(-x) = 0 = 0 \cdot x = (1+(-1))x = x+(-1)x$, ゆえに $(-x) = (-1)x$. (訳者)
[2] 任意の体の上の線形空間を考えることもできる．

数についても複素数についても通用するものである．──

複素線形空間は，その要素に掛ける数を実数に限定することによって実線形空間と見なすこともできる．

線形空間の例をいくつかあげておこう．これらが上の公理を満たすことの検証は，読者にまかせる．

例 1. 直線 $\mathbf{R}^1$ すなわち実数の全体は，和と積とを通常の算法の意味にとることにより線形空間になる．

例 2. n 次元ベクトル空間，すなわち，あらゆる(実または複素の)n 個の数の系 $x=(x_1, x_2, \cdots, x_n)$ の全体は，和と積とを

$$(x_1, x_2, \cdots, x_n)+(y_1, y_2, \cdots, y_n)=(x_1+y_1, x_2+y_2, \cdots, x_n+y_n),$$
$$\alpha(x_1, x_2, \cdots, x_n)=(\alpha x_1, \alpha x_2, \cdots, \alpha x_n)$$

と定義することにより線形空間になる．これも p.42, 例3 の空間と同様に n 次元[1]算術 Euclid 空間とよび，数が実数の場合には $\mathbf{R}^n$，複素数の場合には $\mathbf{C}^n$ で表わす．

例 3. $[a, b]$ 上の(実または複素の)連続函数の全体に，通常の意味での函数の和，数との積を考えたものは線形空間 $C[a, b]$ となり，解析学においてもっとも重要な線形空間の一つである．

例 4. (実または複素の)空間 l_2 は

$$\sum_{n=1}^{\infty}|x_n|^2<\infty \tag{1}$$

を満たす(実または複素の)数列

$$x=(x_1, x_2, \cdots, x_n, \cdots)$$

の全体からなるものであるが，これに

$$(x_1, x_2, \cdots, x_n, \cdots)+(y_1, y_2, \cdots, y_n, \cdots)=(x_1+y_1, x_2+y_2, \cdots, x_n+y_n, \cdots),$$
$$\alpha(x_1, x_2, \cdots, x_n, \cdots)=(\alpha x_1, \alpha x_2, \cdots, \alpha x_n, \cdots)$$

なる算法を導入すれば線形空間となる．条件(1)を満たす二つの数列の和が同じ条件(1)を満たすことは，不等式

$$(a_1+a_2)^2 \leqq 2a_1^2+2a_2^2$$

---

[1] この術語の意味は後に解説する．

から明らか.

例5. 収束する数列 $x=(x_1, x_2, \cdots, x_n, \cdots)$ の全体に前例と同様な和および数との積を導入すれば，線形空間になる．この空間を c で表わす．

例6. 0に収束する数列の全体は例5とおなじ算法を導入することにより線形空間になる．これを c_0 で表わす．

例7. 有界な数列の全体 m は例 4, 5, 6 と同様な算法を導入することにより線形空間になる．

例8. 最後に，あらゆる数列からなる集合 $\mathbf{R}^\infty$ および $\mathbf{C}^\infty$ は，例 4-7 と同様な算法を導入することにより，それぞれ実または複素の線形空間になる．——

線形空間の諸性質は要素の和および数との積のもつ諸性質にほかならないから，つぎの定義を設けるのは自然であろう．

定義2. 線形空間 L, L^* の間に, L, L^* における算法と調和する 1-1 対応が存在するとき，両空間は**同形**であるという．調和する 1-1 対応とは $x, y \in L$, $x^*, y^* \in L^*$,

$$x \leftrightarrow x^*,$$
$$y \leftrightarrow y^*$$

から

$$x+y \leftrightarrow x^*+y^*,$$
$$\alpha x \leftrightarrow \alpha x^*$$

(α は任意の数)が導かれるような対応を意味する．——

同形な空間は同一の空間の異なる表現と見なすことができる．同形空間の例としては，たとえば n 次元算術空間(実または複素)と $n-1$ 次を超えない(係数が実または複素の)すべての多項式のつくる空間とを考えればよい(同形性を証明せよ)．

2°. 1次従属性

線形空間 L の要素 $x, y, \cdots, w$ に対して少なくとも一つが 0 でない数 $\alpha, \beta, \cdots, \lambda$ を選んで

$$\alpha x + \beta y + \cdots + \lambda w = 0 \tag{2}$$

とすることができるとき，これらの要素は**1次従属**であるといい，1次従属で

ない要素は**1次独立**であるという．換言すれば，要素 $x, y, \cdots, w$ が1次独立であるとは，(2)の条件から
$$\alpha = \beta = \cdots = \lambda = 0$$
が導かれることである．

また，空間 L の無限に多くの要素の系 $x, y, \cdots$ に対しては，その有限個の部分系がすべて1次独立である場合に，もとの無限系が**1次独立**であるという．

空間 L が1次独立な n 個の要素を含み，任意の $n+1$ 個の要素がかならず1次従属である場合に，L の**次元**は n であるという．またもし任意の n に対して L の中から n 個の1次独立な要素をとり出せるならば，L は**無限次元**であるという．n 次元空間における1次独立な n 個の要素を，この空間の**基**もしくは**基底**とよぶ．実空間 $\mathbf{R}^n$，複素空間 $\mathbf{C}^n$ はこの意味において n 次元であることが容易に証明されるから，例2での名称が正当化されるのである．

線形代数では有限次元の線形空間が考察される．これに反して，解析学の観点から重要な意味をもつのは無限次元の場合である．上の例3-8で示した空間はすべて無限次元であるが，その検証は読者にまかせる．

3°. 部分空間

線形空間 L の空でない部分集合 L' が，L で定義されている和および数との積によって線形空間となる場合に，L' を L の**部分空間**という．

換言すれば，$x, y \in L'$ ならば $\alpha x + \beta y \in L'$ (α, β は任意の数)となるというのが，$L' \subset L$ が部分空間であるという意味である．

任意の線形空間 L は零要素だけからなる部分空間——**零部分空間**——をもっている．一方 L はそれ自身の部分空間と見なすことができる．L および零空間のどちらでもない部分空間を**真部分空間**という．

真部分空間の例をあげておこう．

例1. L を線形空間，x を零でない要素とする．λ がすべての(実または複素)数をわたるとき $\{\lambda x\}$ なる集合は明らかに1次元部分空間である．L の次元が1より大きいとき，これは真部分空間である．

例2. 連続函数の空間 $C[a, b]$ (1°，例3)とその中のすべての多項式からなる集合 $P[a, b]$ を考える．$P[a, b]$ が $C[a, b]$ の真部分空間となることは明らか

である(その次元は $C[a,b]$ とおなじく無限大). また $C[a,b]$ は $[a,b]$ 上のすべての(連続または不連続の)函数からなる空間の真部分空間である.

例 3. 空間 $l_2, c_0, c, m, \mathbf{R}^\infty$(または $\mathbf{C}^\infty$)はつぎつぎに後のものの真部分空間である (1°, 例 4-8). ——

$\{x_\alpha\}$ を線形空間 L の空でない部分集合とする. このとき $\{x_\alpha\}$ を含む最小の部分空間(L と一致するかもしれない)が存在する. その証明:まず $\{x_\alpha\}$ を含む部分空間が存在することは明らかである. たとえば L を考えればよい. つぎに, 部分空間の集合 $\{L_\gamma\}$ の交わりがまた部分空間であることは容易にわかる:$L^* = \bigcap_\gamma L_\gamma; x, y \in L^*$ とすれば,すべての α, β に対して $\alpha x + \beta y \in L^*$. そこで $\{x_\alpha\}$ を含むすべての部分空間の交わりを考えれば, これは明らかに $\{x_\alpha\}$ を含む最小の部分空間である. この最小の空間を $\{x_\alpha\}$ によって**生成**される部分空間または $\{x_\alpha\}$ の**線形包**という. これを $L(\{x_\alpha\})$ で表わすことにしよう.

演習. 線形空間 L の1次独立な要素の系 $\{x_\alpha\}$ の線形包が L に一致するとき, $\{x_\alpha\}$ を L の **Hamel 基**という. つぎの命題を証明せよ.

1) 線形空間は Hamel 基をもつ.

ヒント:Zorn の補題を使え.

2) $\{x_\alpha\}$ が L の Hamel 基ならば, 各 $x \in L$ は $\{x_\alpha\}$ に属する有限個の要素の1次結合として一意的に表わされる.

3) L の二つの Hamel 基の濃度は等しい. 線形空間 L の Hamel 基の濃度を L の**代数的次元**とよぶことがある.

4) 二つの線形空間が同形であるためには, それらが同一の代数的次元をもつことが必要かつ十分である.

4°. 商空間

L を線形空間, L' をその部分空間とする. L の二要素 x, y は, $x-y$ が L' に属するとき, 同値であるということにしよう. この関係は反射的, 対称的かつ推移的. したがって集合 L の類別を定義する. このようにしてつくられる同値類を(部分空間 L' による)**剰余類**とよび, 剰余類の全体を, L' による L の**商空間**といい L/L' で表わす.

商空間には自然な形で和と数との積を導入することができる:いま ξ, η を L/L' の二要素(剰余類)とする. ξ, η からそれぞれの代表者として x, y を選び,

$x+y$ の属する類が $\xi+\eta$ であると定義し,また数 α と要素 ξ との積 $\alpha\xi$ は αx の属する剰余類であると定義する. ξ, η の代表者 x, y のかわりに他のどんな $x' \in \xi$, $y' \in \eta$ をとっても演算の結果にかわりがないことは容易にわかる. このようにして,商空間 L/L' の要素間の和および数との積が定義される. この算法が線形空間の定義にあるすべての要請を満たすことも,容易に検証される(検証を実行せよ). すなわち,上の算法によって,商空間 L/L' はそれ自体がひとつの線形空間となるのである.

このとき,線形空間 L の次元を p, 部分空間 L' の次元を k とすれば,商空間 L/L' の次元は $p-k$ となる(証明せよ).

L を任意の線形空間, L' をその部分空間とする. 商空間 L/L' の次元を L における L' の**余次元**という.

部分空間 $L' \subset L$ が有限の余次元 n をもてば, L から要素 $x_1, x_2, \cdots, x_n$ を選んで,任意の $x \in L$ を

$$x = \alpha_1 x_1 + \alpha_2 x_2 + \cdots + \alpha_n x_n + y \qquad (y \in L')$$

なる形に表わすことができる. ただし $\alpha_1, \cdots, \alpha_n$ は適当な数.

証明. 商空間 L/L' の次元が n であるから,この商空間の基を

$$\xi_1, \xi_2, \cdots, \xi_n$$

とし,各 ξ_k から任意に要素 x_k を選ぶ. x を L の任意の要素とし, $x \in \xi$ なる類 ξ をとれば,適当な数 $\alpha_1, \alpha_2, \cdots, \alpha_n$ によって

$$\xi = \alpha_1 \xi_1 + \alpha_2 \xi_2 + \cdots + \alpha_n \xi_n$$

と表わされる. ゆえに,商空間の定義により, ξ の各要素——したがって特に x——と $\xi_1, \xi_2, \cdots, \xi_n$ の要素 $x_1, x_2, \cdots, x_n$ の 1 次結合 $\alpha_1 x_1 + \alpha_2 x_2 + \cdots + \alpha_n x_n$ との差は L' に属する. すなわち

$$x = \alpha_1 x_1 + \alpha_2 x_2 + \cdots + \alpha_n x_n + y \qquad (y \in L').$$

このような表示の一意性の証明は,読者にまかせる.

5°. 線形汎函数

線形空間 L 上で定義され,数を値としてとる函数を**汎函数**という. 汎函数 f が

$$f(x+y) = f(x) + f(y) \qquad (x, y \in L)$$

を満たすとき, f は**加法的**であるといい,
$$f(\alpha x) = \alpha f(x) \qquad (\alpha : 任意の数)$$
となるとき, **同次**もしくは**斉次**であるという.

複素線形空間上で定義された汎函数 f が $f(\alpha x) = \bar{\alpha} f(x)$ ($\bar{\alpha}$ は α の共役複素数) を満たすとき, f は**共役同次**であるという.

加法的かつ同次な汎函数を**線形汎函数**, 加法的かつ共役同次な汎函数を**共役線形**(もしくは**半線形**)**汎函数**とよぶ.

線形汎函数の例をあげておこう.

例1. $\mathbf{R}^n$ を $x = (x_1, \cdots, x_n)$ $(x_i \in \mathbf{R})$ の形の要素からなる n 次元算術空間, $a = (a_1, \cdots, a_n)$ を $\mathbf{R}^n$ の任意の一要素とする. このとき
$$f(x) = \sum_{i=1}^n a_i x_i$$
は $\mathbf{R}^n$ における線形汎函数である. また表示
$$g(x) = \sum_{i=1}^n a_i \bar{x}_i$$
は $\mathbf{C}^n$ における共役線形汎函数を与える.

例2. 積分
$$I(x) = \int_a^b x(t)\,dt,$$
$$\bar{I}(x) = \int_a^b \overline{x(t)}\,dt$$
は, それぞれ $C[a,b]$ における線形および共役線形汎函数である.

例3. より一般的な例を示す. y_0 を $[a,b]$ 上のある固定された連続函数とし
$$F(x) = \int_a^b x(t) y_0(t)\,dt \qquad (x \in C[a,b])$$
とおく. 積分の性質により F は線形汎函数である. また
$$\bar{F}(x) = \int_a^b \overline{x(t)} y_0(t)\,dt$$
は(複素空間 $C[a,b]$ における)共役線形汎函数である.

例4. 空間 $C[a,b]$ における他の形の線形汎函数を考察しておこう.

$$\delta_{t_0}(x) = x(t_0)$$

とおく．すなわち汎函数 δ_{t_0} の x における値は，固定した点 t_0 における x の値である．

この汎函数は量子力学などにしばしば登場するものであるが，そこでは通常

$$\delta_{t_0}(x) = \int_a^b x(t)\delta(t-t_0)\,dt$$

の形に表わされている．δ はいわゆる Dirac の δ 函数，$t=0$ を除いては 0 に等しく，しかも積分の値は 1 となる‘函数’である．このような‘函数’は，超函数論において厳密に定義される．次章 §4 においてその初歩を解説することにしよう．

例 5. 空間 l_2 における線形汎函数の例をあげておこう．k を固定された正の整数とし，$x=(x_1, x_2, \cdots, x_n, \cdots) \in l_2$ に対して

$$f_k(x) = x_k$$

とおく．これが線形汎函数なることは明らかである．同様な汎函数は他の数列空間 $c_0, c, m, \mathbf{R}^\infty$ (1°, 例 5-8) についても考えられる．

6°. 線形汎函数の幾何学的意味

f を線形空間 L における(恒等的に 0 ではない)汎函数とすれば

$$f(x) = 0$$

を満たす $x \in L$ の全体は L の部分空間である：$f(x)=f(y)=0$ ならば

$$f(\alpha x + \beta y) = \alpha f(x) + \beta f(y) = 0.$$

この部分空間を f の**零点空間**もしくは**核心**といい，$\mathrm{Ker}\,f$ で表わす[1]．

部分空間 $\underline{\mathrm{Ker}\,f}$ の余次元は 1 である．証明：$f(x) \not\equiv 0$ であるから $f(x_0) \neq 0$ なる $x_0 \notin \mathrm{Ker}\,f$ が存在する．$f(x_0/f(x_0))=1$ であるから，はじめから $f(x_0)=1$ と考えてよい．いま $y=x-f(x)x_0$ とおけば $f(y)=f(x-f(x)x_0)=0$ となり $y \in \mathrm{Ker}\,f$．よって任意の x は

$$x = \alpha x_0 + y, \quad y \in \mathrm{Ker}\,f$$

なる形に表わすことができる．要素 x_0 を固定したとき，要素 x の上のような形の表現は一意的である．なぜならば $x=\alpha x_0 + y$, $y \in \mathrm{Ker}\,f$; $x = \alpha' x_0 + y'$,

---

[1] kernel の略．

$y' \in \operatorname{Ker} f$ とすれば $(\alpha-\alpha')x_0 = y'-y \in \operatorname{Ker} f$ となるから,もし $\alpha \neq \alpha'$ ならば $x_0 = (y'-y)/(\alpha-\alpha') \in \operatorname{Ker} f$ となり,x_0 の取り方に矛盾する.ゆえに $\alpha = \alpha'$,したがって $y = y'$.

以上から二要素 x_1, x_2 が部分空間 $\operatorname{Ker} f$ による同一の剰余類に属するためには $f(x_1) = f(x_2)$ が必要十分なことがわかる.なぜなら,$x_1 = f(x_1)x_0 + y_1$,$y_1 \in \operatorname{Ker} f$; $x_2 = f(x_2)x_0 + y_2$,$y_2 \in \operatorname{Ker} f$ から $x_1 - x_2 = (f(x_1) - f(x_2))x_0 + (y_1 - y_2)$ となるから,$x_1 - x_2 \in \operatorname{Ker} f$ は $f(x_1) - f(x_2) = 0$ に同値.

部分空間 $\operatorname{Ker} f$ に関する剰余類 ξ は,それに含まれる任意の代表要素によって決定される.そのような要素として αx_0 の形のものをとることができる.このことは $L/\operatorname{Ker} f$ の次元すなわち $\operatorname{Ker} f$ の余次元が 1 なることを示す.

部分空間 $\operatorname{Ker} f$ は,これを零点空間とする線形汎函数を,定数因数を除いて一意的に決定する.

証明.線形汎函数 f, g が同一の零点空間 $\operatorname{Ker} f = \operatorname{Ker} g$ をもつとしよう.このとき $f(x_0) = 1$ なる x_0 をとれば,$\operatorname{Ker} f = \operatorname{Ker} g$ により $g(x_0) \neq 0$ である.任意の $x \in L$ は

$$x = f(x)x_0 + y, \quad y \in \operatorname{Ker} f = \operatorname{Ker} g$$

と表わされるから

$$g(x) = f(x)g(x_0) + g(y) = f(x)g(x_0).$$

$g(x_0) \neq 0$ だから,等式 $g(x) = g(x_0)f(x)$ は f, g が定数因数を除いて一致することを示している.

余次元 1 の任意の部分空間 L' に対して $\operatorname{Ker} f = L'$ なる汎函数 f が存在する.これを言うためには,任意に要素 $x_0 \notin L'$ をとり,各 $x \in L$ を

$$x = \alpha x_0 + y, \quad y \in L'$$

の形に表わしてやればよい.この表わし方は一意.そこで

$$f(x) = \alpha$$

として汎函数 f を定義すれば,f は線形で,$\operatorname{Ker} f = L'$(証明せよ).

L' を線形空間 L の余次元 1 の部分空間とする.このとき,L の L' による剰余類を部分空間 L' に平行な**超平面**という(L' 自身は 0 を含む超平面,すなわち'原点を通る超平面'である).換言すれば,部分空間 L' に平行な超平面 M' とは,L' を或るベクトル $x_0 \in L$ だけ移動したものである:

$$M' = L' + x_0 = \{y : y = x + x_0,\ x \in L'\}.$$

$x_0 \in L'$ ならば $M' = L'$ となることは明らかである. また, $x_0 \notin L'$ ならばもちろん $M' \neq L'$. f が空間 L 上の恒等的に零でない線形汎函数であるとすれば $M_f = \{x : f(x) = 1\}$ は f の零点空間 $\mathrm{Ker}\, f$ に平行な超平面である ($f(x_0) = 1$ なる x_0 を固定しておけば $x \in M_f$ なるすべての x は $x = x_0 + y,\ y \in \mathrm{Ker}\, f$ なる形で表わされる). 一方, M' が L' (余次元 1) に平行で原点を通らない超平面ならば $M' = \{x : f(x) = 1\}$ となるような線形汎函数 f が一意的に存在する. 実際, $M' = L' + x_0,\ x_0 \in L$ とすれば, すべての $x \in L$ は $x = \alpha x_0 + y,\ y \in L'$ の形に一意的に表わされる (前ページ参照). そこで $f(x) = \alpha$ によって f を定義すれば f は求める線形汎函数となる. $x \in M' = x_0 + L'$ に対して $g(x) \equiv 1$ となる線形汎函数 g に対しては, 特に $g(x_0) = 1$ だから, $y \in L'$ に対して $g(y) = 0$ となる. ゆえに

$$g(\alpha x_0 + y) = \alpha = f(\alpha x_0 + y)$$

となり, f の一意性が導かれた.

このようにして, <u>L で定義された恒等的に 0 でない線形汎函数と原点を通らない超平面との間に 1-1 対応が成立する</u>.

演習. 線形空間 L 上の線形汎函数 $f, f_1, f_2, \cdots, f_n$ の間に, $f_1(x) = \cdots = f_n(x) = 0$ ならば $f(x) = 0$ となるという関係があるならば, 適当な定数 $a_1, a_2, \cdots, a_n$ に対して $f(x) = \sum_{k=1}^{n} a_k f_k(x)\ (x \in L)$ となることを証明せよ.

§2. 凸集合と凸汎函数, Hahn–Banach の定理

1°. 凸集合と凸体

線形空間論の重要な諸分野の基礎となっている概念の一つとして凸性の概念がある. これは直観的な幾何学上の観念から出発したものだが, 同時に純粋に解析的な表現も可能である.

L を実線形空間, x, y をその二点とする.

$$\alpha x + \beta y \qquad (\alpha, \beta \geqq 0,\ \alpha + \beta = 1)$$

なる形の要素の全体を x, y を結ぶ**閉線分**とよび, '端点' x, y を除いたものを**開線分**とよぶことにしよう.

集合 $M\subset L$ の任意の二点を結ぶ閉線分がつねに M に含まれるとき，M は**凸集合**であるという．

また，集合 $E\subset L$ の核という概念をつぎのように定義する：各 $y\in L$ に対して適当な数 $\varepsilon=\varepsilon(y)>0$ をとれば $|t|<\varepsilon$ なるすべての $t\in\mathbf{R}$ に対して $x+ty\in E$ となるような $x\in E$ の全体を E の**核**といい $J(E)$ で表わす．

核が空でない凸集合を**凸体**と名づける．

例1． 3次元 Euclid 空間における立方体，球，四面体，半空間などは凸体である．おなじく3次元空間における線分，平面，三角形などは，凸集合だが凸体ではない．

例2． $[a,b]$ 上の連続函数の空間において
$$|f(t)|\leq 1$$
を満たすすべての函数 f の集合を考える．この集合は凸集合である．このことは
$$|f(t)|\leq 1,\quad |g(t)|\leq 1,\quad \alpha+\beta=1,\quad \alpha,\beta\geq 0$$
から
$$|\alpha f(t)+\beta g(t)|\leq \alpha+\beta=1$$
となることから明らかである．

演習． この集合が凸体かどうかを調べよ．

例3． l_2 における単位球，すなわち $\sum x_n^2\leq 1$ を満たす点 $x=(x_1,\cdots,x_n,\cdots)$ の全体は凸体である．その核は $\sum x_n^2<1$ を満たす点の全体である．

例4． l_2 における基本平行体 Π は，凸集合であるが凸体ではない．ただし $x\in\Pi$ は $|x_n|\leq 1/2^{n-1}$, $n=1,2,\cdots$ を意味する．いま $y_0=(1,1/2,\cdots,1/n,\cdots)$ をとり，$x+ty_0\in\Pi$ すなわち $|x_n+t/n|\leq 1/2^{n-1}$ とすると
$$\left|\frac{t}{n}\right|\leq\left|x_n+\frac{t}{n}\right|+|x_n|\leq\frac{1}{2^{n-1}}+\frac{1}{2^{n-1}}=\frac{1}{2^{n-2}}$$
となるから，$t=0$, よって Π の核は空集合である．

演習1． $\sum n^2 x_n^2\leq 1$ を満たす l_2 の点 $x=(x_1,\cdots,x_n,\cdots)$ の全体を Φ とする．Φ は凸集合だが凸体ではないことを証明せよ．

演習2． l_2 において0でない座標が有限個しかないような点の集合について，同じことを示せ．

M が凸集合ならば，核 $J(M)$ も凸集合である．実際，$x,y\in J(M)$, $z=\alpha x$

$+\beta y$, $\alpha, \beta \geqq 0$, $\alpha+\beta=1$ とする. $a \in L$ が与えられたとき $\varepsilon_1>0$, $\varepsilon_2>0$ を適当にとれば, $|t_1|<\varepsilon_1$, $|t_2|<\varepsilon_2$ に対して $x+t_1a$, $y+t_2a$ は M に属するから, $|t|<\varepsilon=\min(\varepsilon_1, \varepsilon_2)$ に対して $\alpha(x+ta)+\beta(y+ta)=z+ta$ は M に属する. ゆえに $z \in J(M)$.

つぎの定理は, 凸集合の重要な性質を述べている.

定理 1. 凸集合の集合の共通部分は凸集合である.

証明. M_α を凸集合として $M=\bigcap_\alpha M_\alpha$ とおく. $x, y \in M$ とすれば x, y を結ぶ線分は各 M_α に属するから M にも属する. ゆえに M は凸集合である. □

凸体の交わり(上定理により凸集合)がかならずしも凸体とならないことに注意しておく(例示せよ).

線形空間 L 内の任意の集合 A に対して, A を含む最小の凸集合が存在する: A を含むすべての凸集合の交わりがそれである(A を含む凸集合はかならず存在する. たとえば全空間 L). この A を含む最小の凸集合を A の**凸包**という.

凸包の重要な例を一つあげておこう. $x_1, x_2, \cdots, x_{n+1}$ を線形空間の点とする. ベクトル $x_2-x_1, x_3-x_1, \cdots, x_{n+1}-x_1$ が 1 次独立 (つまり $\sum_{i=1}^{n+1} \lambda_i x_i=0$, $\sum_{i=1}^{n+1} \lambda_i=0$ ならば $\lambda_1=\lambda_2=\cdots=\lambda_{n+1}=0$)の場合に, これらの点は**一般の位置にある**ということにしよう. 一般の位置にある点 $x_1, x_2, \cdots, x_{n+1}$ の凸包を **n 次元単体**といい, $x_1, x_2, \cdots, x_{n+1}$ をその**頂点**という. 零次元単体は一点である. また, 1 次元単体は線分, 2 次元単体は三角形, 3 次元単体は四面体である.

点集合 $x_1, x_2, \cdots, x_{n+1}$ が一般の位置にあれば, その中の $k+1$ 個 $(k<n)$ も一般の位置にあるから, これによって k 次元単体ができる. これを $x_1, \cdots, x_{n+1}$ を頂点とする n 次元単体の k 次元の**面**という. たとえば e_1, e_2, e_3, e_4 を頂点とする四面体は (e_2, e_3, e_4), (e_1, e_3, e_4), (e_1, e_2, e_4), (e_1, e_2, e_3) によって定まる 4 個の 2 次元面, 6 個の 1 次元面, 4 個の零次元面をもつ.

定理 2. $x_1, x_2, \cdots, x_{n+1}$ を頂点とする単体は

$$x = \sum_{k=1}^{n+1} \alpha_k x_k, \quad \alpha_k \geqq 0, \quad \sum_{k=1}^{n+1} \alpha_k = 1 \tag{1}$$

の形に表わされる点 x の全体である.

証明. (1) の形で表わされる点の全体が $x_1, x_2, \cdots, x_{n+1}$ を含む凸集合である

ことは簡単に検証することができる．一方，$x_1, x_2, \cdots, x_{n+1}$ を含む凸集合が (1) の形の点を含むことも明らかである．ゆえに，これらの点の全体は $x_1, x_2, \cdots, x_{n+1}$ を含む最小の凸集合である．□

2°. 同次凸汎函数

凸集合の概念と密接に関係する同次凸汎函数なるものを定義しておこう．

定義． 実線形空間 L の上で定義された負でない汎函数 p が条件

$x, y \in L$, $0 \leq \alpha \leq 1$ ならば
$$p(\alpha x + (1-\alpha) y) \leq \alpha p(x) + (1-\alpha) p(y) \tag{2}$$

を満たすとき，f は**凸汎函数**であるという．また，条件

すべての $x \in L$ と $\alpha > 0$ とに対して $p(\alpha x) = \alpha p(x)$ $\tag{3}$

を満たすとき，f は**正同次**であるという．

凸かつ正同次な汎函数 f に対しては，不等式
$$p(x+y) \leq p(x) + p(y) \tag{2'}$$

が成立する．実際，

$$p(x+y) = 2p\left(\frac{x+y}{2}\right) \leq 2\left(p\left(\frac{x}{2}\right) + p\left(\frac{y}{2}\right)\right) = p(x) + p(y).$$

容易にわかるように，条件 (2') と (3) とをあわせれば汎函数 p の凸性 (すなわち (2)) が保証される．正同次かつ凸なる汎函数を，簡単のため単に**同次凸**とよぶことにする．同次凸汎函数の簡単な性質を二, 三あげておく．

1. 等式 (3) において $x = 0$ とおけば
$$p(0) = 0. \tag{4}$$

2. (2') と (4) とから，すべての $x \in L$ に対して
$$0 = p(x + (-x)) \leq p(x) + p(-x). \tag{5}$$

この不等式は，特に，$p(x) < 0$ ならば $p(-x) > 0$ なることを示している．このように，零でない同次凸汎函数は，到るところ非負ではありうるが，到るところ $p(x) \leq 0$ だったとすれば $p(x) \equiv 0$ である．

3. 任意の α に対して
$$p(\alpha x) \geq \alpha p(x).$$

$\alpha > 0$ なら，これは (3) から出る．$\alpha = 0$ なら (4) から．またもし $\alpha < 0$ なら，(5)

から
$$0 \leq p(\alpha x) + p(|\alpha|x) = p(\alpha x) + |\alpha|p(x),$$
すなわち
$$p(\alpha x) \geq -|\alpha|p(x) = \alpha p(x).$$

例1. 線形汎函数 f はすべて，明らかに同次凸．また，f が線形なら，汎函数 $p(x) = |f(x)|$ は同次凸．

例2. n 次元ベクトル空間 $\mathbf{R}^n$ におけるベクトルの長さは同次凸汎函数である．この場合，条件 (2′) は，二つのベクトルの和の長さが各ベクトルの長さの和を超えないこと(三角形の不等式)を意味する．条件(3)は $\mathbf{R}^n$ におけるベクトルの長さの定義からただちに導かれる．

例3. m は有界数列 $x = (x_1, x_2, \cdots, x_n, \cdots)$ の空間とする．このとき汎函数
$$p(x) = \sup_n |x_n|$$
は同次凸である．

3°. Minkowski の汎函数

L は任意の線形空間，A は L における凸体とし，A の核は点 0 を含むとする．汎函数
$$p_A(x) = \inf\{r : x/r \in A, r > 0\} \tag{6}$$
を凸体 A の **Minkowski の汎函数**という．

定理3. Minkowski の汎函数 (6) は，同次凸かつ非負．逆に，$p(x)$ を線形空間 L 上の同次凸な非負汎函数とすれば，任意の $k > 0$ に対して
$$A = \{x : p(x) \leq k\} \tag{7}$$
は凸体であり，その核は集合 $\{x : p(x) < k\}$ (点 0 を含んでいる)．さらに，(7) において $k = 1$ とおけば，初めの汎函数 $p(x)$ は凸体 A の Minkowski 汎函数となる．

証明． 与えられた $x \in L$ に対して r を十分大きくとれば x/r は A に属するから，(6)によって定まる負でない数 $p_A(x)$ は有限である．$t > 0$, $y = tx$ とすれば
$$p_A(y) = \inf\{r > 0 : y/r \in A\} = \inf\{r > 0 : tx/r \in A\}$$

$$= \inf\{tr' > 0 : x/r' \in A\} = t \inf\{r' > 0 : x/r' \in A\} = tp_A(x).$$
(8)

つぎに $p_A(x)$ が凸なることを検証する．$x_1, x_2 \in L$, $\varepsilon > 0$ とし $p_A(x_i) < r_i < p_A(x_i) + \varepsilon$ となるように r_i $(i=1,2)$ を選べば $x_i/r_i \in A$ となる．$r = r_1 + r_2$ とおけば

$$\frac{x_1 + x_2}{r} = \frac{r_1 x_1}{r r_1} + \frac{r_2 x_2}{r r_2}$$

は端点が x_1/r_1, x_2/r_2 なる線分に属するが，A は凸であるから，この線分，したがってまた点 $(x_1 + x_2)/r$ は A に属する．ゆえに

$$p_A(x_1 + x_2) \leqq r = r_1 + r_2 < p_A(x_1) + p_A(x_2) + 2\varepsilon.$$

この際 $\varepsilon > 0$ は任意であるから

$$p_A(x_1 + x_2) \leqq p_A(x_1) + p_A(x_2)$$

となる．したがって $p_A(x)$ は条件 (2′), (3) を満たす．よってこれは非負の同次凸汎函数である．

今度は集合 (7) を考える．$x, y \in E$, $\alpha + \beta = 1$, $\alpha, \beta \geqq 0$ ならば

$$p(\alpha x + \beta y) \leqq \alpha p(x) + \beta p(y) \leqq k$$

となるから，A は凸集合である．さらに，$p(x) < k$, $t > 0$, $y \in L$ とすれば

$$p(x \pm ty) \leqq p(x) + tp(\pm y).$$

もし $p(-y) = p(y) = 0$ ならば，すべての t に対して $x \pm ty \in A$. またもし $p(y), p(-y)$ のどちらかが 0 でなければ

$$t < \frac{k - p(x)}{\max(p(y), p(-y))}$$

のとき $x \pm ty \in A$ となり，$\{x : p(x) < k\}$ が A の核であることがわかる．

p が集合 $\{x : p(x) \leqq 1\}$ に対する Minkowski の汎函数になっていることは，定義から直接導くことができる．□

このように，Minkowski の汎函数という概念を導入して，非負な同次凸汎函数と核が点 0 を含む凸体との間の対応を樹立することができた．

例 1. $A = L$ に対しては，明らかに

$$p_L(x) \equiv 0.$$

例 2. A が $\mathbf{R}^n$ における原点中心半径 r の球ならば

$$p_A(x) = \|x\|/r.$$

ただし $\|x\|$ はベクトル x の大きさ.

例 3. A を空間 l_2 における '層' $-1 \leq x_1 \leq 1$ とする. すなわち
$$A = \{x = (x_1, x_2, \cdots, x_n, \cdots) \in l_2 : -1 \leq x_1 \leq 1\}.$$
このとき
$$p_A(x) = |x_1|.$$

注意 1. 場合によっては, 有限な値だけでなく $+\infty$ なる値 ($-\infty$ ではない) をもとりうる同次凸汎函数を考えることもある. そのときには, 等式 $p(\alpha x) = \alpha p(x)$ ($\alpha > 0$) から $p(0) = 0$ もしくは $p(0) = \infty$ となる. 後者の場合には, $p(0) = +\infty$ のかわりに $p(0) = 0$ とおいて一点における値を変更しても, 汎函数の同次凸性をそこなうことはない. これは容易に検証することができる. そこで, 通常このような措置をとる.

$p(x)$ は同次凸汎函数, しかしかならずしも有限とはかぎらないとする. このとき, $A = \{x : p(x) \leq k\}$ は凸集合であるが, かならずしも凸体ではない. 逆に, A を原点 0 を含む任意の凸集合とすれば, これに対して, 式 (6) によって Minkowski の汎函数 $p_A(x)$ を定義することができる. しかし, この際, r としては $+\infty$ なる値も許すことになる.

注意 2. 汎函数 $p_1(x), p_2(x)$ が同次凸ならば, $p_1(x) + p_2(x)$, $\alpha p_1(x)$ (ただし $\alpha > 0$) もまた同次凸である. さらに, 同次凸汎函数の任意の族 $\{p_s(x)\}_{s \in S}$ に対して, その上限 $p(x) = \sup_{s \in S} p_s(x)$ もまた同次凸汎函数になる. 特に, L 上の線形汎函数の任意の空でない集合の上限 $p(x) = \sup_{s \in S} f_s(x)$ は, 同次凸汎函数である. Hahn-Banach の定理を利用すれば, (有限の) 同次凸汎函数がすべてこのように表わされることを, 容易に検証することができる.

演習. 線形空間 L における集合 A に対して, これが**吸収的**であるとは, 任意の $x \in L$ に対して $\alpha > 0$ を適当に選べばすべての $\lambda \geq \alpha$ に対して $x \in \lambda A$ となることをいう. 凸集合 A に対しては, A が吸収的なためには, A の核が原点 0 を含むことが必要かつ十分であることを示せ.

4°. Hahn-Banach の定理

L を実線形空間, L_0 をその部分空間とし, L_0 の上に一つの線形汎函数 f_0 が

与えられているとしよう．f_0 に対して，全空間 L で定義されている線形汎函数 f が，すべての $x \in L_0$ に対して
$$f(x) = f_0(x)$$
となるならば，f を f_0 の**拡張**とよぶ．与えられた空間上で定義された線形汎函数をさらに大きい線形空間にまで拡げる問題は解析学でしばしば登場するが，この種の問題において基本的な役割を演ずるのはつぎの定理である．

定理 4(Hahn-Banach)．p は実線形空間 L 上で定義された同次凸汎函数，L_0 は L の部分空間とする．L_0 上の線形汎函数 f_0 が
$$f_0(x) \leqq p(x) \qquad (x \in L_0) \tag{9}$$
を満たすならば，f_0 を全空間 L に拡張し，かつ評価 (9) が全空間 L において成立するようにすることができる．

証明． $L_0 \neq L$ ならば，L_0 より大きい或る部分空間 L' に (9) を保存しつつ f_0 を拡張することができることをまず証明する．z を L_0 に属さない任意の要素，L' を L_0 と z とで生成される部分空間とすれば，L' の各要素は，
$$tz + x \qquad (x \in L_0)$$
の形に表わされる．

f_0 の L' 上への拡張 f' が求められたとすれば
$$f'(tz+x) = tf'(z) + f_0(x),$$
あるいは $f'(z) = c$ とおいて
$$f'(tz+x) = tc + f_0(x)$$
となるはずである．いま，L' 上で (9) が満たされるように，すなわち，すべての $x \in L_0$ とすべての実数 t とに対して
$$f_0(x) + tc \leqq p(x+tz)$$
となるように，c を選ぶことを考える．$t > 0$ ならば，この条件は
$$f_0\left(\frac{x}{t}\right) + c \leqq p\left(\frac{x}{t}+z\right) \quad \text{すなわち} \quad c \leqq p\left(\frac{x}{t}+z\right) - f_0\left(\frac{x}{t}\right)$$
となり，$t < 0$ ならば
$$f_0\left(\frac{x}{t}\right) + c \geqq -p\left(-\frac{x}{t}-z\right) \quad \text{すなわち} \quad c \geqq -p\left(-\frac{x}{t}-z\right) - f_0\left(\frac{x}{t}\right)$$
と書ける．これらの二条件を満たすような c がつねに存在することを証明しよ

§2. 凸集合と凸汎函数，Hahn-Banach の定理

う． y', y'' を L_0 の任意の二要素とすれば

$$f_0(y'') - f_0(y') \leq p(y'' - y') = p((y'' + z) - (y' + z)) \leq p(y'' + z) + p(-y' - z)$$

であるから

$$-f_0(y'') + p(y'' + z) \geq -f_0(y') - p(-y' - z) \tag{10}$$

となる．ここで

$$c'' = \inf_{y''}(-f_0(y'') + p(y'' + z)), \quad c' = \sup_{y'}(-f_0(y') - p(-y' - z))$$

とおけば，y', y'' が L_0 の任意の要素であることと不等式(10)とから $c'' \geq c'$ となる．そこで c を

$$c'' \geq c \geq c'$$

のように選んでおけば，

$$f'(tz + x) = tc + f_0(x)$$

によって定義された L' 上の汎函数 f' は，L' 上で評価(9)を満たしている．

以上で部分空間 $L_0 \subset L$ で定義され L_0 上で条件(9)を満たす汎函数 f_0 は，この条件を保存しつつ，より大きな部分空間 L' 上に拡張しうることがわかった．

もし L 内の可算個の要素 $x_1, x_2, \cdots, x_n, \cdots$ で全空間 L を生成するものがあるならば，部分空間の増大列

$$L^{(1)} = \{L_0, x_1\}, \quad L^{(2)} = \{L^{(1)}, x_2\}, \quad \cdots$$

を考えることにより，帰納的に L 上の汎函数を構成することができる（ただし $\{L^{(k)}, x_{k+1}\}$ は $L^{(k)}$ と x_{k+1} とを含む最小の部分空間）．この場合は，各 $x \in L$ は或る $L^{(k)}$ に含まれるから，f_0 は全空間に拡張されるのである．

一般の場合（すなわち L を生成する可算集合が存在しない場合）には，Zorn の補題を適用することによって証明される：f_0 の，条件(9)を満たす拡張の全体を $\mathscr{F}$ とすれば，上述により $\mathscr{F}$ は空でない．さらに，$f_\beta \in \mathscr{F}$ が $f_\alpha \in \mathscr{F}$ の拡張であることを $f_\alpha \leq f_\beta$ と定義すれば，$\mathscr{F}$ は半順序集合となる．また，$\mathscr{F}$ に含まれる任意の線形順序部分集合 $\mathscr{F}_0$ は上界をもつ．すなわち，すべての $f' \in \mathscr{F}_0$ の定義域の合併を定義域とし，f' の定義域の上では f' に一致する汎函数を考えれば，明らかにこれは集合 $\mathscr{F}_0$ の上界である．よって Zorn の補題により，$\mathscr{F}$ には極大要素 f が存在する．この極大要素 f が求める汎函数である．証明：

f は出発点の汎函数の拡張であり(9)を満たしている．また，その定義域は全空間 L である．なぜならば，もし定義域が L の真部分空間ならば，前半の構成によりこの定義域より大きい定義域をもつ f_0 の拡張が存在することとなり，f が極大要素であることに矛盾するからである．以上で定理は証明された．□

複素汎函数の場合の Hahn-Banach の定理を述べておこう．

複素線形空間 L 上の負でない汎函数 p が**同次凸**もしくは単に**凸**であるとは，すべての $x, y \in L$ とすべての複素数 λ とに対して

$$p(x+y) \leqq p(x) + p(y),$$
$$p(\lambda x) = |\lambda| p(x)$$

が成立することをいう．

定理 4a. p は複素線形空間 L 上の凸汎函数，f_0 は線形部分空間 $L_0 \subset L$ 上に定義された線形汎函数で，条件

$$|f_0(x)| \leqq p(x) \qquad (x \in L_0)$$

を満たしているとする．このとき全空間 L 上で定義され，

$$|f(x)| \leqq p(x) \qquad (x \in L),$$
$$f(x) = f_0(x) \qquad (x \in L_0)$$

を満たす線形汎函数 f が存在する．

証明． 空間 L, L_0 を実線形空間とみなしたものを，それぞれ L_R, L_{0R} で表わしておく．p が L_R 上の有限値凸汎函数，$f_{0R}(x) = \Re f_0(x)$ が L_{0R} 上の実線形汎函数で

$$|f_{0R}(x)| \leqq p(x),$$

したがって

$$f_{0R}(x) \leqq p(x)$$

となることは明らかである．ゆえに定理4により，L_R 全体の上で定義され，条件

$$f_R(x) \leqq p(x) \qquad (x \in L_R (=L)),$$
$$f_R(x) = f_{0R}(x) \qquad (x \in L_{0R} (= L_0))$$

を満たす実線形汎函数 f_R が存在する．

このとき，$-f_R(x) = f_R(-x) \leqq p(-x) = p(x)$ であるから

$$|f_R(x)| \leqq p(x) \qquad (x \in L_R (=L)) \tag{11}$$

§2. 凸集合と凸汎函数, Hahn-Banach の定理

となる. いま
$$f(x) = f_R(x) - if_R(ix)$$
によって L 上の汎函数 f を定義しよう (L は複素線形空間であるから, その要素 x に複素数を乗ずることは定義されている). f が複素線形汎函数であり, 同時に
$$f(x) = f_0(x) \qquad (x \in L_0),$$
$$\Re f(x) = f_R(x) \qquad (x \in L)$$
となることは, ただちに検証することができる.

残るところは $|f(x)| \leq p(x)$ $(x \in L)$ の証明である. もしこの関係を否定すれば, 適当な $x_0 \in L$ に対して $|f(x_0)| > p(x_0)$ となるであろう. 複素数 $f(x_0)$ を $f(x_0) = \rho e^{i\varphi}$ $(\rho > 0)$ の形に表わし, $y_0 = e^{-i\varphi} x_0$ とおけば, $f_R(y_0) = \Re f(y_0) = \Re(e^{-i\varphi} f(x_0)) = \rho > p(x_0) = p(y_0)$ となる. これは条件 (11) に矛盾する. 以上で定理の証明はおわる. □

演習. Hahn-Banach の定理において汎函数 p が有限値であるという条件を除くことができる. これを証明せよ.

5°. 線形空間における凸集合の分離性

L は実線形空間, M, N はその部分集合とする. L 上の線形汎函数 f が集合 M, N を**分離**するとは,
$$x \in M \text{ ならば } f(x) \geq C, \quad x \in N \text{ ならば } f(x) \leq C$$
となるような数 C が存在することをいう. 換言すれば
$$\inf_{x \in M} f(x) \geq \sup_{x \in N} f(x).$$
つぎの二命題は分離の定義からただちに導かれる.

1) 線形汎函数 f が集合 M, N を分離するためには, f が集合 $M-N$ と $\{0\}$ とを分離する (すなわち $x-y$ $(x \in M, y \in N)$ なる形の要素の全体と点 0 とを分離する) ことが必要かつ十分である.

2) 線形汎函数 f が集合 M, N を分離するためには, f が $M-x, N-x$ なる集合を分離することが必要かつ十分である. ただし $x \in L$.

また, 汎函数 f が集合 M, N を**強い意味で分離する**とは, 不等式

$$\inf_{x \in M} f(x) > \sup_{x \in N} f(x)$$

が成立することをいう．

Hahn-Banach の定理から，容易に，線形空間における凸集合の分離に関するつぎの有用な定理が導かれる．

定理 5. M, N は実線形空間 L における凸集合で，そのうちの少なくとも一方（たとえば M）の核は空でなく，しかも他の凸集合と交わらないとすれば，M, N を分離する恒等的に 0 でない線形汎函数が存在する．

証明. 集合 M の核 $\mathring{M}$ が点 0 を含むと考えても一般性を失わない（そうでない場合には，核 $\mathring{M}$ の一点を x_0 とし $M-x_0, N-x_0$ を M, N のかわりに考えればよい）．このとき y_0 を集合 N の一点とすれば $-y_0$ は $M-N$ の核に属し，点 0 は $K=M-N+y_0$ の核 $\mathring{K}$ に属する．$\mathring{M} \cap N = \emptyset$ だから 0 は $M-N$ の核に属さず，よって $y_0 \notin \mathring{K}$．核 $\mathring{K}$ に対する Minkowski の汎函数を p とすれば，$y_0 \notin \mathring{K}$ により $p(y_0) \geq 1$ となる．いま αy_0 なる形の要素からなる 1 次元部分空間上で定義された線形汎函数 f_0:

$$f_0(\alpha y_0) = \alpha p(y_0)$$

を考えると，$\alpha \geq 0$ のとき $p(\alpha y_0) = \alpha p(y_0)$，$\alpha < 0$ のとき $f_0(\alpha y_0) = \alpha p(y_0) < 0 < p(\alpha y_0)$ であるから

$$f_0(\alpha y_0) \leq p(\alpha y_0).$$

Hahn-Banach の定理により f_0 を全空間 L 上に拡張したものを f とすれば，L 上で $f(y) \leq p(y)$ となる．ゆえに $y \in K$ ならば $f(y) \leq 1$，また $f(y_0) \geq 1$ である．よって f は K と $\{y_0\}$ とを分離し，したがって $M-N$ と $\{0\}$ とを分離する．しかし，このとき f は M と N とを分離する．定理は証明された．□

§3. ノルム空間

第 2 章では位相空間およびその特別の場合として距離空間を考察した．これらは何らかの方法で要素間に'近さ'の概念が導入された集合であった．また，この章の §1 では線形空間を取り扱った．今までは，これらの二つの概念——位相空間と線形空間と——を独立に観察してきたのである．しかし解析学では，

§3. ノルム空間

要素間の加法や数との乗法が定義されていると同時に何らかの位相が導入されている空間，いわゆる位相線形空間が取り扱われる．位相線形空間のうちの重要なクラスとしてノルム空間なるものがある．この空間の理論は S. Banach をはじめとする一連の数学者の研究によって発展した．

1°. ノルム空間の定義と例

定義 1. L を線形空間とする．L 上で定義された同次凸汎函数 p が（凸性条件のほかに）つぎの補足条件を満たすとき，p を**ノルム**という：

1) $x=0$ のときに限り $p(x)=0$,
2) すべての α に対して $p(\alpha x) = |\alpha| p(x)$.

§2, 2° の定義を思い出しながら上の定義をいいかえれば，L におけるノルムとはつぎの三条件を満たす有限値の汎函数のことである：

1) $p(x) \geqq 0$, 等号は $x=0$ のときに限る，
2) $p(x+y) \leqq p(x) + p(y) \quad (x, y \in L)$,
3) $p(\alpha x) = |\alpha| p(x) \quad$ (α は任意の数).

定義 2. ノルムが与えられた線形空間 L を**ノルム空間**という．$x \in L$ のノルムを $\|x\|$ で表わす．——

ノルム空間の任意の二点 $x, y \in L$ に対して
$$\rho(x, y) = \|x-y\|$$
とおくことにより，ノルム空間は距離空間となる．距離空間の公理が満たされることは，ノルムの性質 1)-3) からただちに検証されよう．したがって，ノルム空間に対しては，第2章で距離空間について述べた概念や事実がすべて成立する．

完備なノルム空間を **Banach 空間**，または略して **B 空間**という．

ノルム空間の例

第2章で距離空間の例として考察した空間（また本章で線形空間の例としたもの）の多くは，実際に，自然な仕方でノルム空間の構造が与えられる．

例 1. 数直線 $\mathbf{R}^1$ は，すべての $x \in \mathbf{R}^1$ に対して $\|x\| = |x|$ とおくことによって，ノルム空間となる．

例 2. 実 n 次元ベクトル空間 $\mathbf{R}^n$ の要素 $x = (x_1, x_2, \cdots, x_n)$ に対して

$$\|x\| = \sqrt{\sum_{k=1}^{n} x_k{}^2} \tag{1}$$

とおけば，ノルムの公理はすべて満たされる．また

$$\rho(x, y) = \|x-y\| = \sqrt{\sum_{k=1}^{n} (x_k - y_k)^2}$$

とおいたものは，この空間に関してすでに見てきた距離を定義する．

おなじ線形空間に他のノルム

$$\|x\|_1 = \sum_{k=1}^{n} |x_k| \tag{2}$$

および

$$\|x\|_\infty = \max_{1 \leq k \leq n} |x_k| \tag{3}$$

などを導入することもできる．これらのノルムにより第2章§1,例4,5で考察した距離が $\mathbf{R}^n$ に導入される．上の定義がノルムの条件を満たすことを検証するのは容易である．

複素 n 次元空間 $\mathbf{C}^n$ に対しても

$$\|x\| = \sqrt{\sum_{k=1}^{n} |x_n|^2}$$

あるいは(2),(3)などのノルムを導入することができる．

例3. $[a, b]$ 上の連続函数の空間 $C[a, b]$ に対しては

$$\|f\| = \max_{a \leq t \leq b} |f(t)| \tag{4}$$

なるノルムを考える．これに対応する距離は，第2章§1, 1°, 例6で考察してある．

例4. 有界数列の空間 m の要素 $x = (x_1, x_2, \cdots, x_n, \cdots)$ に対して

$$\|x\| = \sup_n |x_n| \tag{5}$$

とおく．ノルムの定義の条件1)-3)が満たされることは明らか．このノルムから導かれる距離についてもすでに述べた(第2章§1, 1°, 例9).

2°. ノルム空間の部分空間

線形空間 L (位相が導入されていない)の部分空間とは，'$x, y \in L_0$ のとき αx

$+\beta y \in L_0$' なる性質をもつ空でない集合 L_0 のことであった．ノルム空間の場合に重要なのは閉じた線形部分空間，すなわちそのすべての集積点を含む部分空間である．有限次元のノルム空間の場合には，部分空間はすべて自動的に閉じている（証明せよ）．しかし無限次元の場合はそうではない．たとえば連続函数の空間 $C[a, b]$ に(4)のノルムを与えた場合，多項式の全体は部分空間を構成するが，これは閉じていない[1]．

別の例をあげよう：有界数列の空間 m において，0 でない項が有限個しかないような数列の全体は，部分空間となっている．しかし，これはノルム(5)に関して閉じていない：たとえば，その閉包は $(1, 1/2, \cdots, 1/n, \cdots)$ なる要素を含んでいる．

以下で考察する部分空間は主として閉じたものだけであるから，§1で定義した術語を少しばかり変えておく方が便利である．すなわちノルム空間の**部分空間**というとき，それは閉じた部分空間を意味するということにしておこう．特に，要素の系 $\{x_\alpha\}$ によって生成される部分空間とは $\{x_\alpha\}$ を含む最小の閉じた部分空間のこととする．これをまた系 $\{x_\alpha\}$ の**線形閉包**ともいう．また x, y を含めば $\alpha x + \beta y$ (α, β: 任意の数) をも含むような（かならずしも閉じていない）集合は**線形集合**ということにする．

ノルム空間 E の中の要素の系が**完備**であるとは，この系から生成される（閉じた！）部分空間が全空間 E と一致することをいう．たとえば，函数の集合 $1, t, t^2, \cdots, t^n, \cdots$ は，Weierstrass の定理により，$C[a, b]$ において完備である．

3°. ノルム空間の商空間

R をノルム空間，M をその部分空間として，商空間 $P = R/M$ を考える．本章§1の4°で述べたように，P は線形空間になっている．各剰余類 ξ に対して

$$\|\xi\| = \inf_{x \in \xi} \|x\| \tag{6}$$

とおいて，線形空間 P にノルムを定義する．このとき，1°で述べたノルム空

---

[1] $[a, b]$ 上の任意の連続函数は多項式を項とする一様収束列の極限であるという Weierstrass の定理により，$C[a, b]$ における多項式からなる部分空間の閉包は全空間 $C[a, b]$ である．

間の公理が満たされることを示そう. ξ_0 を商空間 P の零要素(すなわち ξ_0 は部分空間 M に一致)とすれば, $x \in \xi_0$ として空間 R の零をとることができるから, 定義より $\|\xi_0\|=0$ である. 逆に, もし $\|\xi\|=0$ なら, ノルムの定義(6)によって, 類 ξ の中に $0 \in R$ に収束する点列が存在する. しかし, M が閉じているから, 剰余類もすべて閉じており, したがって $0 \in \xi$. そしてこれは $\xi=M$ なること, すなわち ξ が P における零要素なることを示している. こうして, $\|\xi\| \geq 0$ は当然だが, ξ が空間 P の零なるときにかぎり $\|\xi\|=0$.

つぎに, すべての $x \in R$ とすべての数 α とに対して
$$\|\alpha x\| = |\alpha| \cdot \|x\|.$$
この等式の両辺について $x \in \xi$ に関する下限をとれば
$$\|\alpha \xi\| = |\alpha| \cdot \|\xi\|.$$

最後に, $\xi, \eta \in P$ とする. 任意の $x \in \xi, y \in \eta$ に対し
$$\|\xi+\eta\| \leq \|x+y\| \leq \|x\|+\|y\|.$$
この不等式の右辺について $x \in \xi, y \in \eta$ に関する下限をとれば
$$\|\xi+\eta\| \leq \|\xi\|+\|\eta\|.$$
こうして, P に対しノルム空間のすべての公理が満たされる.

今度は, もし R が完備なら $P=R/M$ もまた完備になることを示そう. まず, (6)により, 任意の $\xi \in R/M$ に対して
$$\|\xi\| \geq \frac{1}{2}\|x\|$$
となるような $x \in \xi$ が存在することに注意しておく.

さて, $\{\xi_n\}$ を P における基本列とする. 必要ならその部分列をとることによって, 級数
$$\sum_{n=1}^{\infty} \|\xi_{n+1}-\xi_n\|$$
は収束すると仮定してよい. $\{\xi_n\}$ にさらに空間 P の零要素 ξ_0 を追加し, $x_n \in \xi_{n+1}-\xi_n$ $(n=0,1,2,\cdots)$ を
$$\|\xi_{n+1}-\xi_n\| \geq \frac{1}{2}\|x_n\|$$
となるようにとる. そうすれば, 級数 $\sum_{n=1}^{\infty} \|x_n\|$ が収束するから, 空間 R の完備

性によって級数 $\sum_{n=1}^{\infty} x_n$ もまた収束する. そこで
$$x = \sum_{n=1}^{\infty} x_n$$
とおき,この $x \in R$ を含む剰余類を ξ と書けば,(すべての n に対して $\sum_{k=0}^{n} x_k \in \xi_n$ であるから)
$$\|\xi - \xi_n\| \leq \left\| x - \sum_{k=0}^{n} x_k \right\| \to 0 \qquad (n \to \infty)$$
となる.すなわち $\xi = \lim_{n \to \infty} \xi_n$. こうして

Banach 空間のその(閉)部分空間による商空間は,ふたたび Banach 空間になる.

演習 1. R が Banach 空間,その中の閉球 S_n が $S_1 \supset S_2 \supset S_3 \supset \cdots \supset S_n \supset \cdots$ となっているとする.S_n の交わりは空でないことを証明せよ(S_n の半径は 0 に収束するとは限らない.p.65 の演習と比較せよ).ある種の Banach 空間では,つぎつぎに前のものに含まれる有界,閉,凸な集合の列の交わりが空集合になることがある.そのような集合列の例をつくれ.

演習 2. Banach 空間 R が無限次元なら,R の代数的次元(p.122 演習参照)は非可算である.

演習 3. R がノルム空間であるとき,つぎのことを証明せよ.
1) R の有限次元線形部分空間は閉じている.
2) M が閉部分空間,N が有限次元部分空間ならば
$$M + N = \{x : x = y + z, \ y \in M, \ z \in N\}$$
は閉じた線形部分空間である.l_2 の二つの閉じた線形部分空間で,その和(上の意味での)が閉じていないものをつくれ.
3) Q は開いた凸集合,$x \notin Q$ とする.このとき閉じた超平面で x_0 を通り Q に交わらないものが存在する.

演習 4. 線形空間 R の二つのノルム $\|\cdot\|_1$, $\|\cdot\|_2$ が適当な数 $a, b > 0$ に対して $a\|x\|_1 \leq \|x\|_2 \leq b\|x\|_1$ ($x \in R$) となるとき,これらのノルムは**同値**であるという.R が有限次元ならば任意の二つのノルムは同値であることを証明せよ.

演習(訳者追補) **1.** ノルム空間 $\mathbf{R}^2$ の部分集合 $E = \{(x, y) : x \leq 0\} \cup \{(x, y) : x > 0, y \leq \sqrt{x}\}$ に対して,点 0 は E の核に属するが E の内点ではないことを示せ.

2. X はノルム空間,E はその部分集合とする.もし E が凸であり,かつ少なくともひとつの内点を含むなら,E の核 $J(E)$ と E の内点の全体とは一致する.これを証明せよ.

§4. Euclid 空間

1°. Euclid 空間の定義

線形空間にノルムを導入するためのよく知られた方法の一つは，内積を与えることである．実線形空間 R における**内積**とは，要素の対 $x, y \in R$ に対して定義され，つぎの性質をもつ実数値函数 (x, y) である．

1) $(x, y) = (y, x)$,
2) $(x_1+x_2, y) = (x_1, y) + (x_2, y)$,
3) $(\lambda x, y) = \lambda(x, y)$,
4) $(x, x) \geqq 0$, 等号は $x=0$ のときに限る．

内積が与えられた線形空間を **Euclid 空間**という[1]．Euclid 空間 R には
$$\|x\| = \sqrt{(x, x)}$$
によってノルムが導入される．$\|x\|$ が実際にノルムとなることは，内積の性質 1)-4) により容易に検証することができる．

すなわち，ノルムの公理 1), 2) (§3, 1°) は明らかであり，公理 3) (三角形の公理) は **Cauchy-Bunyakowski の不等式**
$$|(x, y)| \leqq \|x\| \cdot \|y\| \tag{1}$$
から導かれる．この不等式を証明しておこう．

つぎのような実変数 λ に関する2次3項式を考える：
$$\varphi(\lambda) = (\lambda x+y, \lambda x+y) = \lambda^2(x, x) + 2\lambda(x, y) + (y, y)$$
$$= \|x\|^2\lambda^2 + 2(x, y)\lambda + \|y\|^2.$$
これは或るベクトルとそれ自身との内積であるから，つねに $\varphi(\lambda) \geqq 0$．したがってその判別式は負または 0．

Cauchy-Bunyakowski の不等式 (1) はこの2次3項式 $\varphi(\lambda)$ の判別式が正でないことにほかならない．

Euclid 空間における演算 (和，数との積，内積) がすべて連続であることは，注意すべきである．すなわち，($\|x_n-x\| \to 0$ を $x_n \to x$ と書けば) $x_n \to x$, $y_n \to y$

---

[1] この種の空間を '実の前 Hilbert 空間' (real pre-Hilbert space) ということが多い(訳者)．

§4. Euclid 空間

かつ(数列として)$\lambda_n \to \lambda$ ならば

$$x_n + y_n \to x + y,$$
$$\lambda_n x_n \to \lambda x,$$
$$(x_n, y_n) \to (x, y).$$

これらの証明は Cauchy-Bunyakowski の不等式(1)から導かれるが, 演習として読者にまかせておく.

R が内積をもつことによって, ベクトルはノルム(すなわち大きさもしくは長さ)をもつのみならず, ベクトルの間の**角**をも定義することができる. すなわちベクトル x, y の間の角 φ は

$$\cos \varphi = \frac{(x, y)}{\|x\| \cdot \|y\|} \tag{2}$$

によって与えられる. Cauchy-Bunyakowski の不等式 $|(x, y)| \leq \|x\| \cdot \|y\|$ により, (2)の右辺の絶対値は1を超えないから, これによって $0 \leq \varphi \leq \pi$ なる角が定まるのである.

$(x, y) = 0$ ならば $\varphi = \pi/2$ となる. このときベクトル x, y は**直交**するという. R における零でないベクトルの系 $\{x_\alpha\}$ [1]が

$$(x_\alpha, x_\beta) = 0 \qquad (\alpha \neq \beta)$$

となっているとき, この系を**直交系**とよぶ.

$\{x_\alpha\}$ が直交系ならば, この系は1次独立である. なぜなら, 等式

$$a_1 x_{\alpha_1} + a_2 x_{\alpha_2} + \cdots + a_n x_{\alpha_n} = 0$$

が成立すれば, $\{x_\alpha\}$ の直交性から

$$(x_{\alpha_i}, a_1 x_{\alpha_1} + \cdots + a_n x_{\alpha_n}) = a_i (x_{\alpha_i}, x_{\alpha_i}) = 0$$

となり, $(x_{\alpha_i}, x_{\alpha_i}) \neq 0$ により $a_i = 0$ $(i = 1, 2, \cdots, n)$ となるから.

直交系 $\{x_\alpha\}$ が完備ならば, すなわち, $\{x_\alpha\}$ を含む最小の閉部分空間が全空間に等しいならば, この系を**直交基(完備直交系)**とよぶ. 特に各要素のノルムが1の場合には**正規直交基**という. 一般に系 $\{x_\alpha\}$ が(完備であると否とにかかわらず)

$$(x_\alpha, x_\beta) = \begin{cases} 0 & (\alpha \neq \beta) \\ 1 & (\alpha = \beta) \end{cases}$$

---

[1] かならずしも可算集合とは限らない(訳者).

を満たすとき，この系を **正規直交系** という．$\{x_\alpha\}$ が直交系ならば $\{x_\alpha/\|x_\alpha\|\}$ は明らかに正規直交系である．

2°. 例

Euclid 空間およびその中の直交基の例をあげておこう．

例1. 実数の系 $x=(x_1, x_2, \cdots, x_n)$ を要素とし，通常の意味のベクトル和，数との積および内積

$$(x, y) = \sum_{i=1}^{n} x_i y_i \tag{3}$$

が与えられた n 次元空間 $\mathbf{R}^n$ は Euclid 空間の周知の一例である．この空間の標準基

$$e_1 = (1, 0, 0, \cdots, 0)$$
$$e_2 = (0, 1, 0, \cdots, 0)$$
$$\cdots\cdots$$
$$e_n = (0, 0, 0, \cdots, 1)$$

は正規直交基にもなっている（無論，正規直交基はこのほかにも無限にある）．

例2.

$$x = (x_1, x_2, \cdots, x_n, \cdots), \quad \sum_{i=1}^{\infty} x_i^2 < \infty$$

を要素とする空間 l_2 に内積

$$(x, y) = \sum_{i=1}^{\infty} x_i y_i \tag{4}$$

を与えたものは Euclid 空間である．なぜならば，まず(4)の右辺は収束し（第2章§1, 不等式(4)），内積の公理1)-4)が満たされることはただちに検証することができるからである．この場合のもっとも簡単な正規直交基は

$$\begin{aligned} e_1 &= (1, 0, 0, \cdots) \\ e_2 &= (0, 1, 0, \cdots) \\ e_3 &= (0, 0, 1, \cdots) \\ &\cdots\cdots \end{aligned} \tag{5}$$

である．この系は明らかに正規直交系であるが，また，この系は完備でもあ

る: l_2 の任意の要素 $x=(x_1, x_2, \cdots, x_n, \cdots)$ に対して $x^{(n)}=(x_1, x_2, \cdots, x_n, 0, 0, \cdots)$ を考えれば,$x^{(n)}$ は $e_1, e_2, \cdots, e_n$ の1次結合で $n\to\infty$ のとき $\|x^{(n)}-x\|\to 0$ となる.

例3. $[a, b]$ 上の実数値連続函数から構成される空間 $C[a, b]$ も,内積を

$$(f, g) = \int_a^b f(t)g(t)\,dt \tag{6}$$

と定義することにより Euclid 空間となる.これを $C_2[a, b]$ とかく.この空間のさまざまな直交基のうちでもっとも重要なものは

$$\frac{1}{2}, \quad \cos n\frac{2\pi t}{b-a}, \quad \sin n\frac{2\pi t}{b-a} \quad (n=1, 2, \cdots) \tag{7}$$

からなる三角函数系である.この系の直交性の検証はやさしい.

定義域が $[-\pi, \pi]$ の場合には,対応する三角函数系は $1/2, \cos nt, \sin nt$ ($n=1, 2, \cdots$) となる.

系(7)は完備である.証明:Weierstrass の定理により,a, b で同じ値をとる $[a, b]$ 上の連続函数 φ は,一様に収束する三角多項式(すなわち(7)の形の要素の1次結合)の列の極限として表わすことができる[1].このような列が $C_2[a, b]$ のノルムの意味で φ に収束することはいうまでもない.f が $C_2[a, b]$ の任意の函数の場合には,$[a, b-1/n]$ で f と一致し,$[b-1/n, b]$ では直線,b で a と同じ値をとる函数列 φ_n の($C_2[a, b]$ のノルムの意味での)極限と考える(図17).このようにすれば,$C_2[a, b]$ の各要素は系(7)の要素の1次結合によって(この空間の距離の意味で)如何ほどでも近似することができる.すなわち(7)なる系は完備である.

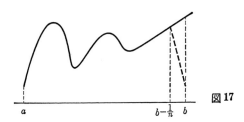

図17

---

1) 後出第8章§2, 2°(p. 429),または,たとえば,スミノルフ:高等数学教程(共立出版),第II巻,第二分冊,p. 441 参照(訳者).

3°. 直交基の存在,直交化

以下この章の終りまでは,可分な Euclid 空間(可算な稠密集合をもつ Euclid 空間)だけを考えることとする.前項で例としてあげた空間はすべて可分である(証明せよ).可分でない Euclid 空間の例としては,たとえば,つぎのような空間を考えればよい.区間 $[0,1]$ 上で定義され,たかだか可算個の点でのみ 0 でない値をとる函数 $x(t)$ のうち,このような点における函数値の二乗の和 $\sum x^2(t)$ が有限なものの全体からなる空間を考える.この空間の要素の和,数との積は通常のように定め,x, y の内積としては

$$(x, y) = \sum x(t) y(t)$$

をとる.ただし,総和 $\sum$ は $x(t)y(t) \neq 0$ なる t (たかだか可算個)に対してとるものとする.この空間には可算な稠密部分集合は存在しない.証明は読者にまかせる.なお,この空間は完備である.

さて,R を可分な Euclid 空間とする.このとき,R における直交系はたかだか可算である.

証明.直交系 $\{\varphi_\alpha\}$ は正規であるとしても一般性を失わない.正規でなければ,φ_α のかわりに $\varphi_\alpha/\|\varphi_\alpha\|$ を考えればよいからである.よって

$$\|\varphi_\alpha - \varphi_\beta\| = \sqrt{2} \qquad (\alpha \neq \beta).$$

球 $B(\varphi_\alpha, 1/2)$ の全体を考えると,これらの球が交わらないことは容易にわかる.いま $\{\psi_n\}$ を R における可算な稠密集合とすれば,上の各球は $\{\psi_n\}$ の要素を少なくとも一つ含む.ゆえにこれらの球の全体(したがって φ_α の全体)はたかだか可算個である.

前項で述べた Euclid 空間に対しては,それぞれの直交基を示しておいたが,実は可分な Euclid 空間はかならず直交基をもつのである.つぎの一般定理はその根拠となるものであって,n 次元 Euclid 空間の直交基の存在定理の一般化となっている.

定理1(直交化定理).Euclid 空間 R の要素の任意の 1 次独立系

$$f_1, f_2, \cdots, f_n, \cdots \tag{8}$$

に対して,R の中につぎの性質 1)-3) をもつ系

$$\varphi_1, \varphi_2, \cdots, \varphi_n, \cdots \tag{9}$$

が存在する.

§4. Euclid 空間

1) 系(9)は正規直交系である.
2) 各 φ_n は $f_1, f_2, \cdots, f_n$ の1次結合:
$$\varphi_n = a_{n1}f_1 + \cdots + a_{nn}f_n,$$
しかも $a_{nn} \neq 0$.
3) 各 f_n は $\varphi_1, \varphi_2, \cdots, \varphi_n$ の1次結合:
$$f_n = b_{n1}\varphi_1 + \cdots + b_{nn}\varphi_n,$$
しかも $b_{nn} \neq 0$.

条件 1)-3) を満たす系 (9) は係数 ± 1 を除いて一意的に定まる.

証明. まず要素 φ_1 を
$$\varphi_1 = a_{11}f_1$$
の形で求める. そのためには a_{11} を
$$(\varphi_1, \varphi_1) = a_{11}^2 (f_1, f_1) = 1,$$
すなわち
$$a_{11} = \frac{1}{b_{11}} = \frac{\pm 1}{\sqrt{(f_1, f_1)}}$$
とすればよい. このような φ_1 が (符号を除いて) 一意的に定まることは明らかである. 条件 1)-3) を満たす要素系 φ_k ($k<n$) がすでに構成されたとすれば, f_n は
$$f_n = b_{n1}\varphi_1 + \cdots + b_{n,n-1}\varphi_{n-1} + h_n,$$
$$(h_n, \varphi_k) = 0 \qquad (k<n)$$
の形に表わすことができる. このことは係数 b_{nk} が, したがってまた h_n が, 条件
$$(h_n, \varphi_k) = (f_n - b_{n1}\varphi_1 - \cdots - b_{n,n-1}\varphi_{n-1}, \varphi_k)$$
$$= (f_n, \varphi_k) - b_{nk}(\varphi_k, \varphi_k) = 0$$
により一意的に定まることから明らかである.

$(h_n, h_n) > 0$ (もし $(h_n, h_n) = 0$ とすれば系 (8) の1次独立性に矛盾) なることに注意して
$$\varphi_n = \frac{h_n}{\sqrt{(h_n, h_n)}}$$
とおく.

以上の帰納的構成から，h_n したがって φ_n が $f_1,\cdots,f_n$ によって表わされることは明らか：$\varphi_n=a_{n1}f_1+\cdots+a_{nn}f_n$, $a_{nn}=1/\sqrt{(h_n,h_n)}\neq 0$. このとき
$$(\varphi_n,\varphi_n)=1, \qquad (\varphi_n,\varphi_k)=0 \qquad (k<n),$$
$$f_n=b_{n1}\varphi_1+\cdots+b_{nn}\varphi_n \qquad (b_{nn}=\sqrt{(h_n,h_n)}\neq 0)$$
となり，φ_n は定理の条件を満たしている．□

条件 1)-3) を満たすように系(8)から系(9)に移ることを**直交化**という．

系(8)および系(9)によって生成される部分空間が一致することは明らかであるから，これらの系の一方が完備ならば，他方も完備である．

系． 可分な Euclid 空間は正規直交基をもつ．

証明． $\psi_1,\psi_2,\cdots,\psi_n,\cdots$ を R における可算稠密集合とし，この中から完備な 1 次独立系 $\{f_n\}$ を選ぶ．そのためには，$\{\psi_n\}$ から $\psi_i(i<k)$ の 1 次結合として表わされるような ψ_k を除外したものを考えればよい．こうしてできた完備な 1 次独立系を直交化すれば，求める正規直交基が得られる．□

演習 1． 直交基をもたない(可分でない)Euclid 空間の例をつくれ．完備な Euclid 空間(必ずしも可分でない)は正規直交基をもつことを証明せよ．

演習 2． 完備な Euclid 空間(必ずしも可分でない)において，順次に前のものに含まれる，空でない，有界，閉かつ凸な集合の列の交わりは空でないことを証明せよ (p. 65 および p. 143 の演習と比較せよ)．

4°. Bessel の不等式，閉じた直交系

n 次元 Euclid 空間 $\mathbf{R}^n$ において，正規直交基 $e_1,e_2,\cdots,e_n$ が与えられるならば，すべての $x\in\mathbf{R}^n$ は

$$x=\sum_{k=1}^{n}c_k e_k, \tag{10}$$

ただし

$$c_k=(x,e_k) \tag{11}$$

の形に表わされる．ここでは無限次元の Euclid 空間の場合における展開(10)の一般化を考察する．いま

$$\varphi_1,\varphi_2,\cdots,\varphi_n,\cdots \tag{12}$$

を Euclid 空間 R における正規直交系，f を R の任意の要素とする．$f\in R$ からつくられる数列

§4. Euclid 空間

$$c_k = (f, \varphi_k) \qquad (k=1, 2, \cdots) \tag{13}$$

を系 $\{\varphi_k\}$ による f の**座標**，または **Fourier 係数**といい，（形式的な）級数

$$\sum_k c_k \varphi_k \tag{14}$$

を直交系 $\{\varphi_n\}$ による f の **Fourier 級数**という．

ここで当然つぎの問題が提起される：級数(14)は収束するであろうか，すなわち級数の部分和は一定の要素に(R における距離の意味で)収束するだろうか．そしてまた，収束する場合には，その和は最初の要素 f と一致するだろうか．

これらの問題に答えるため，あらかじめつぎの問題を考えておこう：与えられた n に対して係数 α_k ($k=1, 2, \cdots, n$) を適当に選び，f と

$$S_n = \sum_{k=1}^n \alpha_k \varphi_k \tag{15}$$

との距離が最小になるようにせよ．

まず f と S_n との距離を計算しておこう．系(12)は正規直交系であるから

$$\begin{aligned}
\|f - S_n\|^2 &= \left(f - \sum_{k=1}^n \alpha_k \varphi_k,\ f - \sum_{k=1}^n \alpha_k \varphi_k \right) \\
&= (f, f) - 2\left(f,\ \sum_{k=1}^n \alpha_k \varphi_k \right) + \left(\sum_{k=1}^n \alpha_k \varphi_k,\ \sum_{j=1}^n \alpha_j \varphi_j \right) \\
&= \|f\|^2 - 2 \sum_{k=1}^n \alpha_k c_k + \sum_{k=1}^n \alpha_k^2 = \|f\|^2 - \sum_{k=1}^n c_k^2 + \sum_{k=1}^n (\alpha_k - c_k)^2.
\end{aligned}$$

この式の値が最小となるのは，明らかに，最後の和が 0 となるとき，すなわち

$$\alpha_k = c_k \qquad (k=1, 2, \cdots, n) \tag{16}$$

のときである．このときには

$$\|f - S_n\|^2 = \|f\|^2 - \sum_{k=1}^n c_k^2. \tag{17}$$

以上により，n が与えられたとき，(15)の形の和のうちで f との距離が最小となるのは f の Fourier 級数の部分和であることがわかった．この結果は幾何学的につぎのように述べることができる：要素

$$f - \sum_{k=1}^n \alpha_k \varphi_k$$

が

$$\sum_{k=1}^{n} \beta_k \varphi_k$$

なる形のすべての1次結合と直交するのは，すなわち $\varphi_1, \varphi_2, \cdots, \varphi_n$ によって生成される部分空間と直交するのは，条件(16)が満たされるとき，しかもそのときに限る(検証せよ).

以上の結果は，一点から直線または平面におろした垂線の長さが，この点からおろした斜線の長さより小さいという，初等幾何学における周知の事実の一般化である.

$\|f - S_n\|^2 \geqq 0$ であるから，等式(17)から

$$\sum_{k=1}^{n} c_k^2 \leqq \|f\|^2$$

となる．ここで n は任意．ここで右辺は n と無関係であるから，級数 $\sum_{k=1}^{\infty} c_k^2$ は収束し

$$\sum_{k=1}^{\infty} c_k^2 \leqq \|f\|^2 \tag{18}$$

となる．これを **Bessel の不等式**という．この不等式の幾何学的な意味は，ベクトル f のたがいに垂直な方向への正射影の長さの平方の和が f の長さを超えないということである.

ここでつぎの重要な概念を導入する.

定義 1. 任意の f に対して

$$\sum_{k=1}^{\infty} c_k^2 = \|f\|^2 \tag{19}$$

となるとき，正規直交系(12)は**閉じている**という.——

等式(19)を **Parseval の等式**とよぶ．等式(17)から，系(12)が閉じているということは，各 $f \in R$ に対して，f の Fourier 級数 $\sum c_n \varphi_n$ の部分和が f に収束することと同値であることがわかる.

正規直交系が閉じているということと，先に導入した系の完備性とは密接な関係をもっている.

定理 2. 可分な Euclid 空間 R における完備な正規直交系は閉じており，またその逆も正しい.

証明． 系 $\{\varphi_n\}$ が閉じているとしよう．定義から任意の f に対してその Fourier 級数の部分和は f に収束する．これは系 $\{\varphi_n\}$ の要素の1次結合が R で稠密であること，すなわち，$\{\varphi_n\}$ が完備であることを意味する．逆に $\{\varphi_n\}$ が完備，すなわち任意の $f \in R$ が系 $\{\varphi_n\}$ の1次結合 $\sum_{k=1}^{n}\alpha_k\varphi_k$ によって如何ほどでも精密に近似しうるとしよう．f に対する Fourier 級数の部分和 $\sum_{k=1}^{n}c_k\varphi_k$ は，よりよい近似を与えるはずである．したがって $\sum_{k=1}^{\infty}c_k\varphi_k$ も f に収束し，Parseval の等式が成立する． □

可分な Euclid 空間 R が完備な正規直交系をもつことは前項で証明した．正規直交系に対しては完備の概念と閉の概念とが一致するから，R における閉じた正規直交系の存在はあらためて証明するまでもない．前項で示した完備な正規直交系の例は，同時に閉じた直交系の例にもなっている．

いままで考察してきた直交系は，すべて正規であった．しかし，Fourier 級数，Fourier 係数などの概念は任意の直交系に対しても形成しなおすことができる．いま，$\{\varphi_n\}$ が任意の直交系であるとしよう．これから $\psi_n = \varphi_n/\|\varphi_n\|$ ($n=1,2,\cdots$) なる正規系をつくれば，任意の $f \in R$ に対して

$$c_n = (f, \psi_n) = \frac{1}{\|\varphi_n\|}(f, \varphi_n)$$

および

$$\sum c_n \psi_n = \sum \frac{c_n}{\|\varphi_n\|}\varphi_n = \sum a_n \varphi_n$$

となる．ただし

$$a_n = \frac{c_n}{\|\varphi_n\|} = \frac{(f,\varphi_n)}{\|\varphi_n\|^2}. \tag{20}$$

(20)できまる係数 a_n を，要素 f の (かならずしも正規でない) 直交系 $\{\varphi_n\}$ による **Fourier 係数**ということにする．不等式(18)における c_k に $c_k = a_k\|\varphi_k\|$ を代入すれば

$$\sum_{k}\|\varphi_k\|^2 a_k^2 \leqq \|f\|^2 \tag{21}$$

となる．これは任意の直交系に対する **Bessel の不等式**である．

5°. 完備 Euclid 空間，Riesz-Fischer の定理

3° 以後，可分な Euclid 空間を考察してきたが，これからはさらに空間が完

備であるという条件を追加することにする.

R を完備かつ可分な Euclid 空間,$\{\varphi_n\}$ を,そこにおける正規直交系(必ずしも完備でない)としよう.Bessel の不等式により,数列 $c_1, c_2, \cdots, c_n, \cdots$ が或る要素 $f \in R$ の Fourier 係数であるためには,級数
$$\sum_n c_n^2$$
が収束することが必要である.しかし,空間が完備の場合には,これはまた十分でもある.すなわち,つぎの定理が成立する.

定理 3(Riesz-Fischer). 系 $\{\varphi_n\}$ は完備な Euclid 空間 R における任意の正規直交系,また $c_1, c_2, \cdots, c_n, \cdots$ は
$$\sum c_k^2 \tag{22}$$
が収束するような数列とする.このとき
$$c_k = (f, \varphi_k), \quad \sum_{k=1}^\infty c_k^2 = (f, f) = \|f\|^2$$
となるような要素 $f \in R$ が存在する.

証明. $f_n = \sum_{k=1}^n c_k \varphi_k$ とおけば
$$\|f_{n+p} - f_n\|^2 = \|c_{n+1}\varphi_{n+1} + \cdots + c_{n+p}\varphi_{n+p}\|^2 = \sum_{k=n+1}^{n+p} c_k^2.$$
級数 (22) は収束するから,このことから,R の完備性により,$\{f_n\}$ が或る要素 $f \in R$ に収束することがわかる.等式
$$(f, \varphi_i) = (f_n, \varphi_i) + (f - f_n, \varphi_i) \tag{23}$$
において,右辺の第一項は $n \geq i$ のとき c_i に等しく,第二項は,
$$|(f - f_n, \varphi_i)| \leq \|f - f_n\| \|\varphi_i\|$$
により,$n \to \infty$ のとき 0 に収束する.(23) の左辺は n に無関係であるから,$n \to \infty$ とすれば,(23) から
$$(f, \varphi_i) = c_i$$
となる.また,f の定義により,$n \to \infty$ のとき
$$\|f - f_n\| \to 0$$
となるから,
$$\left(f - \sum_{k=1}^n c_k \varphi_k, f - \sum_{k=1}^n c_k \varphi_k \right) = (f, f) - \sum_{k=1}^n c_k^2 \to 0.$$

ゆえに
$$\sum_{k=1}^{\infty} c_k^2 = (f,f). \qquad \square$$

最後に，つぎの便利な定理を証明しておくことにしよう．

定理 4. 完備かつ可分な Euclid 空間 R の正規直交系 $\{\varphi_n\}$ が完備であるためには，すべての φ_n と直交する要素が零要素以外に存在しないことが必要十分である．

証明． 系 $\{\varphi_n\}$ が完備であるとすれば，それは閉じている．もし f がすべての φ_n に対して直交しているならば，その Fourier 係数はすべて 0 である．ゆえに Parseval の等式から

$$(f,f) = \sum_{k=1}^{\infty} c_k^2 = 0$$

となり，$f=0$．

逆に $\{\varphi_n\}$ が完備でないとしよう．すなわち R の中に

$$(g,g) > \sum_{k=1}^{\infty} c_k^2 \qquad (c_k = (g,\varphi_k))$$

なる要素 $g \neq 0$ が存在するとしよう．一方，Riesz-Fischer の定理により

$$(f,\varphi_k) = c_k, \qquad (f,f) = \sum_{k=1}^{\infty} c_k^2$$

なる要素 $f \in R$ が存在する．このとき，要素 $f-g$ はすべての φ_n と直交している．ところが

$$(f,f) = \sum_{k=1}^{\infty} c_k^2 < (g,g)$$

であるから，$f-g \neq 0$．$\square$

演習 1. H を(必ずしも可分でない)完備 Euclid 空間とすれば，H は完備な正規直交系をもつ (p. 150, 演習参照)．このとき，任意の要素 $f \in H$ は
$$f = \sum_{\alpha} (f,\varphi_\alpha)\varphi_\alpha, \qquad \|f\|^2 = \sum_{\alpha} |(f,\varphi_\alpha)|^2$$
なる形に展開されることを証明せよ．ただし，右辺における項は，たかだか可算個を除いて 0 である．

演習 2. Euclid 空間 R の要素の系 $\{\varphi_\alpha\}$ のすべての項と直交する要素が零要素以外に存在しないとき，この系は**完全**であるという．定理 4 は，完備かつ可分な Euclid 空間においては，$\{\varphi_\alpha\}$ の完備性と完全性とが一致することを示している．完備でない空間

の場合には完全だが完備でない系が存在することを示せ.

6°. Hilbert 空間, 同形定理

完備な Euclid 空間の考察を続けよう. ただし, 有限次元の Euclid 空間は線形代数学でくわしく記述されているから, ここではもっぱら無限次元の場合をとりあつかい, しかも空間には稠密な可算集合が存在すると仮定しておく.

定義 2. 無限次元の完備な Euclid 空間を **Hilbert 空間**[1]という.

すなわち, Hilbert 空間とはつぎの四条件を満たす要素 $f, g, \cdots$ の全体からなる集合 H のことである.

I. H は Euclid 空間(すなわち内積が定義された線形空間)である.

II. H は距離 $\rho(f, g) = \|f-g\|$ の意味で完備である.

III. H は無限次元, すなわち, 任意の n に対して n 個の 1 次独立な要素が存在する.

しかし, 大抵の場合, 考察されるのは可分な Hilbert 空間, すなわち, いまひとつの公理 IV を満たす空間である:

IV. H は可分, すなわち, H に到るところ稠密な可算集合が存在する.

可分な Hilbert 空間の例としては, たとえば実空間 l_2 がある.

今後は, 可分な場合のみを考察する[2].

§1 の定義 2 のように, Euclid 空間 R, R^* が**同形**であるとは, この両空間の要素の間に 1-1 対応が存在し, しかも, この 1-1 対応が

$$x \leftrightarrow x^*, \quad y \leftrightarrow y^*$$
$$(x, y \in R; \; x^*, y^* \in R^*)$$

のとき

$$x+y \leftrightarrow x^*+y^*$$
$$\alpha x \leftrightarrow \alpha x^*$$
$$(x, y) = (x^*, y^*)$$

---

1) この概念を導入したドイツの著名な数学者 D. Hilbert(1862–1943) の名にちなんでこのようによんでいる.

2) この断り書きを口実としてか, 原書では, 以下, ところどころ '可分な' なる語が欠落している. しかし, 参照の際の誤解をおそれて, 可分でない場合には成立しないものについては, '可分な' を挿入しておく(訳者).

§4. Euclid 空間

なる性質をもつことであった．換言すれば，Euclid 空間の同形対応とは，この空間に定義された線形演算と内積とを保存する 1-1 対応を意味する．

周知のように，二つの n 次元 Euclid 空間はつねに同形であるから，n 次元 Euclid 空間はすべて座標空間 $\mathbf{R}^n$ (例 1) と同形である．しかし無限次元の空間はたがいに同形であるとは限らない．たとえば l_2 と $C_2[a,b]$ が同形でないことは，前者は完備だが後者は完備でないことから明らかである．

しかしつぎの定理が成立する．

定理 5. 可分な Hilbert 空間はすべてたがいに同形である．

証明. 任意の可分な Hilbert 空間 H が空間 l_2 と同形であることを示すことにより，この定理を証明しよう．H において任意の完備正規直交系 $\{\varphi_n\}$ をとり，要素 $f \in H$ に系 $\{\varphi_n\}$ による f の Fourier 係数 $c_1, c_2, \cdots, c_n, \cdots$ を対応させる．$\sum c_k^2 < \infty$ であるから，$(c_1, c_2, \cdots, c_n, \cdots) \in l_2$ である．逆に，Riesz-Fischer の定理によれば，l_2 の任意の要素 $(c_1, c_2, \cdots, c_n, \cdots)$ に対して，$c_1, c_2, \cdots, c_n, \cdots$ を Fourier 係数とする $f \in H$ が存在する．H と l_2 との要素の間のこの対応は 1-1 である．さらに

$$f \leftrightarrow (c_1, c_2, \cdots, c_n, \cdots),$$
$$g \leftrightarrow (d_1, d_2, \cdots, d_n, \cdots)$$

ならば

$$f+g \leftrightarrow (c_1+d_1, c_2+d_2, \cdots, c_n+d_n, \cdots),$$
$$\alpha f \leftrightarrow (\alpha c_1, \alpha c_2, \cdots, \alpha c_n, \cdots)$$

となり，要素の和には対応する要素の和が対応し，数との積には対応する要素と同じ数との積が対応する．最後に Parseval の等式を用いて

$$(f, g) = \sum_{n=1}^{\infty} c_n d_n \tag{24}$$

となることがわかる．実際,

$$(f, f) = \sum c_n^2, \qquad (g, g) = \sum d_n^2$$

および

$$(f+g, f+g) = (f, f) + 2(f, g) + (g, g)$$
$$= \sum (c_n+d_n)^2 = \sum c_n^2 + 2\sum c_n d_n + \sum d_n^2$$

から (24) が導かれる．

以上により,空間 H と l_2 との間の上の対応が同形対応であることが示された.よって,任意の可分な Hilbert 空間 H は l_2 に同形であり,定理の証明はおわる. □

この定理は,同形空間を除けば,可分な Hilbert 空間(すなわち公理 I-IV を満たす空間)は<u>ただ一つ存在するだけ</u>であること,および l_2 が,その'座標的表現'であることを示している.このことは内積が $\sum_{i=1}^{n} x_i y_i$ で与えられた n 次元座標空間が公理的に与えられた n 次元 Euclid 空間の座標的表現であることに対応している.

函数空間 $C_2[a,b]$ の完備化空間は,可分な Hilbert 空間のもう一つの表現になっている.その証明:まず任意の Euclid 空間 R の(第2章§3における距離空間の完備化の意味での)完備化 R^* が Euclid 空間であることは,容易に検証することができる.ただしこの際,線形演算と内積とは,$x_n, y_n \in R$, $x_n \to x$, $y_n \to y$ のとき

$$x+y = \lim_{n\to\infty}(x_n+y_n), \quad \alpha x = \lim_{n\to\infty} \alpha x_n,$$

$$(x,y) = \lim_{n\to\infty}(x_n, y_n)$$

とおくことによって,$R \subset R^*$ から連続性を保ちつつ拡張するのである(これらの極限が存在すること,およびその極限が $\{x_n\}, \{y_n\}$ の選び方に無関係であることも,容易に検証される).このようにして $C_2[a,b]$ の完備化空間は完備 Euclid 空間となり,これは明らかに無限次元かつ可分であるから,可分な Hilbert 空間である.

第7章でふたたびこの問題が取り扱われるが,そこでは,$C_2[a,b]$ を完備化する際に添加される要素は函数として表現することができること,しかし,それはもはや連続函数ではなく,'Lebesgue の意味で二乗可積分な函数'となること——が示されるであろう.

7°. 部分空間,直交補空間,直和

§3において一般的に定義したように,Hilbert 空間 H における**線形集合**とは,$f, g \in L$ ならば $\alpha f + \beta g \in L$ (α, β は任意の数)なる要素の集合 L のことである.線形集合 L が<u>閉じて</u>いる場合に,これを**部分空間**という.

§4. Euclid 空間

Hilbert 空間の部分空間の例を二,三あげておこう.

例 1. h を H の任意の要素とするとき, h に直交する要素 $f \in H$ の全体は H の部分空間をなす.

例 2. H を l_2 として表現したとき,すなわち H を $\sum x_k{}^2 < \infty$ なる数列 $(x_1, x_2, \cdots, x_n, \cdots)$ の全体として表現したとき,条件 $x_1 = x_2$ を満たす要素の全体は部分空間である.

例 3. H を空間 l_2 として表現した場合,$n = 2, 4, 6, \cdots$ に対して $x_n = 0$ ($n = 1, 3, 5, \cdots$ に対する x_n は任意) なる数列 $x = (x_1, x_2, \cdots, x_n, \cdots)$ の全体は,部分空間である.

上の例 1-3 が部分空間であることの検証は,読者にまかせたい.――

Hilbert 空間の部分空間は,有限次元の Euclid 空間であるかまたはそれ自身 Hilbert 空間である.また,もとの空間が可分なら,部分空間も可分.これを検証するには Hilbert 空間の公理 I-IV が満たされていることを確認すればよいのであるが,まず公理 I-III に関しては明らかであり,公理 IV はつぎの補助定理から導かれる.

補助定理. 可分な距離空間 R の部分空間 R' は,すべて,それ自身可分である.

証明. R における稠密な可算集合を

$$\xi_1, \xi_2, \cdots, \xi_n, \cdots$$

とし

$$a_n = \inf_{\eta \in R'} \rho(\xi_n, \eta)$$

とおけば,任意の自然数 n, m に対して

$$\rho(\xi_n, \eta_{nm}) < a_n + \frac{1}{m}$$

なる $\eta_{nm} \in R'$ が存在する.$\varepsilon > 0$, $1/m < \varepsilon/3$ とするとき,任意の $\eta \in R'$ に対して適当な自然数 n をとれば

$$\rho(\xi_n, \eta) < \frac{\varepsilon}{3}$$

となるから

$$\rho(\xi_n, \eta_{nm}) < a_n + \frac{1}{m} < \frac{\varepsilon}{3} + \frac{\varepsilon}{3} = \frac{2\varepsilon}{3}.$$

よって $\rho(\eta, \eta_{nm}) < \varepsilon$ となり，たかだか可算な集合である $\{\eta_{nm}\}$ ($n, m = 1, 2, \cdots$) が R' において稠密であることがわかる. □

Hilbert 空間の部分空間は (一般のノルム空間に対しては成立しない) 特殊の諸性質をもっている．これらの諸性質は，Hilbert 空間には内積が定義されており，それによって直交概念が考えられることに基づいている．

Hilbert 空間の部分空間における可算稠密集合に直交化の操作を施すことにより，つぎの定理が得られる．

定理 6. 可分な Hilbert 空間 H の部分空間 M は，線形閉包が M に一致するような正規直交系 $\{\varphi_n\}$ をもつ. □

いま M を Hilbert 空間 H の部分空間とし，すべての $f \in M$ に対して直交する要素 $g \in H$ の全体を

$$M^\perp = H \ominus M$$

で表わしておく．$M^\perp$ が H の部分空間となることは，つぎのようにして容易に検証される：まず $(g_1, f) = 0$, $(g_2, f) = 0$ から $(\alpha_1 g_1 + \alpha_2 g_2, f) = 0$ となるから $M^\perp$ は線形である．また $M^\perp$ は閉じている．なぜなら，$g_n \in M^\perp$, $g_n \to g$ なる $\{g_n\}$ をとれば，任意の $f \in M$ に対して

$$(g, f) = \lim_{n \to \infty} (g_n, f) = 0.$$

よって $g \in M^\perp$ となるからである．

部分空間 $M^\perp$ を部分空間 M の**直交補空間**という．

定理 6 から容易につぎの定理が導かれる[1]．

定理 7. M を Hilbert 空間 H の (閉じた) 線形部分空間とすれば，任意の要素 $f \in H$ は

$$f = h + h', \quad h \in M, \ h' \in M^\perp$$

の形に一意的に表わされる．

証明． はじめに上の表現が可能であることを示そう．そのために M の中の完備正規直交系 $\{\varphi_n\}$ をとり

---

[1] 証明は可分性の仮定の下でおこなわれているが，定理そのものは任意の Hilbert 空間に対して成立する (訳者).

§4. Euclid 空間

$$h = \sum_{n=1}^{\infty} c_n \varphi_n, \qquad c_n = (f, \varphi_n)$$

とおく．(Bessel の不等式により) $\sum c_n{}^2$ は収束するから，要素 h は存在して M に属する．

$$h' = f - h$$

とおけば，すべての n に対して

$$(h', \varphi_n) = 0$$

となる．M の要素 ζ はすべて

$$\zeta = \sum_{n=1}^{\infty} a_n \varphi_n$$

の形に表わされるから，$\zeta \in M$ に対しては

$$(h', \zeta) = \sum_{n=1}^{\infty} a_n (h', \varphi_n) = 0,$$

すなわち $h' \in M^\perp$．

つぎに，$f = h + h'$ のほかに

$$f = h_1 + h'_1, \qquad h_1 \in M, \quad h'_1 \in M^\perp$$

なる分解があったとすれば，すべての n に対して

$$(h_1, \varphi_n) = (f, \varphi_n) = c_n$$

となるから

$$h_1 = h, \qquad h'_1 = h'.$$

以上で分解の一意性も示された．□

定理7から，応用上便利な系がいくつか導かれる．

系 1. 閉線形部分空間 M の直交補空間の直交補空間は M 自身である：

$$(M^\perp)^\perp = M. \qquad \square$$

この系によって，H の二つの部分空間について，これらがたがいに直交補空間をなすという表現が可能になる．$M, M^\perp$ がたがいに直交補空間になっているとき，それぞれの完備直交系を $\{\varphi_n\}, \{\varphi'_n\}$ とすれば，両者の合併は全空間 H の完備直交系となる．それゆえ，つぎの系2が成立する：

系 2. 任意の正規直交系は，全空間 H における完備な正規直交系に拡張することができる．□

$\{\varphi_n\}$ が有限個からなるならば,その個数は $\{\varphi_n\}$ から生成される部分空間 M の次元であり,$M^\perp$ の余次元である.ゆえに

系 3. 有限次元 n の部分空間の直交補空間は余次元 n をもち,その逆も成立する. □

各ベクトル $f \in H$ を $f = h + h'$,$h \in M$,$h' \in M^\perp$ ($M^\perp$, M はたがいに直交する補空間)なる形に分解したとき,H は直交補空間 $M, M^\perp$ の**直和**であるといい
$$H = M \oplus M^\perp$$
と書く.直和の概念が有限個または可算個の部分空間に拡張できることは明らかであろう.すなわち

1) 部分空間 M_i はたがいに直交する(すなわち,M_i の任意のベクトルが $M_k (k \neq i)$ の任意のベクトルと直交する),

2) 各 $f \in H$ は
$$f = h_1 + h_2 + \cdots + h_n + \cdots \qquad (h_n \in M_n)$$
なる形に表わされる.この際,部分空間 M_n が無限にあれば,$\sum \|h_n\|^2$ は収束する.

以上の二条件が満たされるとき,H は部分空間 $M_1, M_2, \cdots, M_n, \cdots$ の**直和**であるといい
$$H = M_1 \oplus M_2 \oplus \cdots \oplus M_n \oplus \cdots$$
と書く.

各 $f \in H$ が上記の形に展開されるとき,その展開が一意的であり,かつ
$$\|f\|^2 = \sum \|h_n\|^2$$
となることは,容易に検証することができよう.

部分空間の直和とならんで,有限または可算個の Hilbert 空間の直和なるものを考えることができる.すなわち H_1, H_2 を二つの Hilbert 空間とするとき,対 (h_1, h_2) $(h_1 \in H_1, h_2 \in H_2)$ の全体からなる集合 H に
$$((h_1, h_2), (h'_1, h'_2)) = (h_1, h'_1) + (h_2, h'_2)$$
なる内積を定義したものを H_1, H_2 の**直和**とよぶのである.空間 H が,それぞれ $(h_1, 0), (0, h_2)$ なる形の要素からなるたがいに直交する部分空間をもつことは明らかである.このとき,前者を H_1 と,後者を H_2 と同一視しておくことは,自然であろう.

同様にして，任意の有限個の空間の直和も考えることができる．また可算個の空間 $H_1, H_2, \cdots, H_n, \cdots$ の直和 $H = \sum \oplus H_n$ の要素は
$$h = (h_1, h_2, \cdots, h_n, \cdots) \qquad (h_n \in H_n)$$
の形のあらゆる点列のうち
$$\sum \|h_n\|^2 < \infty$$
を満たすものの全体として定義し，H の二要素 h, g の内積は
$$(h, g) = \sum (h_n, g_n)$$
によって定義する．

8°. Euclid 空間の特徴

ノルム空間 R が Euclid 空間となるための条件，すなわち R のノルムが適当に定義された内積によって与えられるための条件は何かという問題を考えてみよう．換言すれば，すべてのノルム空間のうちから Euclid 空間を特徴づけるものは何かということである．つぎの定理は，この種の特徴づけの一つである．

定理 8. ノルム空間 R が Euclid 空間であるためには，任意の二要素 $f, g \in R$ に対して
$$\|f+g\|^2 + \|f-g\|^2 = 2(\|f\|^2 + \|g\|^2) \tag{25}$$
なる等式が成立することが必要かつ十分である．

証明． $f+g, f-g$ は f, g を二辺とする平行四辺形の対角線であるから，等式 (25) は Euclid 空間の平行四辺形に関する周知の性質：'対角線の長さの二乗の和は四辺の長さの二乗の和に等しい' に相当する．このように条件 (25) が必要なことは明らかであるから，条件 (25) が十分であることを証明しよう．そのために
$$(f, g) = \frac{1}{4}(\|f+g\|^2 - \|f-g\|^2) \tag{26}$$
とおき，等式 (25) が満たされている場合，函数 (26) が内積の条件を満たすことを示す．まず $f = g$ ならば
$$(f, f) = \frac{1}{4}(\|2f\|^2 - \|f-f\|^2) = \|f\|^2 \tag{27}$$

となり，R 上に与えられたノルムがこの函数によって与えられることがわかる.

つぎに，(26)からただちに
$$(f, g) = (g, f)$$
となるから，内積の条件1)は満たされている．また(27)により条件4)も満たされる.

内積の条件2)が成立することを見るために，$f, g, h \in R$ の函数
$$\Phi(f, g, h) = 4((f+g, h) - (f, h) - (g, h))$$
を考え，これが恒等的に0であることを証明する．この函数は
$$\Phi(f, g, h) = \|f+g+h\|^2 - \|f+g-h\|^2 - \|f+h\|^2 + \|f-h\|^2 - \|g+h\|^2 + \|g-h\|^2 \tag{28}$$
と書けるが，(25)により
$$\|f+g\pm h\|^2 = 2\|f\pm h\|^2 + 2\|g\|^2 - \|f\pm h-g\|^2$$
であるから，これを(28)に代入すれば
$$\Phi(f, g, h) = -\|f+h-g\|^2 + \|f-h-g\|^2$$
$$+ \|f+h\|^2 - \|f-h\|^2 - \|g+h\|^2 + \|g-h\|^2. \tag{29}$$

(28)と(29)とを加えて2で割れば
$$\Phi(f, g, h) = \frac{1}{2}(\|g+h+f\|^2 + \|g+h-f\|^2) - \frac{1}{2}(\|g-h+f\|^2 + \|g-h-f\|^2)$$
$$- \|g+h\|^2 + \|g-h\|^2$$
となる．はじめの括弧は(25)により
$$\|g+h\|^2 + \|f\|^2,$$
また第二の括弧は
$$-\|g-h\|^2 - \|f\|^2$$
となり，結局
$$\Phi(f, g, h) = 0.$$

最後に，条件3)が満たされることを証明するには，函数
$$\varphi(c) = (cf, g) - c(f, g) \qquad (f, g \in R, \ c \in \mathbf{R})$$
を考える．(26)からただちに
$$\varphi(0) = \frac{1}{4}(\|g\|^2 - \|g\|^2) = 0$$

となる.また,$(-f, g) = -(f, g)$ だから,$\varphi(-1) = 0$. したがって,任意の整数 n に対して

$$(nf, g) = (\text{sgn } n \cdot (f + f + \cdots + f), g)$$
$$= \text{sgn } n \cdot ((f, g) + \cdots + (f, g))$$
$$= |n| \text{sgn } n \cdot (f, g) = n(f, g),$$

すなわち $\varphi(n) = 0$ である.よって,任意の整数 $p, q \, (q \neq 0)$ に対して

$$\left(\frac{p}{q} f, g\right) = p\left(\frac{1}{q} f, g\right) = \frac{p}{q} q\left(\frac{1}{q} f, g\right) = \frac{p}{q}(f, g),$$

すなわち任意の有理数 c に対して $\varphi(c) = 0$. 函数 φ は連続であるから,結局,任意の実数 c に対して

$$\varphi(c) \equiv 0.$$

以上により,函数 (f, g) が内積の条件をすべて満たすことが証明された. □

例1. ノルムがつぎの式

$$\|x\|_p = \left(\sum_{k=1}^{n} |x_k|^p\right)^{1/p}$$

によって定義された n 次元空間 $\mathbf{R}_p^n$ を考察する.$p \geq 1$ の場合にノルムの条件が満たされることは,ただちに検証することができるが,$\mathbf{R}_p^n$ が Euclid 空間となるのは $p = 2$ のときに限るのである.このことは,二つのベクトル

$$f = (1, 1, 0, 0, \cdots, 0),$$
$$g = (1, -1, 0, 0, \cdots, 0)$$

を利用して証明される.すなわち

$$f + g = (2, 0, 0, \cdots, 0),$$
$$f - g = (0, 2, 0, \cdots, 0)$$

により

$$\|f\|_p = \|g\|_p = 2^{1/p}, \quad \|f + g\|_p = \|f - g\|_p = 2$$

となり,等式 (25) は $p = 2$ の場合に限って成立することがわかる.

例2. $[0, \pi/2]$ 上の連続函数の全体からなる空間を考える.

$$f(t) = \cos t, \quad g(t) = \sin t$$

とおけば

$$\|f\| = \|g\| = 1$$

および
$$\|f+g\| = \max_{0\leq t\leq \pi/2} |\cos t + \sin t| = \sqrt{2},$$
$$\|f-g\| = \max_{0\leq t\leq \pi/2} |\cos t - \sin t| = 1$$
となるから
$$\|f+g\|^2 + \|f-g\|^2 \neq 2(\|f\|^2 + \|g\|^2).$$
ゆえに，空間 $C[0, \pi/2]$ のノルムは，内積によっては決して与えることができない．一般に $C[a, b]$ が Euclid 空間でないことも，同様にして容易に検証される．

9°. 複素 Euclid 空間

これまでは実 Euclid 空間を考えてきたが，複素 Euclid 空間(すなわち内積をもった複素線形空間)を考えることもできる．しかし，この節のはじめに定めておいた公理 1)-4) は，複素空間の場合には，そのままでは同時には成立しえない．たとえば 1) と 3) とから
$$(\lambda x, \lambda x) = \lambda^2 (x, x)$$
となるが，$\lambda = i$ のとき，
$$(ix, ix) = -(x, x).$$
この等式は x および ix のノルムの二乗が同時に正とはなりえないことを示している．すなわち条件 1), 3) は 4) と矛盾するのである．それゆえ，内積を定義するための公理は，複素空間の場合には，実の場合とはいくらか変えておかなければならない．複素空間における**内積**は，つぎの四条件を満たす複素数値の函数として定義する：

1) $(x, y) = \overline{(y, x)}$,
2) $(x_1 + x_2, y) = (x_1, y) + (x_2, y)$,
3) $(\lambda x, y) = \lambda (x, y)$,
4) $(x, x) \geq 0$, $x \neq 0$ ならば $(x, x) > 0$.

(この節のはじめに与えた条件との違いは 1) だけである．) このとき $(x, \lambda y) = \overline{(\lambda y, x)} = \overline{\lambda (y, x)} = \bar{\lambda} (x, y)$ により
$$(x, \lambda y) = \bar{\lambda}(x, y).$$

§4. Euclid 空間

よく知られた n 次元複素 Euclid 空間の例は $\mathbf{C}^n$ (§1, 例2) である. そこでは二要素
$$x = (x_1, x_2, \cdots, x_n), \qquad y = (y_1, y_2, \cdots, y_n)$$
の内積は
$$(x, y) = \sum_{k=1}^{n} x_k \bar{y}_k$$
で与えられる. また, すべての n 次元複素 Euclid 空間が $\mathbf{C}^n$ と同形であることも周知である.

無限次元の複素 Euclid 空間の例としては, つぎのようなものがある.

例1. 複素空間 l_2. この空間の要素は
$$\sum_{n=1}^{\infty} |x_n|^2 < \infty$$
を満たす複素数列 $x = (x_1, x_2, \cdots, x_n, \cdots)$ で, 内積は
$$(x, y) = \sum_{n=1}^{\infty} x_n \bar{y}_n$$
によって与えられる.

例2. 閉区間 $[a, b]$ において連続な複素数値函数の全体 $C_2[a, b]$. この場合の内積は
$$(f, g) = \int_a^b f(t) \overline{g(t)} dt.$$

複素 Euclid 空間のベクトルの長さ (ノルム) は, 実空間の場合と同様に
$$\|x\| = \sqrt{(x, x)}$$
で定義する. 複素空間の場合には, 二つのベクトルの間の角は考えない. (理由は $(x, y)/\|x\| \cdot \|y\|$ が一般には複素数となり, 角の cosine ではありえないという点にある.) しかし, 直交性の概念は保存して, $(x, y) = 0$ のとき x と y とは**直交**するという.

複素 Euclid 空間 R の直交系 $\{\varphi_n\}$ と R の任意の要素 f とが与えられたとき, 実空間の場合と同様に
$$a_n = \frac{1}{\|\varphi_n\|^2} (f, \varphi_n)$$
を要素 f の直交系 $\{\varphi_n\}$ に関する **Fourier 係数**といい, 級数

$$\sum a_n \varphi_n$$

を **Fourier 級数**とよぶ．このとき，Bessel の不等式

$$\sum_n \|\varphi_n\|^2 |a_n|^2 \leq (f, f)$$

が成立する．特別の場合として $\{\varphi_n\}$ が正規直交系ならば，この系による Fourier 係数は

$$c_n = (f, \varphi_n),$$

Bessel の不等式は

$$\sum_n |c_n|^2 \leq (f, f)$$

となる．また，無限次元の完備な複素 Euclid 空間を **複素 Hilbert 空間**という[1]．可分な Hilbert 空間の同形性は，複素空間の場合にもそのまま移される：

定理 9. 可分な複素 Hilbert 空間は，すべてたがいに同形である．□

複素 Hilbert 空間のもっとも単純な表現は，複素空間 l_2 である．複素 Hilbert 空間の函数的表現については，第 7 章で取り扱うことにする．

実 Euclid 空間と実 Hilbert 空間とに関してはすでに証明済みの前述の諸定理が(内積として複素内積を考えるというだけでほとんど同様に)複素 Euclid 空間および複素 Hilbert 空間においても成立する．これを検証することは読者にまかせる．

§5. 位相線形空間

1°. 定義と例

ノルムを与えることは線形空間に位相を導入するための方法の一つにすぎない．超函数の理論(これについては次章で述べる)などの函数解析学の新しい領域が開発されるにつれて，ノルムによらず他の方法によって位相が与えられた線形空間を研究する方が都合のよい場合が数多くあることがわかってきた．

定義 1. つぎの三条件を満たす集合 E を **位相線形空間**という．

I. E は(実数または複素数と要素との積が定義された)線形空間である．

---

[1] p. 144, p. 156 注参照(訳者)．

II. E は位相空間である.

III. E における要素の加法,数と要素との乗法などの演算は,E の位相に関して連続である.

この条件 III は,くわしくはつぎのことを意味する:

1) $x_0+y_0=z_0$ のとき,点 z_0 の任意の近傍 U に対して x_0, y_0 の適当な近傍 V, W を選び,$x \in V, y \in W$ ならば $x+y \in U$ となるようにすることができる(これを $V+W \subset U$ と書く).

2) $\alpha_0 x_0 = y_0$ のとき,点 y_0 の任意の近傍 U に対して x_0 の適当な近傍 V と $\varepsilon > 0$ とを選び,$|\alpha-\alpha_0|<\varepsilon$,$x \in V$ ならば $\alpha x \in U$(すなわち $\alpha V \subset U$)となるようにすることができる.――

代数演算と位相との間の上記の結びつきにより,<u>零要素の近傍系</u>が与えられれば位相線形空間の位相は完全に決定される.実際,x が E の一点,U が E の零要素の一つの近傍とすれば,$U+x$――近傍 U の x だけの'移動'――は点 x の近傍であり,また逆に,任意の $x \in E$ の任意の近傍は,明らかに,このようにして得られる.

和および数との積の連続性からただちにつぎの命題が導かれる.

1. U, V が E の開集合ならば,$U+V$(すなわち $x+y$ ($x \in U, y \in V$)なる形の要素の全体)も開集合である.

2. U が E の開集合ならば,任意の $\lambda \neq 0$ に対して λU(すなわち λx ($x \in U$) なる形の要素の全体)も開集合である.

3. F が E の閉集合ならば λF ($\lambda \neq 0$) も閉集合である.

例1. ノルム空間はすべて位相線形空間である.なぜなら,ノルムの性質により,ノルム空間の要素の和および数との積は,そのノルムによって決定される位相に関して連続であるから.

例2. あらゆる実数列 $x=(x_1, x_2, \cdots, x_n, \cdots)$ からなる空間 $\mathbf{R}^\infty$ において,零要素の近傍系をつぎのように定める:整数 $k_1, k_2, \cdots, k_r$ と $\varepsilon > 0$ とに対して

$$|x_{k_i}| < \varepsilon \quad (i=1, 2, \cdots, r)$$

となるような $x \in \mathbf{R}^\infty$ の全体を零要素の近傍 $U(k_1, k_2, \cdots, k_r, \varepsilon)$ とする.近傍系をこのように与えたとき $\mathbf{R}^\infty$ が位相線形空間となることは,容易に検証することができる.($\mathbf{R}^\infty$ と並んで,すべての<u>複素数列</u>からなる空間 $\mathbf{C}^\infty$ を考えること

もできる.)

例 3. $K[a,b]$ を無限回微分可能な[1]函数の全体からなる集合とする. $K[a,b]$ の位相を定める零要素の近傍系としては,

$$|\varphi^{(k)}(x)| < \varepsilon \qquad (k=0,1,\cdots,m)$$

なる函数 $\varphi \in K[a,b]$ の全体を $U_{m,\varepsilon}$ として, $\{U_{m,\varepsilon}\}$ をとることにする. —— 位相線形空間の位相が線形演算と結びついていることにより, この位相には強い制限がついてくる. すなわち,

> 位相線形空間 E においては, その任意の点 x とそれを含まない任意の閉集合とに対して, それらの近傍でたがいに交わらないものが存在する.

これを証明するには, 点 $x=0$ とこれを含まない閉集合 F とを考えれば十分. $U=E\setminus F$ とおく. 減法の連続性により, 零要素の近傍 W で $W-W \subset U$ となるものが存在する. この W としては, $x \in W_1$, $y \in W_2$ なら $x-y \in U$ となるような零の近傍 W_1, W_2 の交わりをとればよい. 近傍 W の閉包が U に含まれることを示そう. $y \in \overline{W}$ とする. y の任意の近傍は W の点を含むから, 特別の場合として $y+W$ は W の点 z を含む. したがって $z-y \in W$, よって $y \in W-W \subset U$ となる. これは $\overline{W} \subset U$ を示している. ここで W および $E \setminus \overline{W}$ はそれぞれ零および F の近傍で上述の条件を満たす. □

位相空間が分離公理 T_1 を満たすとき, すなわち一点からなる集合がつねに閉であるとき, これを T_1 空間という. 線形位相空間が T_1 空間であるためには, 明らかに, 零要素のすべての近傍の交わりが, 零要素以外の点を含まないことが必要かつ十分. 分離公理 T_1 および T_3 を満たす位相空間は **正則空間** とよばれている(第2章). 上述により, <u>線形 T_1 空間は正則である</u>.

ノルム空間の研究に際して有界集合という概念が重要な役割を果すが, この場合の有界性はノルムによって定義した. しかし, 一般の位相線形空間に対しても, つぎのように自然な形で, この概念を拡張することができる.

位相線形空間 E の部分集合 M が **有界** であるとは, 零要素の任意の近傍 U に対して適当な $n>0$ を選んで $nU \supset M$ とすることができることをいう.

この新しい有界性の概念がノルム空間の場合にノルムによる有界性(すなわ

---

[1] つまり, 任意階の導函数をもつ.

ち当該の集合を或る球 $\|x\|\leqq R$ に含ませることができること)と一致することは，明らかである．少なくとも一つの空でない開いた有界集合をもつ空間 E を**局所有界**であるという．ノルム空間はすべて局所有界である．例2の $\mathbf{R}^\infty$ は局所有界でない位相線形空間の例である(このことを証明せよ)．

演習 1. 位相線形空間 E に対してつぎの命題を証明せよ．

(a) $M \subset E$ が有界であるためには，任意の点列 $\{x_n\} \subset M$ と 0 に収束する任意の数列 $\{\varepsilon_n\}$ とに対して $\varepsilon_n x_n$ が零要素に収束することが必要かつ十分．

(b) $\{x_n\} \subset E$, $x_n \to x$ ならば $\{x_n\}$ は有界集合である．

(c) E が局所有界ならば E は第一可算公理を満たす．

空間 $\mathbf{R}^\infty$ においては，第一可算公理は満たされるであろうか？

演習 2. 位相線形空間 E における集合 M に対して，M が 0 の近傍 U に**吸収される**とは，$\lambda U \supset M$ なる $\lambda > 0$ が存在することをいう．局所有界な空間において，たがいに他に吸収される近傍からなる 0 の基本近傍系が存在することを示せ．ノルム空間においては，このような基本近傍系としてどんなものをとることができるか．

2°. 局所凸空間

位相線形空間の中には，Euclid 空間やノルム空間の通常の性質からはるかにかけ離れた性質をもつものもある．ここではノルム空間よりも一般であるがこれと同様な多くの性質をもつ重要な空間として局所凸空間を考えよう．

定義 2. 空でない開集合がすべて，空でない凸開集合を含むような位相線形空間 E を**局所凸空間**という．――

E が局所凸ならば，任意の点 $x \in E$ と x の任意の近傍 U とに対して $x \in V \subset U$ を満たす凸近傍 V が存在する．証明は $x=0$ についておこなえば十分：U を零要素の近傍とすれば，同じく零要素の近傍で $V-V \subset U$ なる V が存在する．E は局所凸であるから，空でない凸開集合 $V' \subset V$ がある．$y \in V'$ として $V'-y$ をつくれば，これは零要素の凸近傍で U に含まれる．□

ノルム空間の空でない開集合はすべて或る空でない開球を含むから，ノルム空間はすべて局所凸である．このように，ノルム空間は局所有界かつ局所凸である．一方，この二つの性質をもつ空間は本質的にはノルム空間以外には存在しない．すなわち，位相線形空間 E の位相が何らかのノルムによって定義されうるときに，E を**ノルムづけ可能**であるとよぶことにすれば，つぎの定理が

成立する：

分離公理 T_1 を満たす局所凸，局所有界な位相線形空間はノルムづけ可能である．

演習 1. 位相空間の開集合 U が凸であるためには $U+U=2U$ であることが必要かつ十分．

演習 2. E を線形空間とする．集合 $U \subset E$ に対して $x \in U$ ならば $-x \in U$ となるとき，U は**対称的**であるという．E の凸，対称部分集合のうち，それ自身の核(§2)と一致するものの全体からなる族を $\mathcal{B}$ とするとき，つぎの命題を証明せよ．

(a) 族 $\mathcal{B}$ は E における一つの局所凸な T_1 位相に対する零要素の基本近傍系である（この位相を**凸核位相**という）．

(b) 凸核位相は，E における線形演算を連続ならしめる局所凸位相のうちもっとも強い位相である．

(c) E 上の線形汎函数はすべて，凸核位相に関して連続である．

3°. 可算ノルム空間

いわゆる**可算ノルム空間**は，解析学の見地からきわめて重要な位相線形空間であるが，これを定義するためには一つの補助的な概念を導入する必要がある．

線形空間 E に二つのノルム $\|\cdot\|_1, \|\cdot\|_2$ が与えられているとしよう．双方のノルムに関する基本列 $\{x_n\}$ が，一方のノルムに関して $x \in E$ に収束するならば，他方のノルムに関しても同じ x に収束する場合に，二つのノルムは**同調**するという．

すべての $x \in E$ に対して $\|x\|_1 \geq c\|x\|_2$ となるような定数 $c>0$ が存在するとき，$\|\cdot\|_1$ は $\|\cdot\|_2$ より**弱くない**という．

第一のノルムが第二のより弱くなく，同時に第二のノルムが第一のより弱くない場合，両者は**同値**であるという．また一方が他方より弱くないとき，二つのノルムは**比較可能**であるといわれる．

定義 3. たがいに同調する可算個のノルム $\|\cdot\|_n$ が与えられた線形空間 E を**可算ノルム空間**という．このとき，番号 r と正の数 ε とに対して

$$\|x\|_1 < \varepsilon, \ \cdots, \ \|x\|_r < \varepsilon$$

を満たす $x \in E$ の全体からなる集合を $U_{r,\varepsilon}$ とし，$r, \varepsilon > 0$ を任意にとったときの $U_{r,\varepsilon}$ の全体 $\{U_{r,\varepsilon}\}$ を零要素の近傍系とすることにより，E は位相線形空間となる．

この近傍系が E に位相を定義すること，および，要素の和，数との積が連続となることの検証は，読者にまかせよう．

零要素の近傍系 $U_{r,\varepsilon}$ は（位相を変えることなしに）ε として $1, 1/2, 1/3, \cdots, 1/n,\cdots$ なる値のみをとらせた可算な部分近傍系で代替させることができるから，可算ノルム空間はすべて第一可算公理を満たしている．そればかりでなく，可算ノルム空間の位相は，たとえば

$$\rho(x,y) = \sum_{n=1}^{\infty} \frac{1}{2^n} \frac{\|x-y\|_n}{1+\|x-y\|_n} \qquad (x,y \in E) \tag{1}$$

のような距離によっても与えることができる．函数 $\rho(x,y)$ が距離の公理を満たすこと，平行移動によって不変なこと（すなわち $\rho(x+z,y+z)=\rho(x,y)$ ($x,y,z \in E$)），および，これによって生成される位相がはじめの位相と同じものであることなどの検証も読者にまかせる．このようにして，上に導入した距離の意味での完備性が可算ノルム空間について論じられるわけである．なおまた，点列 $\{x_n\}$ が距離 (1) に関して基本列であるためには，$\{x_n\}$ が各ノルム $\|\cdot\|_n$ に関して基本列となることが必要かつ十分であり，また，$x \in E$ に（この距離の意味で）収束するのは各ノルム $\|\cdot\|_n$ に関して収束することにほかならないことに，注意しておこう．換言すれば，可算ノルム空間が完備であるとは，各ノルム $\|\cdot\|_n$ に関しての基本列をなす点列が収束することにほかならない．

例 1. $[a,b]$ 上の無限回微分可能な函数からなる空間 $K[a,b]$ (1°，例3) は可算ノルム空間の重要な一例である．すなわち，この場合

$$\|f\|_m = \sup_{\substack{a \leq t \leq b \\ 0 \leq k \leq m}} |f^{(k)}(t)|$$

によってノルム $\|\cdot\|_m$ を定義すれば，$K[a,b]$ は可算ノルム空間となる．これらのノルムがたがいに同調し，かつ 1°，例3 で与えた位相と同じものを定めることは明らかである．

例 2. 数直線上の無限回微分可能な函数のうち，その導函数がすべて $1/|t|$ の何乗よりも**急速に減少**するもの（すなわち，任意に与えられた k,q に対して $|t| \to \infty$ のとき $t^k f^{(q)}(t) \to 0$ となるもの）の全体を S_∞ とする．この空間において可算ノルムを

$$\|f\|_m = \sup_{\substack{k,q \leq m \\ -\infty < t < \infty}} |t^k f^{(q)}(t)| \qquad (m=0,1,2,\cdots)$$

によって定めれば，これらがたがいに同調することは容易に検証され，S_∞ は可算ノルム空間となる．

例3. 可算ノルム空間の特別の場合として，いわゆる可算 Hilbert 空間は重要である．線形空間 H に可算個の内積 $(\varphi, \psi)_n$ $(\varphi, \psi \in H)$ が定義され，この内積によって定義されるノルム $\|\varphi\|_n = \sqrt{(\varphi, \varphi)_n}$ がたがいに同調しているとする．この可算ノルム空間が完備の場合に，これを**可算 Hilbert 空間**という．

例4. 可算 Hilbert 空間の具体例をあげておこう．各整数 $k \geqq 0$ に対して

$$\sum_{n=1}^{\infty} n^k x_n^2$$

が収束するような実数列 $x = \{x_n\}$ の全体を Φ とする．この空間において可算ノルム系を

$$\|x\|_k = \sqrt{\sum_{k=1}^{\infty} n^k x_n^2}$$

と定義すれば，これらのノルムはたがいに同調し，Φ は上述の意味で完備となることがわかる．このようなノルム $\|\cdot\|_k$ が内積

$$(x, y)_k = \sum_{k=1}^{\infty} n^k x_n y_n$$

によって与えられることは明らかである．すなわち，これによって Φ は可算 Hilbert 空間となる．この空間を**急減少列の空間**という．――

可算ノルム空間のノルムは

$$\|x\|_k \leqq \|x\|_l \qquad (k < l) \tag{2}$$

なる条件を満たすと考えてよい．もしこの条件が満たされていないなら

$$\|x\|'_k = \sup(\|x\|_1, \|x\|_2, \cdots, \|x\|_k)$$

なるノルムを考えれば，これがはじめのノルムによって決定される位相と同じ位相を与えるからである．E をノルム $\|\cdot\|_k$ によって完備化したものを E_k とすれば，(2)とノルムの同調性とから

$$E_k \supset E_l \qquad (k < l)$$

となる．このようにして，可算ノルム空間 E に対して完備ノルム空間の減少列

$$E_1 \supset E_2 \supset \cdots \supset E_k \supset \cdots, \qquad \bigcap_{k=1}^{\infty} E_k \supset E$$

が対応する.この際,空間が完備であるためには $E=\bigcap_{k=1}^{\infty} E_k$ となることが必要十分であることがわかる(これを証明せよ).たとえば,n 回まで連続微分可能な函数 f のノルムを

$$\|f\|_n = \sup_{\substack{a \leq t \leq b \\ 0 \leq k \leq n}} |f^{(k)}(t)|$$

で定めたとき,これらの函数の全体からなる完備ノルム空間を $C^n[a,b]$ とすれば,$K[a,b]$ は $C^n[a,b]$ ($n=0, 1, 2, \cdots$) の交わりになっている.

Banach の研究によってノルム空間の理論が基本的な面で建設された30年代には,解析学の具体的な要求に応ずるにはノルム空間で十分だろうという印象が一般的であった.しかしその後,事態はちがってきた.すなわち一連の問題において,無限回微分可能な函数の空間,すべての数列からなる空間 $\mathbf{R}^{\infty}$ その他の諸空間の重要性が明らかになり,しかもこれらの空間にとって自然な位相はノルムによっては生成されないことがわかった.このように,位相空間ではあるが,ノルム空間ではない線形空間は,決して解析学に'唐突に紛れこんだもの'ではなく,また特に'病的'なものでもない.逆に,実際は,これらの空間のうちのある種のものは,有限次元の Euclid 空間の一般化として,Hilbert 空間よりもむしろ自然であり重要なのである.

第4章 線形汎函数と線形作用素

§1. 連続線形汎函数

1°. 位相線形空間における連続線形汎函数

線形空間の上で定義された線形汎函数についてはすでに第3章§1で考察してきた.<u>位相線形空間上の汎函数について語ろうとするとき,もっとも重要なものは連続な線形汎函数である</u>.その定義は通常のものと変らない:一般に,すべての $\varepsilon > 0$ と空間 E のすべての点 x_0 とに対して点 x_0 の適当な近傍 U をとれば

$$|f(x)-f(x_0)| < \varepsilon \qquad (x \in U) \tag{1}$$

となる汎函数 f を**連続**であるという.特に<u>線形汎函数</u>に対しても,この定義がそのまま適用される.

E が<u>有限次元</u>の位相線形空間の場合には,E 上の線形汎函数は自動的に連続である.しかし一般の位相線形空間に対しては,汎函数の線形性から連続性は出てこない.

つぎの命題は,ほとんど明らかではあるが,これ以後本質的な重要性をもつものである.

> 線形汎函数が一点 $x_0 \in E$ において連続ならば,それは全空間 E において連続である.

証明.点 x_0 で連続ならば任意の点 y で連続となることを示す.いま点 x_0 の近傍 U を選んで条件(1)が満たされるようにしておく.このとき

$$V = U + (y - x_0)$$

は点 y の求める近傍である.なぜならば,すべての $z \in V$ に対して $z - y + x_0 \in U$ により

$$|f(z) - f(y)| = |f(z-y+x_0) - f(x_0)| < \varepsilon$$

となるからである. □

このように,線形汎函数の連続性を検証するには,一点における状態を調べ

§1. 連続線形汎函数

ればよいから，その点として0をとってもよい．

E が第一可算公理を満たす場合には，点列によって連続性を定義することもできる：すなわち $x_n \to x$ のとき $f(x_n) \to f(x)$ となる汎函数を点 $x \in E$ で連続であるという．この定義が上に述べたものと同値（第一可算公理を仮定して）であることの検証は，読者にまかせよう．

定理 1. E 上の線形汎函数 f が連続であるためには，点0の適当な近傍の上で f が有界であることが必要かつ十分である．

証明. f が0で連続ならば，任意の ε に対して0の適当な近傍をとれば，そこで
$$|f(x)| < \varepsilon$$
となる．逆に
$$|f(x)| \leq C \quad (x \in U)$$
を満たす0の近傍 U が存在したとする．このとき，任意の $\varepsilon > 0$ に対して $\dfrac{\varepsilon}{C} U$ は0の近傍で，その上で $|f(x)| < \varepsilon$ となるから，f は0で連続，したがって全空間で連続である． □

演習. E が位相線形空間のとき，つぎの命題を証明せよ．

(a) 線形汎函数 f が E 上で連続なるためには，適当な開集合 $U \subset E$ と適当な数 t とに対して $t \notin f(U)$（$f(U)$ は U 上における f の値の集合）となるが必要かつ十分である．

(b) E 上の線形汎函数 f の零空間 $\{x : f(x) = 0\}$ が E の閉集合であることは，f が E 上の連続函数であるために必要かつ十分である．

(c) E 上の線形汎函数がすべて連続ならば，E の位相は凸核位相である (p. 172, 演習参照)．

(d) E が無限次元かつノルムづけ可能ならば，E 上の線形汎函数で連続でないものが存在する（E に Hamel 基が存在することを使う．p. 122, 演習参照).

(e) 空間 E の代数的次元をこえない濃度をもつ0の基本近傍系が存在するならば，E 上に不連続な線形汎函数が存在する（代数的次元とは E の Hamel 基の濃度のこと．p. 122, 演習参照).

(f) 線形汎函数 f が E 上で連続なためには，f が**有界**，すなわち任意の有界集合の上で有界なことが十分であり，また，もし E が第一可算公理を満たすならば，これは必要でもある．

2°. ノルム空間における連続線形汎函数

 空間 E がノルムをもつとする．定理1により，連続な線形汎函数 f はすべて零の或る近傍において有界．しかし，ノルム空間においては，零の近傍はすべて或る球を含むから，f は或る球において有界である．ところが，汎函数 f の線形性によって，このことは f が任意の球の上で有界ということに同値となるから，f は特に単位球 $\|x\|\leqq 1$ において有界である．逆に，線形汎函数 f が単位球上で有界なら，定理1によって f は連続（なぜなら，単位球の内部はそれ自身零の或る近傍となっているから）．

 こうして，

　　ノルム空間においては，線形汎函数の連続性は，それが E の単位球
$$\|x\|\leqq 1$$
　　上で有界であることと同値である．

 ノルム空間 E における有界な（＝連続な）線形汎函数 f に対して，E の単位球上の $|f(x)|$ の上限 $\|f\|$，すなわち
$$\|f\| = \sup_{\|x\|\leqq 1}|f(x)| \tag{2}$$
を，線形汎函数 f の**ノルム**という．ほとんど明らかな事実

1)
$$\|f\| = \sup_{x\neq 0}\frac{|f(x)|}{\|x\|}$$

に注意しておこう．これは
$$\frac{|f(x)|}{\|x\|} = \left|f\left(\frac{x}{\|x\|}\right)\right| \qquad (x\neq 0)$$
からただちに導かれる．

 2) 任意の $x\in E$ に対して
$$|f(x)| \leqq \|f\|\cdot\|x\|. \tag{3}$$

$x\neq 0$ ならば，要素 $\dfrac{x}{\|x\|}$ は単位球に属し，よって汎函数のノルムの定義より
$$\left|f\left(\frac{x}{\|x\|}\right)\right| = \frac{|f(x)|}{\|x\|} \leqq \|f\|.$$
これから (3) が出る．また $x=0$ ならば両辺ともに 0 となる．

 演習． $C\geqq 0$ を，すべての x に対して

§1. 連続線形汎函数

$$|f(x)| \leq C\|x\| \tag{4}$$

が成立するような定数とする．このとき

$$\|f\| = \inf C$$

を証明せよ．ただし下限は不等式(4)を満たすあらゆる C に対してとるものとする．

ノルム空間における線形汎函数の例をあげておこう．

例 1. $\mathbf{R}^n$ を n 次元 Euclid 空間, a をその中の固定ベクトルとする．このとき内積

$$f(x) = (x, a) \qquad (x \in \mathbf{R}^n)$$

が $\mathbf{R}^n$ 上の線形汎函数となることは明らかである．Cauchy-Bunyakowski の不等式から

$$|f(x)| = |(x, a)| \leq \|x\| \cdot \|a\|. \tag{5}$$

ゆえに $f(x)$ は有界であり，したがって連続である．(5)から

$$\frac{|f(x)|}{\|x\|} \leq \|a\|.$$

右辺は x に無関係であるから

$$\sup \frac{|f(x)|}{\|x\|} \leq \|a\|,$$

すなわち $\|f\| \leq \|a\|$. ところが $x=a$ とおけば

$$|f(a)| = (a, a) = \|a\|^2 \quad \text{すなわち} \quad \frac{|f(a)|}{\|a\|} = \|a\|.$$

ゆえに

$$\|f\| = \|a\|.$$

例 2. $x(t)$ が $[a, b]$ 上の連続函数のとき，積分

$$I(x) = \int_a^b x(t)\,dt$$

は $C[a, b]$ における線形汎函数である．これは有界で，そのノルムは $b-a$ になる．このことは，

$$|I(x)| = \left|\int_a^b x(t)\,dt\right| \leq \max |x(t)| \cdot (b-a) = \|x\|(b-a)$$

において $x=$ 定数 とおけば等号が成立することからわかる．

例 3. さらに一般的な例を考察しよう．$y_0(t)$ を $[a, b]$ 上の連続函数とする．

任意の函数 $x(t) \in C[a,b]$ に対して

$$F(x) = \int_a^b x(t)y_0(t)dt$$

とおく.

この汎函数は線形である. これが有界であることは次式から明らか:

$$|F(x)| = \left|\int_a^b x(t)y_0(t)dt\right| \leq \|x\|\int_a^b |y_0(t)|dt. \tag{6}$$

このように, この汎函数は線形かつ有界であるから連続である. また(6)から

$$\|F\| \leq \int_a^b |y_0(t)|dt$$

となる(実は等号が成立する. 証明せよ).

例4. 第3章§1,5°で述べた $C[a,b]$ における線形汎函数

$$\delta_{t_0}(x) = x(t_0)$$

を考える. この汎函数 δ_{t_0} の $x \in C[a,b]$ における値は t_0 における $x(t)$ の値として定められるのである.

$$|x(t_0)| \leq \|x\|$$

であり, $x=$定数 に対しては等号が成立するから, δ_{t_0} のノルムは 1 に等しい.

例5. $\mathbf{R}^n$ におけると同様に, 任意の Euclid 空間 X においても

$$F(x) = (x,a)$$

とおくことにより, 線形汎函数が定義される.

$\mathbf{R}^n$ の場合と同様に

$$\|F\| = \|a\|$$

となることも, 容易に検証することができる. ——

以下で考察するのは連続な線形汎函数に限るから, '連続'なる語を省略して, 線形汎函数といえばつねに連続な線形汎函数を指すものとする.

ノルム空間の線形汎函数のノルムの概念については, つぎのような直観的, 幾何学的な解釈が可能である. 第3章§1で述べたように, 線形汎函数 $f \neq 0$ に対しては, 等式

$$f(x) = 1$$

によって決定される超平面 L が存在する. この超平面から点 0 までの距離 d

を求めてみよう．ただし d は

$$d = \inf_{f(x)=1} \|x\|$$

で定義する．すべての x について

$$|f(x)| \leq \|f\| \cdot \|x\|$$

であり，超平面 L の上では $f(x)=1$ だから $\|x\| \geq 1/\|f\|$ $(x \in L)$, すなわち $d \geq 1/\|f\|$ である．一方，f のノルムの定義から，任意の $\varepsilon>0$ に対して適当な x_ε $(f(x_\varepsilon)=1)$ をとれば

$$1 > (\|f\|-\varepsilon)\|x_\varepsilon\|$$

となる．よって

$$d = \inf_{f(x)=1} \|x\| < \frac{1}{\|f\|-\varepsilon}.$$

$\varepsilon>0$ は任意であるから，結局

$$d = \frac{1}{\|f\|}$$

となる．すなわち，

　　線形汎函数 f のノルムは超平面 $f(x)=1$ と点 0 との距離の逆数である．

3°. ノルム空間における Hahn-Banach の定理

第3章§2で一般の線形空間に関する Hahn-Banach の定理を証明した．それによれば，線形空間 E の部分空間 L 上で定義された線形汎函数 f_0 が

$$f_0(x) \leq p(x) \tag{7}$$

を満たすとき，f_0 は(7)を保存しつつ全空間に拡張可能なのであった．ただし p は E 上の与えられた凸汎函数．これをノルム空間上の有界な線形汎函数に適用すれば，つぎの形に述べることができる：

　　E を実ノルム空間，L をその部分空間，f_0 を L 上の有界線形汎函数とする．このとき f_0 を全空間 E 上の線形汎函数 f にノルムを変えないで，つまり $\|f_0\|_L = \|f\|_E$ となるように，拡張することができる．

　証明は簡単である：$k = \|f_0\|_L$ とおけば，$k\|x\|$ は明らかに凸汎函数で $f_0(x) \leq k\|x\|$ $(x \in L)$ となるから，これを第3章§2の Hahn-Banach の定理における $p(x)$ にとれば，上の命題が出る． □

Hahn-Banach の定理のこの形はまた幾何学的解釈を与えることもできる．

$$f_0(x) = 1 \tag{8}$$

なる方程式は 0 からの距離が $1/\|f_0\|$ であるような超平面を部分空間 L の中に定める．汎函数 f_0 をノルムを増やさずに全空間 E に拡張することは，上の L における超平面を全空間 E における'より大きな'超平面に点 0 からの距離を減らさずに拡充しうることを意味する．

複素空間における Hahn-Banach の定理 (第 3 章 §2, 定理 4a) を適用すればつぎの命題が導かれる：

E を複素ノルム空間，L をその部分空間，f_0 を L 上の有界な線形汎函数とする．このとき，つぎの条件を満たす全空間 E 上で定義された有界な線形汎函数 f が存在する：
$$f(x) = f_0(x) \qquad (x \in L),$$
$$\|f\|_E = \|f_0\|_L. \qquad \Box$$

ノルム空間に対する Hahn-Banach の定理から導かれる重要な事実を，いくつか述べておく．はじめに次の注意をしておこう．線形空間における凸集合 A に対してその核 $J(A)$ が空でないとき，この凸集合 A を**凸体**と呼ぶ．ノルム空間においては，集合の核は，明らかに[1]，その内点の全体に一致する．したがって，ノルム空間では，凸体とは，少なくともひとつの内点をもつ凸集合のことである．このことと第 3 章 §2 の定理 5 とから，つぎの事実が導かれる．

系1(第一分離定理)．A, B はノルム空間における凸集合で，そのうちの少なくとも一方，たとえば A は凸体[2]であり，その核は B と交わらないものとする．このとき A と B とを分離する 0 でない連続線形汎函数が存在する．——

A, B を分離する 0 でない汎函数の存在は，第 3 章 §2 の定理 5 によって保証されている．この汎函数が自動的に連続であることを示す．実際，

$$\sup_{x \in A} f(x) \leqq \inf_{x \in B} f(x) \tag{9}$$

とすれば，f は A 上で上に有界．集合 A の内点 x_0 を取り，A に完全に含まれる x_0 の球近傍 $U(x_0)$ をつくる．このとき，(9) により汎函数 f は $U(x_0)$ に

---

[1] このあたり，著者は明らかに錯覚している．p. 143, 演習参照 (訳者)．
[2] '少なくともひとつの内点をもつ凸集合' とすべきである (訳者)．

§1. 連続線形汎函数

おいて上に有界であるが，このことから f はそこで下からも有界となる（証明せよ！）．このように，線形汎函数 f は或る球 $U(x_0)$ において有界となるから，連続．これで主張は証明された．□

系2(第二分離定理)．A をノルム空間 X の閉凸部分集合，$x_0 \in X$ は A に属さない点とする．このとき，x_0 と A とを強い意味で分離する連続な線形汎函数（$\neq 0$）が存在する．――

証明には，点 x_0 の A と交わらない凸近傍 U をとって，U と A とを分離する汎函数を考えればよい．（U, A を分離する汎函数 $\neq 0$ がたしかに点 x_0 と集合 A とを<u>強い意味で分離する</u>ことを証明せよ．）□

系3(零化空間の補助定理)．ノルム空間 X の任意の(閉)部分空間 L に対して，L 上で 0 となる連続線形汎函数 $\neq 0$ が存在する．――

$x_0 \notin L$ とし，x_0 と L とを強い意味で分離する連続線形汎函数 f をとれば
$$f(x_0) > \sup_{x \in L} f(x).$$
しかし，このとき L 上で $f(x) \equiv 0$．なぜなら，もしそうでないと，上限は $+\infty$ となってしまうから．□

与えられた部分空間 L の上で 0 に等しい連続線形汎函数の全体を，この部分空間 L の**零化空間**といい，記号 $L^\perp$ によって表わす[1]．

系4．ノルム空間 X の任意の点 $x_0 \neq 0$ に対して
$$\|f\| = 1, \quad f(x_0) = \|x_0\| \tag{10}$$
なる X 上の連続線形汎函数 f が存在する．――

まず，αx_0 ($\alpha \in \mathbf{R}$ または $\in \mathbf{C}$) なる形の要素からなる1次元部分空間の上で
$$f(\alpha x_0) = \alpha \|x_0\|$$
として汎函数 f を定義し，ついでこれをノルムを変えずに全空間 X に拡張すれば，条件(10)を満たす汎函数が得られる．□

注意．系1-3 は，任意の局所凸空間に対してそのまま成立する．系4は，つぎのように修正して存続させることができる：

任意の $x_0 \neq 0$ に対して $f(x_0) \neq 0$ なる連続線形汎函数 f が存在する．

---

[1] 第3章§4において，Euclid 空間における部分空間 L の直交補空間をも，この同じ記号で表わした．つぎの節でわかるように，Euclid 空間では直交補空間の概念と零化空間のそれとは同値になるから，同一の記号を使うことも正当化されるのである．

4°. 可算ノルム空間における線形汎函数

E をノルム系 $\|\cdot\|_k$ $(k=1,2,\cdots)$ をもった可算ノルム空間とする.この場合一般性を損うことなく

$$\|x\|_1 \leqq \|x\|_2 \leqq \cdots \leqq \|x\|_n \leqq \cdots \tag{11}$$

と考えてよいのであった(p.174). f を E 上の連続な線形汎函数とするとき,0 の適当な近傍 U をとれば,その上で f は有界である.不等式(11)と可算ノルム空間の位相の定義により,適当な自然数 k と $\varepsilon>0$ とを選べば $B_{k,\varepsilon}=\{x:\|x\|_k<\varepsilon\}$ なる球が近傍 U に含まれる.このとき f は球 $B_{k,\varepsilon}$ 上でも有界であるからノルム $\|\cdot\|_k$ に対して有界,したがって連続である.すなわち

$$|f(x)| \leqq C\|x\|_k \qquad (x \in E)$$

なる C が存在する.一方,線形汎函数が一つのノルム $\|x\|_k$ に対して有界ならば全空間 E において連続なことは明らか.それゆえ,ノルム $\|x\|_n$ に対して連続な線形汎函数の全体を $E_n{}^*$,全空間 E 上で連続な線形汎函数の全体を E^* とすれば

$$E^* = \bigcup_{n=1}^{\infty} E_n{}^* \tag{12}$$

である.なおまた条件(11)により $E_n{}^*$ は増大列となっている:

$$E_1{}^* \subset E_2{}^* \subset \cdots \subset E_n{}^* \subset \cdots.$$

E 上の連続な線形汎函数 f に対して,すなわち $f \in E^*$ に対して,$f \in E_n{}^*$ なる n の最小値を f の**階数**という.(12)により

E 上の連続線形汎函数は有限の階数をもつ.

§2. 共 役 空 間

1°. 共役空間の定義

線形汎函数に対しては,それらの和および数との積なる演算を定義することができる:線形空間 E 上の二つの線形汎函数を f_1, f_2 とするとき,その**和** f_1+f_2 とは

$$f(x) = f_1(x) + f_2(x) \qquad (x \in E)$$

によって定まる線形汎函数 f のことである.同様に f_1 と数 α との**積** αf_1 とは

$$f(x) = \alpha f_1(x) \qquad (x \in E)$$

によって定まる線形汎函数 f を意味する.

f_1+f_2, αf_1 を定義する等式は

$$(f_1+f_2)(x) = f_1(x) + f_2(x),$$
$$(\alpha f_1)(x) = \alpha \cdot f_1(x)$$

と書くことができる.

和 f_1+f_2 および積 αf_1 はたしかに線形汎函数であり,さらに,E が位相線形空間で f_1, f_2 が E 上連続なら,f_1+f_2, αf_1 もまた E 上連続である.

このように定めた和および数との積なる演算が線形空間の公理をすべて満たすことは容易に検証することができる.したがって位相線形空間上の連続線形汎函数の全体はひとつの線形空間となる.これを E の**共役空間**もしくは**双対空間**とよび E^* で表わす[1].

演習. E 上かならずしも連続でないすべての線形汎函数の全体を,**代数的共役空間**といい $E^{\sharp}$ で表わす.

$$E^* \neq E^{\sharp}$$

なる位相線形空間の例をつくれ.

共役空間にはさまざまな位相を導入することができるが,もっとも重要なのは**強位相**と**弱位相**とである.

2°. 共役空間における強位相

はじめの空間 E がノルム空間であるもっとも簡単な場合から始めよう.ノルム空間上の連続線形汎函数については,さきに

$$\|f\| = \sup_{x \neq 0} \frac{|f(x)|}{\|x\|}$$

として**ノルム**を定義した.これがノルム空間の定義を満たすことは,ただちに検証される:

1) $f \neq 0$ ならば $\|f\| > 0$,
2) $\|\alpha f\| = |\alpha| \cdot \|f\|$,

---

[1] $f(x) = \bar{\alpha} f_1(x)$ で定まる f を αf_1 の定義とする場合もある.この意味における共役空間を E^* で表わし,本書の意味の共役空間は E' で示すことがある.これら二つの共役空間は形式上の差を除けば本質的な性質は変らない(訳者).

3) $\|f_1+f_2\| = \sup_{x\neq 0} \frac{|f_1(x)+f_2(x)|}{\|x\|} \leqq \sup_{x\neq 0} \frac{|f_1(x)|}{\|x\|} + \sup_{x\neq 0} \frac{|f_2(x)|}{\|x\|} = \|f_1\|+\|f_2\|.$

こうしてノルム空間の共役空間 E^* はノルム空間としての自然な構造をもつようになる．このノルムによる位相を E^* の**強位相**という．E^* がノルム空間として考察されていることを強調するために $(E^*, \|\cdot\|)$ と表わすことがある．

ノルム空間の共役空間 E^* についてのつぎの定理は重要である．

定理1. 共役空間 $(E^*, \|\cdot\|)$ は完備である．

証明. $\{f_n\}$ を線形汎函数の基本列とする．基本列の定義により，任意の $\varepsilon>0$ に対して適当な N をとれば，$n, m \geqq N$ なるすべての n, m に対して $\|f_n - f_m\| < \varepsilon$ となる．このとき任意の $x \in R$ に対して

$$|f_n(x) - f_m(x)| \leqq \|f_n - f_m\| \cdot \|x\| < \varepsilon \|x\|.$$

ゆえに，任意の $x \in R$ に対して数列 $\{f_n(x)\}$ は収束する．そこで

$$f(x) = \lim_{n \to \infty} f_n(x)$$

とおけば，f は連続な線形汎函数であることがわかる．まず，その線形性は次式により明らか：

$$f(\alpha x + \beta y) = \lim_{n \to \infty} f_n(\alpha x + \beta y) = \lim_{n \to \infty} [\alpha f_n(x) + \beta f_n(y)] = \alpha f(x) + \beta f(y).$$

連続性を証明するために，不等式 $|f_n(x) - f_m(x)| < \varepsilon \|x\|$ において $m \to \infty$ に対する極限をとって

$$|f(x) - f_n(x)| \leqq \varepsilon \|x\|.$$

よって汎函数 $f - f_n$ は有界，したがって汎函数 $f = f_n + (f - f_n)$ もまた有界すなわち連続．さらに，上の不等式よりすべての $n \geqq N$ に対して $\|f_n - f\| \leqq \varepsilon$. すなわち $\{f_n\}$ は f に収束する．□

この定理が空間 E が完備か否かにかかわらず成立することを，強調しておこう．

注意. ノルム空間 E が完備でない場合に，その完備化空間を $\bar{E}$ とすれば，E^* と $(\bar{E})^*$ とは同形である．

証明. E を $\bar{E}$ の中で考えれば，そこで稠密となっている．ゆえに，E 上の連続な線形汎函数は E から $\bar{E}$ 上に一意的に拡張される．これを $\bar{f}$ とすれば $\bar{f} \in (\bar{E})^*$, $\|\bar{f}\| = \|f\|$ であることは明らかであり，また $(\bar{E})^*$ に属する汎函数は

§2. 共 役 空 間

E^* に属する汎函数の拡張になっている(すなわちこの汎函数を E 上に制限した汎函数の拡張). よって写像 $f \to \bar{f}$ は E^* から $(\bar{E})^*$ の上への同形写像である. □

つぎに, 一般の位相線形空間の共役空間における強位相を定義する. ノルム空間の共役空間では, 汎函数 0 の近傍を

$$\|f\| < \varepsilon$$

を満たす汎函数 f の全体として定義した. ということはつまり, ノルム空間 E の単位球 $\|x\| \leqq 1$ において $|f(x)| < \varepsilon$ を満たす汎函数 f の全体を, E の共役空間 E^* における 0 の近傍として採用したということになる. ε にあらゆる正数値をとらせれば, E^* の 0 の基本近傍系が得られるわけである. E にノルムがはいっていない一般の位相線形空間の場合には, E における単位球のかわりに任意の有界集合 A をとるのが自然であろう. そこで, E^* における 0 の近傍 $U_{\varepsilon, A}$ を

すべての $x \in A$ に対して $|f(x)| < \varepsilon$

なる条件を満たす汎函数 f の全体として定義しよう. そして $\varepsilon > 0$ と有界集合 A とを動かせば, E^* における 0 の基本近傍系が得られる.

このように, E^* における強位相は, 正数 ε と有界集合 $A \subset E$ とに依存する近傍 $U_{\varepsilon, A}$ の全体によって定義される. このような近傍の系が実際に E^* を位相線形空間にすることの証明は, 簡単ではある(たとえば [9] 参照)が, ここでは省略する. E がノルム空間である場合に, いま述べた E^* の強位相がノルム $\|f\|$ によって定義されるものに一致することは, 明らかであろう.

E^* における強位相がつねに分離公理 T_1 を満たし, かつ(E における位相と無関係に)**局所凸**であることに, 注意しておく. 実際, 任意の $f_0 \in E^*$, $f_0 \neq 0$ に対して, $f_0(x_0) \neq 0$ なる点 $x_0 \in E$ が存在するから, $\varepsilon = \frac{1}{2}|f_0(x_0)|$, $A = \{x_0\}$ とおけば $f_0 \notin U_{\varepsilon, A}$. すなわち E^* は T_1 空間である. E^* における強位相が局所凸であることの証明のためには, 任意の $\varepsilon > 0$ と任意の有界集合 $A \subset E$ とに対して近傍 $U_{\varepsilon, A}$ が E^* において凸なることに注意しさえすればよい.

E^* における強位相を, 記号 ι で表わす. E^* を強位相で考えていることを強調したいときには, E^* のかわりに (E^*, ι) と書く.

3°. 共役空間の例

例1. E を n 次元線形空間(実または複素)とする. E の中に一つの基 $e_1, \cdots, e_n$ を選べば,任意のベクトル $x \in E$ は $x = \sum_{i=1}^{n} x_i e_i$ の形に一意的に表わされる. f を E 上の線形汎函数とすれば,明らかに

$$f(x) = \sum_{i=1}^{n} f(e_i) x_i. \tag{1}$$

ゆえに,線形汎函数は,基 $e_1, \cdots, e_n$ におけるその値 $f(e_i)$ によって一意的に決定される. いま

$$g_j(e_i) = \begin{cases} 1 & (i=j) \\ 0 & (i \neq j) \end{cases}$$

なる線形汎函数 $g_1, \cdots, g_n$ をとれば,これらは明らかに 1 次独立であって,しかも $g_j(x) = x_j$. ゆえに(1)は

$$f(x) = \sum_{i=1}^{n} f(e_i) g_i(x)$$

と書ける. このようにして汎函数 $g_1, \cdots, g_n$ は空間 E^* の基をなすことがわかる. すなわち E^* は n 次元線形空間である. E^* の基 $g_1, \cdots, g_n$ を E の基 $e_1, \cdots, e_n$ の**双対基**という.

空間 E にさまざまなノルムを与えるごとに,E^* におけるノルムが誘導される. E, E^* における対応するノルムに関する二,三の例をあげておこう.(読者には,証明を正確に実行してみられるよう,おすすめする.) 下の例(a)-(d)において,$x_1, \cdots, x_n$ はベクトル $x \in E$ の基 $e_1, \cdots, e_n$ による座標,$f^1, \cdots, f^n$ は $f \in E^*$ の双対基 $g_1, \cdots, g_n$ による座標とする.

(a) $\|x\| = \left(\sum_{i=1}^{n} |x_i|^2\right)^{1/2}, \quad \|f\| = \left(\sum_{i=1}^{n} |f^i|^2\right)^{1/2}$;

(b) $\|x\| = \left(\sum_{i=1}^{n} |x_i|^p\right)^{1/p}, \quad \|f\| = \left(\sum_{i=1}^{n} |f^i|^q\right)^{1/q}$,

$\qquad\qquad\qquad\qquad$ ただし $1/p + 1/q = 1, \; 1 < p < \infty$;

(c) $\|x\| = \sup_{1 \leq i \leq n} |x_i|, \quad \|f\| = \sum_{i=1}^{n} |f^i|$;

(d) $\|x\| = \sum_{i=1}^{n} |x_i|, \quad \|f\| = \sup_{1 \leq i \leq n} |f^i|$.

§2. 共役空間

演習. 上に挙げたノルムが n 次元空間に導入する位相はすべて同一である. これを証明せよ.

例2. 空間 c_0, すなわち 0 に収束する数列 $x=(x_1,\cdots,x_n,\cdots)$ の全体からなる空間にノルムを $\|x\|=\sup_n|x_n|$ と定義したものに対して, その共役空間 $(c_0{}^*, \|\cdot\|)$ が, 空間 l_1, すなわち和が絶対収束する数列 $f=(f_1,\cdots,f_n,\cdots)$ の全体からなる空間にノルムを $\|f\|=\sum_{n=1}^\infty |f_n|$ と定義したものと同形であることを示そう.

任意の要素 $f\in l_1$ に対して, c_0 上の有界な線形汎函数 $\tilde{f}$:

$$\tilde{f}(x)=\sum_{n=1}^\infty f_n x_n \tag{2}$$

を考える. $|\tilde{f}(x)|\leq \|x\|\sum_{n=1}^\infty |f_n|$ は明らかであるから $\|\tilde{f}\|\leq \sum_{n=1}^\infty |f_n|=\|f\|$ である. 空間 c_0 において

$$e_1=(1,0,0,\cdots,0,\cdots)$$
$$e_2=(0,1,0,\cdots,0,\cdots)$$
$$\cdots\cdots$$
$$e_n=(0,0,0,\cdots,1,0,\cdots)$$
$$\cdots\cdots$$

なるベクトル系をとり

$$x^{(N)}=\sum_{n=1}^N \frac{f_n}{|f_n|}e_n \quad (f_n=0 \text{ ならば } f_n/|f_n|=0 \text{ と考える})$$

とおく. このとき $x^{(N)}\in c_0$, $\|x^{(N)}\|\leq 1$,

$$\tilde{f}(x^{(N)})=\sum_{n=1}^N \frac{f_n}{|f_n|}\tilde{f}(e_n)=\sum_{n=1}^N |f_n|$$

であるから $\lim_{N\to\infty}\tilde{f}(x^{(N)})=\sum_{n=1}^\infty |f_n|=\|f\|$. ゆえに $\|\tilde{f}\|\geq \|f\|$. これと上の逆向きの不等式とから $\|\tilde{f}\|=\|f\|$ となる.

このようにして l_1 から $c_0{}^*$ の中への線形等長写像 $f\to \tilde{f}$ が得られる. あとは, この写像による l_1 の像が全空間 $c_0{}^*$ と一致すること, すなわち, 任意の汎函数 $\tilde{f}\in c_0{}^*$ が(2)の形に表わされることを示せばよい. $x=\{x_n\}\in c_0$ はすべて $x=\sum_{n=1}^\infty x_n e_n$ なる級数に展開することができる(右辺が c_0 において x に収束することは $\left\|x-\sum_{n=1}^N x_n e_n\right\|=\sup_{n>N}|x_n|\to 0$ $(N\to\infty)$ から明らか). 汎函数 $\tilde{f}\in c_0{}^*$ は

連続だから $\tilde{f}(x) = \sum_{n=1}^{\infty} x_n \hat{f}(e_n)$. それゆえ, $\sum_{n=1}^{\infty} |\hat{f}(e_n)| < \infty$ となることをいえばよい. $x^{(N)} = \sum_{n=1}^{N} \dfrac{\overline{\tilde{f}(e_n)}}{|\hat{f}(e_n)|} e_n$ とおき, $x^{(N)} \in c_0$, $\|x^{(N)}\| \leq 1$ に注意すれば

$$\sum_{n=1}^{N} |\hat{f}(e_n)| = \sum_{n=1}^{N} \dfrac{\overline{\tilde{f}(e_n)}}{|\hat{f}(e_n)|} \hat{f}(e_n) = \hat{f}(x^{(N)}) \leq \|\hat{f}\|.$$

N は任意であるから, この式から $\sum_{n=1}^{\infty} |\hat{f}(e_n)| < \infty$ となる.

例3. l_1 の共役空間 l_1^* は, $\|x\| = \sup_n |x_n|$ としたときの有界数列の全体からなる空間 m と同形である. この証明は難しくない.

例4. $p > 1$ のとき, $\sum_{n=1}^{\infty} |x_n|^p$ が収束する数列 $x = \{x_n\}$ の全体 l_p において

$$\|x\| = \left(\sum_{n=1}^{\infty} \|x_n\|^p \right)^{1/p} < \infty$$

なるノルムを定める. このとき共役空間 l_p^* は空間 l_q $(1/p + 1/q = 1)$ と同形であることが証明される. l_p 上の連続線形汎函数は

$$f(x) = \sum_{n=1}^{\infty} f_n x_n; \quad x = \{x_n\} \in l_p, \quad f = \{f_n\} \in l_q$$

の形に表わされる. この証明は Hölder の不等式を用いておこなえばよい.

例5 として, Hilbert 空間の共役空間の構造を明らかにしておこう.

定理2 (Riesz の定理). H を実 Hilbert 空間とする. H 上の任意の連続線形汎函数 f に対して

$$f(x) = (x, x_0) \quad (x \in H) \tag{3}$$

となるような $x_0 \in H$ が一つしかもただ一つ存在する. このとき $\|f\| = \|x_0\|$. 逆に $x_0 \in H$ ならば (3) により $\|f\| = \|x_0\|$ なる連続線形汎函数 f が定まる. すなわち, (3) は空間 H^* と H との間の同形対応 $f \mapsto x_0$ を定義する.

証明. 任意の $x_0 \in H$ に対して (3) が H 上の線形汎函数を定めることは明らかである. $|f(x)| = |(x, x_0)| \leq \|x\| \cdot \|x_0\|$ により f は連続, また $f(x_0) = \|x_0\|^2$ により $\|f\| = \|x_0\|$ となる. 逆に H 上の任意の連続線形汎函数 f が (3) の形に一意的に表わされることを証明しよう. $f = 0$ ならば $x_0 = 0$ にとればよい. $f \neq 0$ のときは $H_0 = \{x : f(x) = 0\}$ とおけば, f の連続性によりこれは閉じた線形部分空間である. 第3章 §1, 6° により線形汎函数の零点集合の余次元は1であるから, 第3章 §4, 定理7, 系3を参照すれば, H_0 の直交補空間 $H_0^\perp$ は1次元

§2. 共役空間

である．ゆえに，$y_0 \in H_0^\perp$, $y_0 \neq 0$ なるベクトル y_0 をとれば，すべての $x \in H$ が $x = y + \lambda y_0$, $y \in H_0$ と一意に表わされる．$\|y_0\| = 1$ としてよいことは明らか．このとき，$x_0 = f(y_0) y_0$ とおけば，任意の $x \in H$ に対して

$$x = y + \lambda y_0, \qquad y \in H_0,$$
$$f(x) = \lambda f(y_0),$$
$$(x, x_0) = \lambda (y_0, x_0) = \lambda f(y_0)(y_0, y_0) = \lambda f(y_0) = f(x).$$

すなわち，すべての $x \in H$ に対して $f(x) = (x, x_0)$ となる．最後に，$f(x) = (x, x'_0)$ $(x \in H)$ とすれば $(x, x_0 - x'_0) = 0$ となり，ここで $x = x_0 - x'_0$ とおけば $x_0 = x'_0$．□

注意 1. E を<u>完備でない</u> Euclid 空間とし，E を完備化してできる Hilbert 空間を H とする．E^* は H^* に同形(p. 186, 注意)，H^* は H に同形であることから，つぎの命題が導かれる：

　　完備でない Euclid 空間 E の共役空間 E^* は E の完備化空間 H と同形である．

注意 2. 定理2は複素 Hilbert 空間に対しても成立する(上の証明における $x_0 = f(y_0) y_0$ を $x_0 = \overline{f(y_0)} y_0$ に変えればよい)．複素空間の場合が，実空間の場合と異なる点は，$x_0 \in H$ に対して汎函数 $f(x) = (x, x_0)$ を対応させる H から H^* への写像が<u>共役線形同形</u>となること，すなわち λx_0 に対して $\bar{\lambda} f$ が対応することである．

例 6. 例1-5ではノルム空間の共役空間を考えた．今度は可算ノルム空間の場合を考察しよう．$\varPhi$ をすべての $k = 1, 2, \cdots$ に対して $\sum_{n=1}^{\infty} n^k x_n^2$ が収束するような実数列 $x = \{x_n\}$ に可算ノルムを

$$\|x\|_k = \left(\sum_{n=1}^{\infty} n^k x_n^2 \right)^{1/2} \qquad (k = 1, 2, \cdots)$$

として導入した実の可算 Hilbert 空間とする．ただし $\varPhi$ における内積は

$$(x, y)_k = \sum_{n=1}^{\infty} n^k x_n y_n \qquad (k = 1, 2, \cdots)$$

とする．k を固定すれば，$\varPhi$ は内積 $(x, y)_k$ により Euclid 空間となる．その完備化を $\varPhi_k$ としよう．明らかに $\varPhi_k$ は $\|x\|_k < \infty$ なる数列 $x = \{x_n\}$ からなる Hilbert 空間と同一視することができる．定理2により共役空間 $\varPhi_k^*$ は $\varPhi_k$ と

同形であり，この同形対応において汎函数 $f \in \Phi^*$ に対応する要素 $\hat{f} = \{f_n\} \in \Phi_k$ はつぎの条件を満たしている：

$$\|f\| = \left(\sum_{n=1}^{\infty} n^k f_n^2\right)^{1/2} < \infty,$$

$$f(x) = (x, f)_k = \sum_{n=1}^{\infty} n^k x_n f_n \qquad (x = \{x_n\} \in \Phi_k).$$

逆に，この条件 $\sum_{n=1}^{\infty} n^k f_n^2 < \infty$ を満たす数列 $\hat{f} = \{f_n\}$ は $f(x) = (x, \hat{f})_k$ によって Φ_k^* の一要素 f を決定する．

そこで今度は，汎函数 $f \in \Phi_k^*$ を，数列 $\{f_n\}$ によって定めるのでなく，$g_n = n^k f_n$ なる数列 $\{g_n\}$ によって定めてみよう．このときは

$$f(x) = \sum_{n=1}^{\infty} x_n g_n, \qquad \|f\| = \left(\sum_{n=1}^{\infty} n^{-k} g_n^2\right)^{1/2}$$

となる．このようにすれば Φ_k^* は

$$\sum_{n=1}^{\infty} n^{-k} g_n^2 < \infty \tag{4}$$

を満たす数列 $\{g_n\}$ からなる Hilbert 空間と同一視される．ただしこの Hilbert 空間の内積は

$$(g^{(1)}, g^{(2)}) = \sum_{n=1}^{\infty} n^{-k} g_n^{(1)} g_n^{(2)}$$

によって与えられるものとする．$\Phi^* = \bigcup_{k=1}^{\infty} \Phi_k^*$ であるから，Φ^* は条件(4)を満たす正の整数 k が存在するような数列 $\{g_n\}$ の全体からなる空間と考えてよい．ここで k は一般に $\{g_n\}$ によって異なる．このとき，汎函数 f の $x = \{x_n\} \in \Phi$ における値 $f(x)$ は $\sum_{n=1}^{\infty} x_n g_n$ となる．

以上により，Φ を Hilbert 空間の降鎖の交わり

$$\Phi = \bigcap \Phi_k, \qquad \Phi_1 \supset \Phi_2 \supset \cdots \supset \Phi_k \supset \cdots$$

とすれば，Φ^* は Hilbert 空間の昇鎖の合併

$$\Phi^* = \bigcup \Phi_k^*, \qquad \Phi_1^* \subset \Phi_2^* \subset \cdots \subset \Phi_k^* \subset \cdots$$

となる．この場合に $\Phi_k^* = \Phi_{-k}$, $\Phi_0 = l_2$ なる記法をとれば，Hilbert 空間の両側に無限にのびる鎖

$$\cdots \subset \Phi_k \subset \cdots \subset \Phi_1 \subset \Phi_0 \subset \Phi_{-1} \subset \cdots \subset \Phi_{-k} \subset \cdots$$

が得られ，ここで各 $k=0, \pm 1, \pm 2, \cdots$ に対して $\Phi_k{}^*=\Phi_{-k}$ である．

4°. 第二共役空間

位相線形空間 E 上の連続線形汎函数の全体はまた位相線形空間——E に共役な空間 (E^*, b) ——であるから，E^* 上の連続線形汎函数の空間 E^{**} すなわち E の**第二共役空間**を考えることができる．

E の任意の要素 x_0 が E^* 上に一つの線形汎函数を定めることは注意すべきである．すなわち，f が E^* 上をわたるとき
$$\phi_{x_0}(f) = f(x_0) \tag{5}$$
とおけば，各 f に数 $\phi_{x_0}(f)$ が対応するから，E^* 上の汎函数が定義される．このとき
$$\phi_{x_0}(\alpha f_1 + \beta f_2) = \alpha f_1(x_0) + \beta f_2(x_0) = \alpha \phi_{x_0}(f_1) + \beta \phi_{x_0}(f_2)$$
であるから ϕ_{x_0} は線形である．またこの汎函数は E^* で<u>連続</u>となる：$\varepsilon > 0$，A は点 x_0 を含む E 上の有界集合とし，E^* の 0 の近傍 $U_{\varepsilon, A}$ を考えれば，$U_{\varepsilon, A}$ の定義により
$$|\phi_{x_0}(f)| = |f(x_0)| < \varepsilon \qquad (f \in U_{\varepsilon, A})$$
となる．これは ϕ_{x_0} が点 0 で連続，したがって全空間 E^* 上で連続となることを意味する．

このようにして全空間 E から E^{**} の或る部分集合への写像が得られたが，この写像はもちろん線形である．E から E^{**} の中へのこのような写像を，空間 E から第二共役空間の中への**自然な写像**といい，π で表わす．もし E 上に十分に多くの線形汎函数が存在するならば（たとえば E がノルム空間であるとか，局所凸かつ分離可能の場合など），任意の $x', x'' \in E$ に対して $f(x') \neq f(x'')$ なる $f \in E^*$ が存在するから，$\phi_{x'}, \phi_{x''}$ は E^* 上の異なる汎函数である．すなわち上の写像は 1-1 対応である．$\pi(E) = E^{**}$ のとき，（分離可能かつ局所凸）空間 E は**半回帰的**であるという．$((E^*, b)$ の共役空間としての$)E^{**}$ には強位相を導入することができる．これを b^* で示す．もし空間 E が半回帰的でしかも写像 $\pi : E \to E^{**}$ が<u>連続</u>なら，E は**回帰的**な空間であるという．写像 π^{-1} はつねに連続であることが示されるから，

E が回帰的ならば自然写像 $\pi : E \to E^{**}$ は位相線形空間 E と $E^{**} = (E^{**},$

b^*) との間の同形写像(すなわち 1-1, 双連続写像)である.

E の要素が E^{**} の要素とみなされることを考慮して，汎函数 $f \in E^*$ の値に対する記法 $f(x)$ をすこし変えて，より対称的に

$$f(x) = (f, x) \tag{6}$$

と書くと都合がよい．すなわち $f \in E^*$ を固定した場合には (f, x) を E 上の汎函数とみなし，x を固定した場合には E^* 上の汎函数とみなすのである（このときは x は E^{**} の要素としての役割を演ずる）．

E がノルム空間(したがって $E^*, E^{**}, \cdots$ もノルム空間)ならば，E から E^{**} の中への自然写像は等長写像である.

証明. $x \in E$ のノルムを $\|x\|$，x の E^{**} の中の像のノルムを $\|x\|_2$ とし，$\|x\| = \|x\|_2$ を証明する．f を E^* の任意の要素 $\neq 0$ とすれば

$$|(f, x)| \leq \|f\| \cdot \|x\| \quad \text{したがって} \quad \|x\| \geq \frac{|(f, x)|}{\|f\|}$$

であるが，左辺は f に関係しないから

$$\|x\| \geq \sup_{f \in E^*} \frac{|(f, x)|}{\|f\|} = \|x\|_2.$$

一方，Hahn-Banach の定理(ノルム空間に対する Hahn-Banach の定理，系 4)により，各 $x_0 \in E$ に対して適当な線形汎函数 f_0 をとれば

$$|(f_0, x_0)| = \|f_0\| \cdot \|x_0\| \tag{7}$$

となるから

$$\|x\|_2 = \sup_{f \in E^*} \frac{|(f, x)|}{\|f\|} \geq \|x\|$$

となり，結局 $\|x\| = \|x\|_2$. □

このように E は E^{**} の線形集合 $\pi(E)$ (かならずしも閉じてはいない)と等長的であるから，E と $\pi(E)$ とを同一視して $E \subset E^{**}$ と考えてよい.

ノルム空間に対しては自然写像 $\pi: E \to E^{**}$ が等長写像であることから，ノルム空間の場合には半回帰性と回帰性とが一致することがわかる.

また，ノルム空間の共役空間は完備であるから，回帰的なノルム空間は完備である.

有限次元の Euclid 空間および Hilbert 空間は，回帰的空間のもっとも単純

な例である($E=E^*$ですらある).

空間 c_0(0 に収束する数列からなる空間)は完備だが回帰的でない空間の例である: c_0 の共役空間は l_1(和が絶対収束する数列からなる空間)であり,l_1 の共役空間は有界数列からなる空間 m である(§2,例 2,3).

区間 $[a,b]$ 上の連続函数の空間 $C[a,b]$ も回帰的ではない.しかし,ここではその証明は省略する[1]).

共役空間と一致しない回帰的空間の例としては $1<p\neq 2$ のときの l_p をあげることができる($l_p{}^*=l_q$ であるから $l_p{}^{**}=l_q{}^*=l_p$.ただし $1/p+1/q=1$).

演習. 回帰的空間の閉部分空間は回帰的である.これを証明せよ.

§3. 弱位相と弱収束

1°. 位相線形空間における弱位相と弱収束

位相線形空間 E とその上の連続線形汎函数の全体を考える.このような汎函数の中から任意に $f_1, \cdots, f_n$ を選び,また正数 ε を任意にとって

$$\{x : |f_i(x)| < \varepsilon, \ i=1, 2, \cdots, n\} \tag{1}$$

なる集合を考えると,これは E の開集合で点 0 を含んでいる.すなわち 0 の近傍である.二つのこの種の近傍の交わりはつねに(1)なる形の集合を含むから,(1)なる形の集合の全体を 0 の基本近傍系とする位相を E に導入することができるであろう.この位相を E の**弱位相**という.いいかえれば,E の弱位相とは,E のはじめの位相に関して連続なすべての線形汎函数が依然として連続であるような位相のうちもっとも弱い位相のことである.

弱位相による開集合がはじめの位相に関しても開集合であることは明らかだが,逆は必ずしも正しくない((1)の形の集合は,はじめの位相における点 0 の基本近傍系をなしているとは限らない).第 2 章§5で定めた術語を用いれば,E の弱位相ははじめの位相より**弱い**.このことが弱位相という名称を正当化するのである.

E 上に十分に多くの連続線形汎函数が存在するならば(たとえば E がノルム

---

1) より強い,つぎの命題が成立する:$C[a,b]$ を共役空間とするノルム空間は存在しない.

空間ならば),弱位相はHausdorffの分離公理を満たす.要素の和,数との積の演算が弱位相に関しても連続であることは,容易に検証することができよう.

E における弱位相は,E がノルム空間の場合ですら,第一可算公理を満たすとは限らない.それゆえ,この位相を点列の収束によって記述することは一般にはできない.それにもかかわらず,この位相によって定まる収束性は重要な概念である.この収束を**弱収束**という.これに対して空間 E のはじめの位相による収束(ノルム空間ならば,ノルムによる収束)を**強収束**という.

弱収束の概念はつぎの形に述べることができる:

E の点列 $\{x_n\}$ が $x_0 \in E$ に弱収束するとは,E 上のすべての連続線形汎函数 φ に対して

$$\varphi(x_n) \to \varphi(x_0)$$

となることである.

証明.$x_0 = 0$ の場合を考えれば十分であるから,すべての $\varphi \in E^*$ に対して $\varphi(x_n) \to 0$ としよう.このとき0の任意の弱近傍

$$U = \{x : |\varphi_i(x)| < \varepsilon, \ i = 1, 2, \cdots, k\}$$

に対し適当な N をとれば,$n \geq N$ のとき $x_n \in U$ となる(すべての $n > N_i$ に対して $|\varphi_i(x_n)| < \varepsilon$ となるように N_i をまず選び,そのあとで $N = \max N_i$ とすればよい).すなわち x_n は0に弱収束する.逆に x_n が0に弱収束すれば,0の任意の弱近傍 U に対し自然数 N が存在して,$n \geq N$ ならば $x_n \in U$.このとき,任意に与えられた $\varphi \in E^*$ に対して,0の弱近傍 $U = \{x : |\varphi(x)| < \varepsilon\}$ を考えれば,$\varphi(x_n) \to 0 \ (n \to \infty)$ は明らかである.□

空間 E の弱位相はその強位相より弱いのであるから,強収束点列はすべて弱収束する.逆は一般に正しくない(下の例参照).

2°. ノルム空間における弱収束

ノルム空間の場合の弱収束についてさらにくわしく考察しよう.

定理 1. $\{x_n\}$ がノルム空間の弱収束点列ならば,適当な定数 C に対して

$$\|x_n\| < C$$

となる.すなわちノルム空間の弱収束点列は有界である.

証明.E^* において集合

§3. 弱位相と弱収束

$$A_{kn} = \{f : |(f, x_n)| \leq k\}; \quad k, n = 1, 2, \cdots$$

を考える.

x_n を固定して f の函数とみたとき (f, x_n) は連続であるから, これらの集合は閉じており, したがって (閉集合の交わりとして) 集合 $A_k = \bigcap_{n=1}^{\infty} A_{kn}$ もまた閉じている. $\{x_n\}$ が弱収束するから, 数列 (f, x_n) は各 $f \in E^*$ に対して有界, したがって

$$E^* = \bigcup_{k=1}^{\infty} A_k.$$

空間 E^* は完備だから, Baire の定理 (第2章 §3) によって, 少なくとも一つの A_k——これを A_{k_0} とする——は或る球 $B[f_0, \varepsilon]$ において稠密. しかし A_{k_0} は閉集合だから

$$B[f_0, \varepsilon] \subset A_{k_0}.$$

しかし, このことは, 点列 $\{x_n\}$ が球 $B[f_0, \varepsilon]$ の上で有界, したがって E^* の任意の球の上で, よって特にこの空間の単位球の上でも有界であることを意味する. こうして, $\{x_n\}$ が E^{**} における点列として有界であることがわかった. しかし, E から E^{**} の中への自然写像は等長であるから, $\{x_n\}$ は E においても有界である. □

注意. 上の証明では, $\|x_n\|$ の有界性をいうために数列 (f, x_n) が各 $f \in E^*$ に対して有界であることだけを用いている. それゆえ各 $f \in E^*$ に対して数列 (f, x_n) が有界であるような点列 $\{x_n\}$ は適当な定数 C に対して $\|x_n\| \leq C$ となるのである. このことはつぎのように一般化される:

ノルム空間 E の弱有界 (すなわち, 弱位相で有界) な部分集合 Q は強有界である (すなわち一つの球の中に含まれる).

証明. $\{x_n\} \subset Q$, $\|x_n\| \to \infty$ $(n \to \infty)$ なる点列が存在すると仮定してみる. Q は弱有界であるから $\{x_n\}$ も弱有界, すなわち 0 の任意の弱近傍の適当な整数倍の中に含まれる. したがって特に, 任意の $f \in E^*$ に対して適当な N をとれば $\{x_n\} \subset N\{x : |(f, x)| < 1\}$ となり, これから $|(f, x_n)| < N$ $(n = 1, 2, \cdots)$ となる. だがこれは上の注意により $\|x_n\| \to \infty$ なる仮定に矛盾する. □

集合 Q が弱有界であることは, すべての連続線形汎函数が Q 上で有界なことを意味するから, つぎの重要な命題が成立する:

ノルム空間の部分集合 Q が有界であるためには, 任意の $f \in E^*$ が Q 上で有界なことが必要かつ十分. □

つぎの定理は点列の弱収束性の実際的な検証法としてたびたび使用される.

定理2. ノルム空間 E の点列 $\{x_n\}$ がつぎの二条件を満たすならば,$\{x_n\}$ は $x \in E$ に弱収束する:

1) $\|x_n\| \leqq M$ $(n=1, 2, \cdots)$, ただし M は或る定数,
2) すべての $f \in \varDelta$ に対して $f(x_n) \to f(x)$. ただし $\varDelta$ はその線形包が E^* において稠密な或る集合.

証明. φ を $\varDelta$ の要素の1次結合とすれば,定理の条件から
$$\varphi(x_n) \to \varphi(x).$$
今度は φ を E^* の<u>任意の</u>要素として,$\varphi(x_n) \to \varphi(x)$ を証明しよう. $\{\varphi_k\}$ を φ に収束する $\varDelta$ の要素の1次結合とし
$$\|x_n\| \leqq M \quad (n=1, 2, \cdots), \quad \|x\| \leqq M$$
なる M をとり,$|\varphi(x_n) - \varphi(x)|$ を評価してみよう. $\varphi_k \to \varphi$ であるから,任意の $\varepsilon > 0$ に対して適当な K をとれば,$k \geqq K$ のとき $\|\varphi - \varphi_k\| < \varepsilon$ となる. したがって
$$|\varphi(x_n) - \varphi(x)| \leqq |\varphi(x_n) - \varphi_k(x_n)| + |\varphi_k(x_n) - \varphi_k(x)| + |\varphi_k(x) - \varphi(x)|$$
$$\leqq \varepsilon M + \varepsilon M + |\varphi_k(x_n) - \varphi_k(x)|.$$
条件により,$n \to \infty$ のとき $\varphi_k(x_n) \to \varphi_k(x)$ であるから,すべての $\varphi \in E^*$ に対して $\varphi(x_n) - \varphi(x) \to 0$. □

以下,具体的な空間における弱収束概念のもつ意味を,例によって見てゆくことにしよう.

例1. 有限次元の Euclid 空間 $\mathbf{R}^n$ における弱収束は強収束に一致する.

証明. $\mathbf{R}^n$ における正規直交基の一つを $e_1, \cdots, e_n$ とし,$\{x_k\}$ は x に弱収束する点列とする. このとき
$$x_k = x_k{}^{(1)} e_1 + \cdots + x_k{}^{(n)} e_n,$$
$$x = x^{(1)} e_1 + \cdots + x^{(n)} e_n$$
とおけば,$n \to \infty$ のとき
$$x_k{}^{(1)} = (x_k, e_1) \to (x, e_1) = x^{(1)},$$
$$\cdots\cdots$$
$$x_k{}^{(n)} = (x_k, e_n) \to (x, e_n) = x^{(n)}.$$
すなわちベクトル列 $\{x_n\}$ は座標ごとに x に収束する. したがって

$$\rho(x_k, x) = \left(\sum_{i=1}^{n} (x_k{}^{(i)} - x^{(i)})^2\right)^{1/2} \to 0.$$

すなわち x_k は x に強収束する.強収束すれば弱収束することは明らかだから,$\mathbf{R}^n$ では両収束概念は一致する.

例 2. l_2 における弱収束.有界な点列 $\{x_k\}$ はつぎの条件が満たされるとき x に弱収束する:

$$(x_k, e_i) = x_k{}^{(i)} \to x^{(i)} = (x, e_i) \qquad (i = 1, 2, \cdots),$$

ただし

$$e_1 = (1, 0, 0, \cdots), \quad e_2 = (0, 1, 0, \cdots), \quad \cdots.$$

証明.e_i の1次結合は空間 l_2 において稠密.この l_2 を l_2 の共役空間とみなして,定理2を適用すればよい.

このように,l_2 における有界点列 $\{x_k\}$ の弱収束は,ベクトル x_k の座標 $x_k{}^{(i)}$ が各 $i = 1, 2, \cdots$ に対して収束することを意味する.つまり,弱収束は(有界性の条件の下で)座標ごとの収束に一致する.容易にわかるように,l_2 における弱収束は強収束と一致しない.このことは $e_1, e_2, \cdots$ が 0 に弱収束するが強収束はしないという事実から確かめられる.まずこの点列が弱収束することを示そう.l_2 の線形汎函数 f は,$f(x) = (x, a)$ の形にベクトル $x \in l_2$ と固定ベクトル $a = (a_1, a_2, \cdots) \in l_2$ との内積の形で表現される.よって

$$f(e_n) = a_n.$$

一方,$a \in l_2$ より $a_n \to 0$.したがって

$$\lim f(e_n) = 0.$$

これはすべての線形汎函数についていえるから,e_n は 0 に弱収束する.しかし,強収束の意味では,点列 $\{e_n\}$ はどんな極限にも収束しない.

演習 1. Hilbert 空間 H の要素列 $\{x_n\}$ が $x \in H$ に弱収束し,かつ $n \to \infty$ のとき $\|x_n\| \to \|x\|$ とする.このとき $\{x_n\}$ は x に強収束すること,すなわち $\|x - x_n\| \to 0$ を証明せよ.

演習 2. 前問において,条件 $\|x_n\| \to \|x\|$ を $\|x_n\| \leq \|x\|$ または $\varlimsup\limits_{n \to \infty} \|x_n\| \leq \|x\|$ でかえてもよいことを証明せよ.

演習 3. H を(可分)Hilbert 空間,Q をその有界集合とする.このとき,H の弱位相によって誘導される Q の位相は,適当な距離函数によって与えられる.

演習 4. Hilbert 空間の閉じた凸部分集合は弱位相による閉集合である(したがって特に Hilbert 空間の閉じた線形部分空間は弱閉集合である)ことを証明せよ.Hilbert 空

間の閉部分集合ではあるが弱閉集合でない集合の例をつくれ.

例 3. 空間 $C[a,b]$ における弱収束. $C[a,b]$ の函数の列 $\{x_n(t)\}$ が $x(t) \in C[a,b]$ に弱収束するとする. 列 $\{x_n(t)\}$ は $C[a,b]$ のノルムに関して有界である. $C[a,b]$ 上の汎函数のうちに固定点 t_0 における函数値 $x(t_0)$ を x における値とする汎函数 δ_{t_0} があることは,すでに述べた(§1, 2° 例4). この種の汎函数に対しては

$$\delta_{t_0}(x_n) \to \delta_{t_0}(x)$$

の意味は

$$x_n(t_0) \to x(t_0)$$

である.それゆえ,$\{x_n\}$ が弱収束するならば,二つの条件

1) $\{x_n\}$ は一様に有界: $|x_n(t)| \leq C$ $(n=1, 2, \cdots, a \leq t \leq b)$,
2) $\{x_n(t)\}$ は各 t に対して収束する——

が満たされなければならない.

この二条件は $\{x_n\}$ が $C[a,b]$ において弱収束するための<u>十分条件</u>でもある.つまり,$C[a,b]$ における弱収束は,(有界性の仮定のもとで)各点ごとの収束に一致する.

$C[a,b]$ における弱収束が,ノルムによる収束すなわち連続函数の一様収束性と一致しないことは,明らかであろう(その例をつくれ).

3°. 共役空間における弱位相と弱収束

前節 5° で共役空間 E^* の強位相なるものを導入したが,この強位相における 0 の基本近傍系は,つぎのように定義された: A を E における任意の有界集合,ε を任意の正の数として

$$U_{\varepsilon, A} = \{f : |f(x)| < \varepsilon, \ x \in A\}$$

なる集合の全体を E^* の 0 の基本近傍系とする.ここで,この定義の中のすべての有界集合のかわりに,すべての<u>有限集合</u> $A \subset E$ をとったときにできる位相を,<u>共役空間 E^* における</u>**弱位相**という.有限集合 A は有界である(逆は一般に正しくない)から,E^* の弱位相が強位相より強くないことは明らかである.一般にこれら両位相は一致しない.

E^* の弱位相によって,**汎函数の弱収束**なる収束概念が考えられる.汎函数

§3. 弱位相と弱収束

の弱収束は函数解析の諸問題，特に，いわゆる超函数の理論で本質的な役割を演ずる重要な概念である．超函数については次節で述べることとする．

線形汎函数列 $\{\varphi_n\}$ の弱収束は，明らかに，E の<u>各点における</u>収束である．換言すれば，各 $x \in E$ に対して

$$\varphi_n(x) \to \varphi(x)$$

となることが $\varphi_n \in E^*$ が $\varphi \in E^*$ に弱収束することの意味である．共役空間において列が強位相の意味で収束するなら，それは明らかに弱収束する（しかし逆は不可）．

E が（したがって E^* が）Banach 空間の場合には，定理1に類似するつぎの定理が成立する．

定理 1*. $\{f_n\}$ が Banach 空間上の線形汎函数の弱収束列ならば

$$\|f_n\| \leq C \qquad (n=1, 2, \cdots)$$

なる定数 C が存在する．すなわち <u>Banach 空間の共役空間の要素の弱収束列はノルムの意味で有界である</u>．

証明は定理1とまったく同様である．□

つぎの定理は定理2の完全な類同である．

定理 2*. E^* の線形汎函数列 $\{\varphi_n\}$ がつぎの二条件を満たすならば，$\{\varphi_n\}$ は $\varphi \in E^*$ に弱収束する：

1) この列は有界，すなわち

$$\|\varphi_n\| \leq C \qquad (n=1, 2, \cdots), \quad C: 定数,$$

2) 線形包が E で稠密であるような或る集合に属するすべての x に対して

$$(\varphi_n, x) \to (\varphi, x).$$

証明は定理2と同様．□

空間 E が $C[a, b]$ の場合の一例を考察してみよう[1]．φ を

$$\varphi(x) = x(0)$$

によって定まる汎函数すなわち δ 函数とする（§1, 例4）．さらに，連続函数列 $\{\varphi_n(t)\}$ がつぎの条件を満たすとする：

1) $\varphi_n(t) \geq 0; \quad \varphi_n(t) = 0 \qquad (|t| > 1/n),$

---

[1] $0 \in [a, b]$ とする．もちろん $t=0$ のかわりに他の任意の点をとってもよい．

2) $\int_a^b \varphi_n(t)\,dt = 1.$

このとき $[a,b]$ 上の任意の函数 $x(t)$ に対して，平均値の定理によりつぎの関係が成立する：

$$\int_a^b \varphi_n(t)x(t)\,dt = \int_{-1/n}^{1/n} \varphi_n(t)x(t)\,dt \to x(0) = \varphi(x) \qquad (n\to\infty).$$

この式の左辺は $C[a,b]$ 上の汎函数を表わす．このように，δ 函数は，$C[a,b]$ 上の線形汎函数の弱収束の意味において，'通常の' 函数列の極限として表わされるのである．

注意． 空間 E 上の線形汎函数の空間 E^* は二つの観点から考察される．すなわち，基本の空間を E とし，E^* をその共役空間と見る観点と，E^* を基本として，これにその共役空間 E^{**} を結びつけて考える観点との二つである．どちらの観点をとるかによって E^* には二つの弱位相が考えられる：一つは E の有限個の要素の全体によって汎函数の空間としての E^* の基本近傍系を定義する方法，他は E^* を基本として E^{**} の方から基本近傍系を定義する方法である．E が回帰的空間の場合は，両者は一致するが，回帰的でない場合にはこれらは二つの異なる位相となる．このまぎらわしさを避けるために E^* を基本としたときの(すなわち E^{**} を用いての E^* の)位相を単に**弱位相**とよび，汎函数の空間としての弱位相(すなわち E を用いての E^* の位相)を ***弱位相** とよぶ．E^* における *弱位相が E^* の弱位相より弱いことは明らかである(すなわち弱位相の開集合は *弱位相の開集合より少なくない)．

4°. 共役空間における有界集合

線形汎函数の弱収束概念はさまざまに応用されるが，その際つぎの定理は重要な役割を演ずる．

定理3. E が可分なノルム空間ならば，E 上の連続線形汎函数の有界列は弱収束する部分列をもつ．

証明． E における可算稠密集合を $\{x_1, x_2, \cdots, x_n, \cdots\}$ とする．$\{\varphi_n\}$ が(ノルムの意味で)有界な線形汎函数列ならば

$$\varphi_1(x_1),\ \varphi_2(x_1),\ \cdots,\ \varphi_n(x_1),\ \cdots$$

なる数列は有界である．したがって $\{\varphi_n\}$ の適当な部分列

$$\varphi_1^{(1)},\ \varphi_2^{(1)},\ \cdots,\ \varphi_n^{(1)},\ \cdots$$

をとれば，数列

$$\varphi_1^{(1)}(x_1),\ \varphi_2^{(1)}(x_1),\ \cdots,\ \varphi_n^{(1)}(x_1),\ \cdots$$

は収束する．さらに部分列 $\{\varphi_n^{(1)}\}$ から適当な部分列

$$\varphi_1^{(2)},\ \varphi_2^{(2)},\ \cdots,\ \varphi_n^{(2)},\ \cdots$$

を選んで数列

$$\varphi_1^{(2)}(x_2),\ \varphi_2^{(2)}(x_2),\ \cdots,\ \varphi_n^{(2)}(x_2),\ \cdots$$

が収束するようにすることができる．この操作をつづけて部分列の系

$$\varphi_1^{(1)},\ \varphi_2^{(1)},\ \cdots,\ \varphi_n^{(1)},\ \cdots$$
$$\varphi_1^{(2)},\ \varphi_2^{(2)},\ \cdots,\ \varphi_n^{(2)},\ \cdots$$
$$\cdots\cdots\cdots\cdots$$

(おのおのは，その前のものの部分列となっている)をつぎつぎにつくれば，$\varphi_n^{(k)}$ は $x_1, x_2, \cdots, x_k$ で収束する．ここで'対角線'列

$$\varphi_1^{(1)},\ \varphi_2^{(2)},\ \cdots,\ \varphi_n^{(n)},\ \cdots$$

をとれば，すべての n に対して

$$\varphi_1^{(1)}(x_n),\ \varphi_2^{(2)}(x_n),\ \cdots$$

は収束する．それゆえ，定理 2* により $\varphi_1^{(1)}(x), \varphi_2^{(2)}(x), \cdots$ は任意の $x \in E$ に対して収束する．□

この定理は定理 1* とあわせてつぎのことを意味する：可分な Banach 空間 E の共役空間 E^* においては，有界集合は(そしてそれのみが)*弱位相の意味で相対可算コンパクトである．実際は'可算コンパクト'のかわりに'コンパクト'としてよいのであるが，これを証明する前に，つぎの定理を述べておこう．

定理 4. 可分なノルム空間 E の共役空間 E^* の単位閉球を S^* とする．E^* の*弱位相によって S^* に誘導される位相は

$$\rho(f, g) = \sum 2^{-n}|(f-g, x_n)| \tag{2}$$

なる距離で与えられる．ただし $\{x_n\}$ は E の単位球 S における稠密可算集合．

証明． $\rho(f, g)$ が距離の公理をすべて満たすことは明らか．さらに，これはまた移動に関して不変でもある：

$$\rho(f+h, g+h) = \rho(f, g).$$

それゆえ，定理を証明するには，空間 E^* の＊弱位相によって S^* に誘導される 0 の近傍系と距離(2)によって S^* に定義される 0 の近傍系とが同値であること，すなわち，a) 任意の '球'
$$Q_\varepsilon = \{f : \rho(f, 0) < \varepsilon\}$$
が S^* と E^* の 0 の或る＊弱近傍との交わりを含み，また，b) E^* の 0 の任意の＊弱近傍が S^* と或る Q_ε との交わりを含むことを，いえばよい。

N を $2^{-N} < \varepsilon/2$ のように選び，0 の＊弱近傍
$$V = V_{x_1, \cdots, x_N; \varepsilon/2} = \{f : |(f, x_k)| < \varepsilon/2, \ k=1, 2, \cdots, N\}$$
を考える。$f \in S^* \cap V$ とすれば
$$\rho(f, 0) = \sum_{n=1}^{N} 2^{-n} |(f, x_n)| + \sum_{n=N+1}^{\infty} 2^{-n} |(f, x_n)|$$
$$\leq \frac{\varepsilon}{2} \sum_{n=1}^{N} 2^{-n} + \sum_{n=N+1}^{\infty} 2^{-n} < \varepsilon,$$
すなわち $S^* \cap V \subset Q_\varepsilon$ となり，a) が証明された。つぎに b) を証明しよう。いま
$$U = U_{y_1, \cdots, y_m; \delta} = \{f : |(f, y_k)| < \delta, \ k=1, 2, \cdots, m\}$$
を E^* の 0 の任意の＊弱近傍とする。$\|y_k\| \leq 1 \ (k=1, 2, \cdots, m)$ としておこう。$\{x_n\}$ は S で稠密であるから，適当な番号 $n_1, \cdots, n_m$ を選べば $\|y_k - x_{n_k}\| < \delta/2$ ($k=1, 2, \cdots, m$) となるであろう。そこで $N = \max(n_1, \cdots, n_m)$，$\varepsilon = 2^{-(N+1)}\delta$ とすれば，$f \in S^* \cap Q_\varepsilon$ のとき
$$\sum_{n=1}^{\infty} 2^{-n} |(f, x_n)| < \varepsilon$$
から $|(f, x_n)| < 2^n \varepsilon$ となる。特に
$$|(f, x_{n_k})| < 2^{n_k} \varepsilon \leq 2^N \varepsilon = \frac{\delta}{2}.$$
ゆえに $k=1, 2, \cdots, m$ に対して
$$|(f, y_k)| \leq |(f, x_{n_k})| + |(f, y_k - x_{n_k})| < \frac{\delta}{2} + \|f\| \cdot \|y_k - x_{n_k}\| < \delta.$$
すなわち，$S^* \cap Q_\varepsilon \subset U$ である。□

この結果が任意の球，したがって任意の有界集合 $M \subset E^*$ に，適用されることは明らかである。

定理 3 では，E^* の有界点列から＊弱収束する部分列を選びうることが明ら

かになった．これを言い換えれば，可分なノルム空間 E の共役空間 E^* に*弱位相を与えてできる位相空間では，各有界集合 M は相対可算コンパクトになるということになる．だが，上の定理4によって，このような集合は距離づけ可能な位相空間であり，距離空間に対してはコンパクト性と可算コンパクト性とは一致する．したがってつぎの結果が導かれる．

定理3*. 可分なノルム空間 E の共役空間 E^* における有界集合 M は，E^* の*弱位相の意味で相対コンパクトである．□

つぎに，E が可分なノルム空間ならば，空間 (E^*, b) の閉球は E^* の*弱位相に関して閉じていることを示す．

E^* における移動によっては(*弱位相による)閉集合は閉集合にうつるから，$S_c^* = \{f : \|f\| \leq c\}$ の形の球が*弱位相に関して閉じていることをいえばよい．いま $f_0 \notin S_c$ とすれば，汎函数のノルムの定義により，適当な $x_0 \in E$, $\|x_0\| = 1$ に対して $f_0(x_0) = \alpha > c$ となるであろう．このとき集合 $U = \{f : f(x_0) > (\alpha + c)/2\}$ は f_0 の*弱近傍で，球 S_c の要素を一つも含まない．ゆえに S_c^* は*弱位相による閉集合である．

このことと定理3*とからつぎの定理が導かれる．

定理5. 可分なノルム空間の共役空間における閉球は，*弱位相に関してコンパクトである．□

共役空間における有界集合についての上述の結果は，ノルム空間から任意の局所凸空間の場合にうつすことができる．これに関しては，たとえば[42]を参照せよ．

§4. 超 函 数

1°. 函数概念の拡張

'函数'という言葉は，解析学の問題の種類によってさまざまな段階に一般化して使われてきた．ある時は，それは連続函数の意味に，またある時は1回もしくは何回か微分可能な函数の意味に使われる等々である．だがある種の一連の問題では，函数の古典的概念は，定義域の x の値にある数 $y = f(x)$ を対応させる規則であるというもっとも広い意味に解釈してもなお十分ではないのである．二つの重要な例をあげてみよう．

1) 直線上の質量分布は，この分布の密度によって与えるのが便利である．しかし，正の質量をもつ点が直線上にある場合には，分布の密度を'通常'の函数によって記述することはもちろんできない．

2) 解析学の手段をあれこれの問題に適用する場合に，解析的演算を遂行しえないことがある．たとえば(いくつかの点または到るところで)微分係数の存在しないような函数は，導函数を'通常'の意味の函数と理解するかぎり，微分することができない．この種の困難は，たとえば解析函数だけを考えることによって回避しうることは言うまでもないが，函数の範囲をこのように狭めることは，多くの場合望ましくない．

幸いなことに，いわゆる超函数(一般化された函数)を導入することにより，函数概念を狭めるのでなく本質的に拡張する方向で，この種の困難を都合よく克服しうることが明らかになった．超函数を導入するための基礎として前述の共役空間が役立つのである．

超函数が導入されたのはまったく具体的な要求によるのであって，解析学の概念を可能なかぎり広げようとする志向からではなかったことは，重ねて強調しておかなくてはならない．本質的には，数学者の真剣な注目をひくよりも遙か以前に，物理学において，この概念は使用されていたのである．

正確な定義を述べる前に，基本的なアイディアをまず述べておこう．

f は各有限区間上で積分可能な固定した函数，φ はある有限区間の外で値 0 をとる連続函数——このような函数を以後**有域的**な函数とよぶ——とする．f は固定してあるから，各函数 φ に対して

$$(f, \varphi) = \int_{-\infty}^{\infty} f(x)\varphi(x)\,dx \tag{1}$$

なる数を対応させることができる (φ が有域的であるから，実際は有限区間の上の積分になる)．換言すれば，函数 f は有域的な函数を要素とする空間の上の汎函数とみなすことができる (汎函数 f は積分の性質により線形である)．

しかし，この空間上の汎函数は (1) の形のもので尽くされるわけではない．たとえば各函数 φ に 0 におけるその値 $\varphi(0)$ を対応させれば，(1) の形でない線形汎函数が得られる．このようにして自然に，区間上の積分可能な函数 f の集合は，さらに大きな集合——有域函数の空間の上の線形汎函数の全体——の

中に含まれると考えられるようになる.

函数 φ の集合は,さまざまな仕方で選定することができる.たとえば上のように,すべての連続有域函数をとってもよい.しかし,実際には連続性や有域性よりもさらにきびしい滑らかさに関する制限をつけた方が都合がよいことが,以下の説明で明らかになる.

2°. 基本函数の空間

ここで正確な定義に移ろう.数直線上の無限回連続微分可能な有域函数の全体を K とする[1]. K は(函数の通常の和,および数との積に関して)線形空間をなす.この空間には,以下述べる理論に適するようなノルムを導入することはできないが,つぎのようにして自然な収束概念を定義することができる.

K の要素列 $\{\varphi_n\}$ がつぎの条件を満たすとき,$\{\varphi_n\}$ は φ に**収束する**という:

1) すべての φ_n がその外で 0 であるような一定の区間が存在する.
2) k 階の導函数列 $\{\varphi_n^{(k)}\}$ は,この区間上で $\varphi^{(k)}$ に一様に収束する[2] ($k=0, 1, 2, \cdots$). (異なる k に関する収束の一様性は,仮定されていない.)

このような収束性が定義された線形空間 K を**基本空間**,その要素を**基本函数**という.

上記の収束性をもつ位相を K に導入することは,困難ではない.すなわち,有限個の正の連続函数 $\gamma_0, \gamma_1, \cdots, \gamma_m$ をとり,すべての x に対して
$$|\varphi(x)| < \gamma_0(x), \cdots, |\varphi^{(m)}(x)| < \gamma_m(x)$$
を満たす函数 $\varphi \in K$ の全体を 0 の近傍と定める.このような近傍の全体を 0 の基本近傍系とする位相が求めるものである.その検証は読者にまかせよう.

演習. 区間 $[-m, m]$ の外で 0 となるようなすべての函数 $\varphi \in K$ からなる部分空間を K_m とする.
$$\|\varphi\|_n = \sup_{\substack{0 \leq k \leq n \\ |x| \leq m}} |\varphi^{(k)}|(x) \qquad (n=0, 1, 2, \cdots)$$
によって K_m に可算ノルム空間の構造をいれることができる.このノルム系によって生成された(点列の収束性に対応する) K_m の位相が,K における上述の(収束性による)位相を K_m に誘導してできる位相と一致することを検証せよ.$K_1 \subset K_2 \subset \cdots \subset K_m \subset \cdots$, $K = \bigcup_{m=1}^{\infty} K_m$ は明らかである.集合 $Q \subset K$ が上述の K の位相によって有界であるために

---

[1] φ が,その外で 0 であるような区間は,$\varphi \in K$ によって異なりうる.
[2] 0 階の導函数は,慣例にしたがい,函数自身のこととする.

は，Q が可算ノルム空間 K_m の有界集合となるような m が存在することが必要かつ十分である．このことを証明せよ．また T を空間 K 上の汎函数とするとき，つぎの四条件が同値であることを示せ: a) T は K の位相に関して連続; b) T は各有界集合 $Q \subset K$ 上で有界; c) $\varphi_n \in K$, $\varphi_n \to 0$ (K における上記の意味の収束で) ならば $T(\varphi_n) \to 0$; d) T を $K_m \subset K$ 上で考えたときの汎函数を T_m と書くとき，T_m は K_m 上で連続．

3°. 超函数

定義 1. 基本空間 K 上の連続線形汎函数 T を (数直線 $-\infty < x < \infty$ 上に与えられた) **超函数** という．この場合の連続性は，基本空間上で $\varphi_n \to \varphi$ ($\varphi_n, \varphi \in K$) のとき $T(\varphi_n) \to T(\varphi)$ となることを意味する．

任意の有限区間上で積分可能な函数 $f(x)$ が一つの超函数を定めることを，まず注意しておこう．すなわち

$$T_f(\varphi) = \int_{-\infty}^{\infty} f(x) \varphi(x) dx \tag{2}$$

は K 上の連続線形汎函数である．このような超函数を以下 **正則超函数**，(2) の形に表現されえない超函数を **特異超函数** とよぶことにする．——

特異超函数の例をいくつかあげておこう．

例 1. 'δ 函数':

$$T(\varphi) = \varphi(0).$$

これは K 上の連続線形汎函数，つまり上の意味での超函数である．この汎函数は通常

$$\int_{-\infty}^{\infty} \delta(x) \varphi(x) dx \tag{3}$$

の形に形式的に表わす．この際 $\delta(x)$ は $x \neq 0$ で 0，$x = 0$ では無限大，かつ

$$\int_{-\infty}^{\infty} \delta(x) dx = 1$$

となる '函数' であると拡張解釈する．

§1 では，δ 函数を，一定区間上で定義されたすべての連続函数からなる空間の上の線形汎函数とみなしたが，実は K 上の汎函数とみなした方が，たとえばこれに対して導函数の概念を導入しうるなどの点で，利点が多いのである．

例 2. '転位 δ 函数':

$$T(\varphi) = \varphi(a).$$

この超函数は，(3)の記法に対応して

$$\int_{-\infty}^{\infty} \delta(x-a)\varphi(x)dx \tag{4}$$

と書く.

例3. 'δ 函数の導函数'：各 $\varphi \in K$ に数 $-\varphi'(0)$ を対応させる汎函数. これが自然に例1の δ 函数の導函数と考えられる理由は，すこし後に述べることにする (p. 211, 例4).

例4. 函数 $1/x$ は 0 を含む区間では積分可能でないが，任意の $\varphi \in K$ に対して積分

$$\int_{-\infty}^{\infty} \varphi(x)\frac{1}{x}dx$$

を考えると，これは Cauchy の主値[1]の意味ならば存在して有限である：

$$\int_{-\infty}^{\infty} \varphi(x)\frac{1}{x}dx = \int_{-R}^{R} \varphi(x)\frac{1}{x}dx = \int_{-R}^{R} \frac{\varphi(x)-\varphi(0)}{x}dx + \int_{-R}^{R} \frac{\varphi(0)}{x}dx.$$

ただし $(-R, R)$ の外では $\varphi=0$ とする. 右辺の第一の積分は（積分記号内の函数が連続だから）通常の意味で存在し，第二の積分は主値の意味で 0 である. このように $1/x$ に対して K 上の汎函数すなわち超函数が対応する.

例 1-4 の超函数はすべて正則でないことが証明される（すなわち局所的に積分可能などんな函数 f をとっても，(2) の形に表わすことはできない）.

4°. 超函数の演算

超函数すなわち K 上の連続な線形汎函数に対しては，和および数との積が定義される. この際，正則な超函数（すなわち数直線上の'通常'の函数）に対しては，超函数としての和（すなわち線形汎函数としての和）は函数の通常の意味での和と一致する. 数との積についても同様である.

超函数の空間における極限移行の演算は，つぎのように定義する：すなわち，すべての $\varphi \in K$ に対して

$$(f_n, \varphi) \to (f, \varphi)$$

---

[1] $\lim_{\varepsilon \to +0}\left(\int_a^{-\varepsilon} \psi(x)dx + \int_\varepsilon^b \psi(x)dx\right)$ を $\int_a^b \psi(x)dx$ の主値という $(a<0<b)$ (訳者).

となるとき，超函数列 $\{f_n\}$ は f に**収束する**という．換言すれば，超函数の収束とは，K の各要素における収束のことと定義する．この意味の収束性が与えられた超函数の空間を K^* で表わそう．

無限回微分可能な函数 α と超函数 f との積 αf は
$$(\alpha f, \varphi) = (f, \alpha \varphi)$$
によって定義するのが自然であろう ($\alpha\varphi \in K$ であるから，右辺は意味をもっている)．以上の演算——和，数との積，無限回微分可能な函数との積——はすべて連続である．

二つの超函数の積は考えないこととする．それは，この種の演算が連続となり，かつ正則超函数の場合に通常の函数の積と一致するようにはなしえないことが示されるからである．

つぎに，超函数の微分演算を定義して，その性質を調べてみる．

まず，通常の意味で微分可能な函数 f によって定義される超函数 T:
$$T(\varphi) = \int_{-\infty}^{\infty} f(x)\varphi(x)\,dx$$
に対して，f の導函数 f' によって定められる超函数を dT/dx と定義するのが自然であろう：
$$\frac{dT}{dx}(\varphi) = \int_{-\infty}^{\infty} f'(x)\varphi(x)\,dx.$$
右辺に部分積分法を適用し，φ が有界な区間の外では 0 であることに注意すれば
$$\frac{dT}{dx}(\varphi) = \int_{-\infty}^{\infty} f'(x)\varphi(x)\,dx = -\int_{-\infty}^{\infty} f(x)\varphi'(x)\,dx$$
となり，dT/dx は f の導函数を<u>含まないで</u>表現できる．このことはつぎの定義を示唆する．

定義 2. 超函数 T に対して，
$$\frac{dT}{dx}(\varphi) = -T(\varphi')$$
によって定まる汎函数 dT/dx を超函数 T の**導函数**という．——

この式によって定義される汎函数が線形かつ連続であること，すなわちひとつの超函数であることは明らかである．同様に 2 階，3 階などの導函数が定義

される.

超函数 T を記号 f で表わし,(上の意味における)導函数を記号 f' で表わすことにしよう.このとき,定義からただちにつぎの命題が成立する:

1. 超函数はすべて任意の階数の導函数をもつ,

2. 超函数列 $\{f_n\}$ が超函数 f に(超函数の収束の意味で)収束するならば,導超函数列 $\{f'_n\}$ は極限超函数の導函数 f' に収束する.このことは,超函数の収束列は項別微分可能であるといってもよい.

二,三の例を考察しておこう.

例1. f が正則(すなわち'実際'の函数)で導函数が存在して連続(または区分的に連続)ならば,超函数としてのその導函数は通常の意味での f の導函数と一致する(に対応する).

例2. 階段函数
$$f(x) = \begin{cases} 1 & (x \geqq 0) \\ 0 & (x < 0) \end{cases} \tag{5}$$
を **Heaviside の単函数**という.これによって
$$(f, \varphi) = \int_0^\infty \varphi(x)\,dx$$
なる線形汎函数が定まる.超函数の導函数の定義により(φ は有界区間外で 0 であるから)
$$(f', \varphi) = -(f, \varphi') = -\int_0^\infty \varphi'(x)\,dx = \varphi(0).$$
すなわち Heaviside の函数(5)の導函数は δ 函数である.

例3. 例1,2から明らかなように,点 $x_1, x_2, \cdots$ で'跳躍'の値が $h_1, h_2, \cdots$ であり,他の点では(通常の意味で)微分可能な函数を f とすれば,その(超函数の意味での)導函数は,通常の導函数 f'(それが存在する点で)に対応する超函数と
$$\sum_i h_i \delta(x - x_i)$$
なる形のものとの和で表わされる.

例4. δ 函数に超函数の微分法の定義を適用すれば,各函数 $\varphi \in K$ に対して $-\varphi'(0)$ なる値をとる汎函数が δ 函数の導函数となる.これはさきに 'δ 函数の

導函数' とよんだものにほかならない.

例 5. 無限級数
$$\sum_{n=1}^{\infty} \frac{\sin nx}{n} \tag{6}$$
の和は,周期 2π をもち,$(-\pi, \pi)$ では
$$f(x) = \begin{cases} \dfrac{\pi-x}{2} & (0<x\leqq\pi) \\ -\dfrac{\pi+x}{2} & (-\pi\leqq x<0) \\ 0 & (x=0) \end{cases}$$
によって表わされる函数になる.ゆえに,この函数の超函数としての導函数は
$$-\frac{1}{2}{}^{1)} + \pi \sum_{k=-\infty}^{\infty} \delta(x-2k\pi) \tag{7}$$
となる(例 3 参照).これは一つの超函数である(有域函数 $\varphi \in K$ における値はつねに 0 でない項の有限和となる).一方,級数 (6) を項別に微分すれば
$$\sum_{n=1}^{\infty} \cos nx$$
となる.これは発散級数である.しかし超函数としての収束の意味では,これは収束して (7) なる和をもつ.このように,超函数の概念は,通常の意味では発散する級数の和に対しても一定の意味をもたせるのである.同様なことは多くの発散する積分についてもいえる.場の量子論,その他の理論物理学ではこの種の事態がしばしばおこる.だが,このようなことは,数理物理学の初等的な問題を Fourier の方法によって解こうとするときにもおこる.たとえば,弦の振動の方程式 $\dfrac{\partial^2 u}{\partial t^2} = a^2 \dfrac{\partial^2 u}{\partial x^2}$ の解法に際して,その x, t についての 2 階の偏導函数が超函数論の意味でしか存在しないような三角級数が,つまり,超函数論の意味でのみこの方程式を満たす解が,現われるのである.

5°. 基本函数の集合の潤沢性

われわれは,ある種の空間——無限回微分可能な有域函数からなる空間 K ——の上の線形汎函数を超函数の定義とした.一般的にいえば,基本空間とし

---

1) C を定数とするとき,$(f, \varphi) = \int C\varphi(x)dx$ で与えられる超函数 f を定数 C で表わす(訳者).

て K 以外のものを考えることもできるのである．そこで空間 K を基本空間として選んだ理由について少し考えてみよう．有域かつ無限回微分可能という強い要請を K の要素に課することによって，まず第一に，超函数の大きな集合を獲得することができたし(基本空間を狭めればその共役空間は広くなる)，第二には，解析の基本演算である極限移行と微分演算とを超函数に対してきわめて自由に適用することができた．だが，同時に，基本空間は狭すぎてもいけない．すなわち基本空間に十分に多くの要素があり，その助けを借りて二つの異なる連続函数を区別しうるようになっていなければ都合が悪いのである．正確にいえば，'二つの異なる連続(したがって局所可積分)な函数 f_1, f_2 に対して，基本空間の適当な要素 φ をとれば

$$\int_{-\infty}^{\infty} f_1(x)\varphi(x)dx \neq \int_{-\infty}^{\infty} f_2(x)\varphi(x)dx \qquad (8)$$

となる'必要がある．

空間 K がこの条件を満たすことを証明しよう．$f(x)=f_1(x)-f_2(x)$ とおく．$f(x)\not\equiv 0$ ならば $f(x_0)\neq 0$ なる x_0 が存在する．ゆえに点 x_0 を含む或る区間 (α, β) で $f(x)$ は一定の符号をもっている．いま

$$\varphi(x) = \begin{cases} e^{-1/(\beta-x)(x-\alpha)} & (\alpha < x < \beta) \\ 0 & (x \leq \alpha \text{ または } x \geq \beta) \end{cases}$$

なる函数を考えれば，これは (α, β) の外で 0，その中では正，しかも φ は無限回微分可能であるから，$\varphi \in K$．このとき明らかに

$$\int_{-\infty}^{\infty} f(x)\varphi(x)dx = \int_{\alpha}^{\beta} f(x)\varphi(x)dx \neq 0$$

となる．以上により，空間 K は異なる連続函数を区別するのに十分なだけ多くの要素をもっていることが証明された[1]．

6°. 原始函数，超函数の微分方程式

微分方程式は，超函数の理論が適用される重要な領域の一つであり，逆にまた，微分方程式の研究が，超函数の理論の発展に少なからぬ刺戟を与えてきた．

---

[1] このことは連続函数よりもさらに一般な函数に拡張されるが，そのためには Lebesgue の意味における積分可能性の概念が必要となる．これについては次章で取り扱う．

超函数が応用されるのは主として偏微分方程式に対してであるが，その詳しい考察は本書の枠外に属するから，これは措いて，ここでは超函数に関するもっとも簡単な常微分方程式の解を問題とする．まず

$$y' = f(x)$$

の形の方程式，つまり，導函数からもとの函数を復元する問題からはじめよう（$f(x)$ は超函数もしくは'通常の'函数）．まず $f(x) \equiv 0$ の場合から：

定理1． 方程式

$$y' = 0 \tag{9}$$

の（超函数）解は定数である．

証明． 方程式(9)の意味は，任意の基本函数 $\varphi \in K$ に対して

$$(y', \varphi) = (y, -\varphi') = 0 \tag{10}$$

となることである．基本函数の導函数として表わされる基本函数の全体を $K^{(1)}$ とする．$K^{(1)}$ は明らかに K の線形部分空間である．$\varphi_1(x) = -\varphi(x)$ とおけば，φ が K 上をわたるとき，φ_1 もまた K 上をわたる．等式(10)は，したがって，$K^{(1)}$ 上での y の値を決定している．

つぎに，基本函数 φ が $K^{(1)}$ に属するためには

$$\int_{-\infty}^{\infty} \varphi(x)\,dx = 0 \tag{11}$$

となることが必要かつ十分であること，すなわち，$K^{(1)}$ は汎函数 $\int_{-\infty}^{\infty} \varphi(x)\,dx$ の核心であることに，注意しよう．実際，$\varphi(x) = \psi'(x)$ ならば

$$\int_{-\infty}^{\infty} \varphi(x)\,dx = \psi(x)\Big|_{-\infty}^{\infty} = 0. \tag{12}$$

逆に，もし基本函数 φ が(11)を満たすならば，無限回微分可能な函数

$$\psi(x) = \int_{-\infty}^{x} \varphi(t)\,dt \tag{13}$$

は有域的であるから，基本函数で，その導函数は φ である．

一方，第3章§1,6°の結果によれば，$K^{(1)}$ に属さない基本函数 φ_0 をひとつ固定するとき，任意の基本函数 $\varphi \in K$ は

$$\varphi = \varphi_1 + c\varphi_0 \qquad (\varphi_1 \in K^{(1)})$$

の形に表わされる．いま，φ_0 を

$$\int_{-\infty}^{\infty}\varphi_0(x)\,dx=1$$

となるようにとれば，c と $\varphi_1 \in K^{(1)}$ とは

$$c=\int_{-\infty}^{\infty}\varphi(x)\,dx,\quad \varphi_1(x)=\varphi(x)-c\varphi_0(x)$$

のようにとればよい．

こうして，汎函数(=超函数)y の φ_0 における値を与えれば y は全空間 K 上で一意に定まる．すなわち，$(y,\varphi_0)=\alpha$ とおけば，すべての $\varphi \in K$ に対して

$$(y,\varphi)=(y,\varphi_1)+c(y,\varphi_0)=\alpha\int_{-\infty}^{\infty}\varphi(x)\,dx=\int_{-\infty}^{\infty}\alpha\varphi(x)\,dx=(\alpha,\varphi)$$

となる．すなわち，超函数 y は定数 α である．□

このことから，$f'=g'$ を満たす超函数 f,g は $f-g=\mathrm{const.}$ なる関係にあることがわかる．

つぎに，任意に与えられた超函数 $f \in K^*$ に対して，方程式

$$y'=f \tag{14}$$

を考えよう．

定理2. 方程式(14)は，任意の $f \in K^*$ に対して，K^* に属する解をもつ[1]．この解を，超函数 f の**原始函数**とよぶ．

証明． 方程式(14)の意味は，すべての基本函数 $\varphi \in K$ に対して

$$(y',\varphi)=(f,\varphi)$$

となることであるが，$(y',\varphi)=(y,-\varphi')$ であるから

$$(y,-\varphi')=(f,\varphi)\qquad (-\varphi' \in K^{(1)}) \tag{15}$$

となり，$K^{(1)}$ に属する任意の基本函数 φ_1 に対して，φ_1 における汎函数 y の値はこの等式によって決定される：

$$(y,\varphi_1)=\left(f,\,-\int_{-\infty}^{x}\varphi_1(\xi)\,d\xi\right).$$

一方，任意の $\varphi \in K$ は

$$\varphi=\varphi_1+c\varphi_0$$

の形に表わすことができる．そこで $(y,\varphi_0)=0$ とおけば，汎函数 y は K 全体

---

[1] K^* は K の共役空間，すなわち K 上の連続線形汎函数(=超函数)の全体．cf. p. 210(訳者)．

の上で定義される．すなわち

$$(y, \varphi) = (y, \varphi_1) = \left(f, -\int_{-\infty}^{x} \varphi_1(\xi) d\xi\right).$$

この汎函数が線形かつ連続であることは容易にわかる．さらにこれは(14)の解になっている．それは，すべての $\varphi \in K$ に対して

$$(y', \varphi) = (y, -\varphi') = \left(f, \int_{-\infty}^{x} \varphi'(\xi) d\xi\right) = (f, \varphi)$$

となるからである．以上により，任意の超函数 $f(x)$ に対して微分方程式

$$y' = f(x)$$

の解が存在することがわかった．すなわち，超函数はすべて原始函数をもつ．定理1により，任意の積分定数を除いて，f の原始函数は一意的に定まる．□

上述の結果を線形微分方程式の系に移して考察することは容易にできるが，ここでは，結論を証明なしに述べるに止める．

n 個の未知函数をもつ n 個の同次線形微分方程式

$$y'_i = \sum_{k=1}^{n} a_{ik}(x) y_k \qquad (i=1, 2, \cdots, n) \tag{16}$$

を考える．ただし a_{ik} は無限回微分可能な函数とする．この種の系は，いくつかの'古典的'な解('通常'の無限回微分可能な函数からなる解)をもっているが，(16)を超函数に関する微分方程式と考えても，解はこれらに対応するものだけしか存在しないことが証明される．

非同次方程式の系

$$y'_i = \sum_{k=1}^{n} a_{ik} y_k + f_i \tag{17}$$

(f_i: 超函数; a_{ik}: '通常'の無限回微分可能な函数)についても，超函数の解が存在し，その解は同次方程式(16)の任意解を除いて一意的に定まる．

もし(17)において a_{ik} だけでなく f_i をも通常の函数にとれば，超函数解は通常の函数解となる．

7°. 二, 三の一般化

これまでは'一つの実変数'の超函数すなわち数直線上の超函数を考察してきたのであるが，同様な考え方によって区間，円周などの有界集合上の超函数，

多変数の超函数，複素変数の超函数などを導入することもできる．また数直線上の超函数についても，上述の定義が決して唯一のものではないのである．以下，超函数の概念の一般化と変形とについて簡単に触れておくことにしよう．

a) 多変数の超函数. すべての変数について無限回偏微分可能で或る平行体
$$a_i \leq x_i \leq b_i \qquad (i=1,2,\cdots,n)$$
の外で 0 となるような函数 $\varphi(x_1, x_2, \cdots, x_n)$ ——n 次元空間上の函数——の全体 K^n を考える．K^n は（通常の意味での函数の和，数との積に関して）線形空間をなす．K^n に属する函数列 $\{\varphi_n\}$ の各函数が，適当な平行体
$$a_i \leq x_i \leq b_i \qquad (i=1,2,\cdots,n)$$
の外で 0 であり，$\alpha_1, \cdots, \alpha_n \geq 0$ を任意に固定したとき，その中では一様に
$$\frac{\partial^r \varphi_k}{\partial x_1^{\alpha_1}\cdots \partial x_n^{\alpha_n}} \longrightarrow \frac{\partial^r \varphi}{\partial x_1^{\alpha_1}\cdots \partial x_n^{\alpha_n}} \qquad \left(\sum_{i=1}^n \alpha_i = r\right)$$
となるとき，$\varphi_k \to \varphi$ であると定義する．

このように収束性を定義した K^n の上の線形連続汎函数を **n 変数の超函数** とよぶ．n 次元空間の任意の有界領域で可積分な n 変数の'通常'の函数 $f(x)$ は，すべてこの意味の超函数である．f に対応する汎函数は
$$(f, \varphi) = \int f(x)\varphi(x)\,dx \qquad (x=(x_1,\cdots,x_n),\ dx=dx_1\cdots dx_n)$$
によって与えられ，$n=1$ の場合と同様に，異なる連続函数は異なる汎函数を定める（すなわち異なる超函数をあらわす）．

n 変数の超函数に対する極限移行，導函数などの概念は，1 変数の場合と同様な方法で導入される．たとえば，超函数の偏導函数は
$$\left(\frac{\partial^r f(x)}{\partial x_1^{\alpha_1}\cdots \partial x_n^{\alpha_n}}, \varphi(x)\right) = (-1)^r \left(f(x), \frac{\partial^r \varphi(x)}{\partial x_1^{\alpha_1}\cdots \partial x_n^{\alpha_n}}\right)$$
によって与えられ，このことから，n 変数の超函数は無限回偏微分可能となる．

b) 複素超函数. つぎに，数直線上で複素数値をとる無限回微分可能な有域函数を基本函数とする場合を考えよう．この種の函数空間 $\tilde{K}$ 上の線形汎函数を **複素超函数** とよぶのは当然であろう．複素線形空間の上の汎函数には線形汎函数と共役線形汎函数とが考えられたことを，思い出して頂きたい．α を数とするとき，第一のものは

$$(f, \alpha\varphi) = \alpha(f, \varphi)$$

を満たし，第二は

$$(f, \alpha\varphi) = \bar{\alpha}(f, \varphi)$$

を満たすのであった．$f(x)$ を数直線上の通常の複素函数とするとき，これに対応する $\tilde{K}$ 上の線形汎函数は二通り考えられる：すなわち

$$(f, \varphi)_1 = \int_{-\infty}^{\infty} f(x)\varphi(x)\,dx, \tag{18_1}$$

$$(f, \varphi)_2 = \int_{-\infty}^{\infty} \overline{f(x)}\varphi(x)\,dx. \tag{18_2}$$

また，おなじ函数 f に対して共役線形汎函数も

$$_1(f, \varphi) = \int_{-\infty}^{\infty} f(x)\overline{\varphi(x)}\,dx, \tag{18_3}$$

$$_2(f, \varphi) = \int_{-\infty}^{\infty} \overline{f(x)}\,\overline{\varphi(x)}\,dx \tag{18_4}$$

の二つが考えられる．これら四種類の可能性のうちどれを選ぶかによって，'通常' の函数の空間を超函数の空間に埋蔵する仕方がちがってくるわけである．複素超函数に関する諸演算は実函数の場合と同様に定義される．

　c)　円周上の超函数． ある種の有界集合上の超函数を考える必要がおきることがしばしばある．そのもっとも簡単な例として円周上の超函数を考えてみよう．この場合の基本函数の空間としては，円周上で無限回微分可能な函数の全体をとり，函数の和と数との積は通常のように定義する．また函数列 $\{\varphi_n(x)\}$ の収束は $k=0,1,2,\cdots$ に対して $\{\varphi_n^{(k)}(x)\}$ が円周上で一様に収束することと定めておく．基本函数の有域性は，x の変域が円周で有界であるから，自動的に満たされる．このような函数空間上の線形汎函数を**円周上の超函数**とよんでおこう．

　円周上の通常の函数は，全数直線上で与えられた周期函数と見なすことができるから，このことを超函数の方で考えて，円周上の超函数を周期的な超函数ということができるであろう．この場合(周期 a の)**周期的超函数**とは，すべての基本函数 φ に対して

$$(f(x), \varphi(x-a)) = (f(x), \varphi(x))$$

なる条件を満たす超函数のことである．周期的な超函数の例としては，先に触

れておいた

$$\sum_{n=1}^{\infty} \cos nx = -\frac{1}{2} + \pi \sum_{k=-\infty}^{\infty} \delta(x-2k\pi)$$

などをあげることができる.

d) 基本空間の別例. さきに数直線上の超函数として定義したのは無限回微分可能な有域函数からなる基本空間 K 上の線形汎函数のことであった. しかし基本空間は, かならずしもこのように一意的に定める必要はないのである. たとえば, 有域函数の空間 K のかわりに, 数直線上の無限回微分可能な函数でその各階の導函数をも含めて $1/|x|$ の任意のベキ乗よりも速く減少する函数の全体を考えることもできる. もっと正確にいえば, $p, q = 0, 1, 2, \cdots$ に対して

$$|x^p \varphi^{(q)}(x)| < C_{pq} \qquad (-\infty < x < \infty) \tag{19}$$

なる C_{pq} (函数 φ と p, q とに関係する定数)が存在するような函数 $\varphi(x)$ の全体からなる空間 S_∞ を基本空間にとることもできるのである. この際, S_∞ における函数列 $\{\varphi_n\}$ の $\varphi \in S$ への収束は, 任意の有界区間において一様に $\varphi_n^{(q)}(x) \to \varphi^{(q)}(x)$ となり, かつ, n に無関係な C_{pq} に対して

$$|x^p \varphi_n^{(q)}(x)| < C_{pq}$$

となることであると定めておく.

この場合の超函数の空間は, 基本空間を K とした場合の超函数の空間よりも狭くなり, たとえば函数

$$f(x) = e^{x^2}$$

は, K 上の線形連続汎函数であるが, S_∞ 上のそれにはならない. しかし, 超函数の Fourier 変換を考える場合などには, S_∞ を基本空間とすると都合がよい.

超函数の理論が発展するにつれて, 基本空間は何かひとつのものに決めておく必要はかならずしもなく, 考えている問題の性質に応じて基本空間を変える方が都合がよいことがわかってきたのである. だが, この際本質的な要請として満たされなければならない二つの側面がある. 一つは基本函数が(それによって任意の二つの '通常' の函数——正確には, 正則な汎函数——を分離することができるほど) '十分に多く' 存在すること, 他の一つは, これらの基本函数が '十分に滑らか' なことである.

演習. 空間 S_∞ の場合, たとえば

$$\|\varphi\|_n = \sum_{p+q=n} \sup_{\substack{-\infty<x<\infty \\ 0\le i\le p \\ 0\le j\le q}} |(1+|x|^i)\varphi^{(j)}(x)|$$

とおくことにより,可算ノルム空間の構造を導入しうること,および,この可算ノルムによる点列の収束が上述の収束と同値であることを検証せよ.

§5. 線形作用素

1°. 線形作用素の定義と例

E, E_1 を二つの位相線形空間とするとき,E から E_1 の中への写像 A:
$$y = Ax \qquad (x \in E,\ y \in E_1)$$
が条件
$$A(\alpha x_1 + \beta x_2) = \alpha A x_1 + \beta A x_2$$
を満たすならば,A を E から E_1 の中への**線形作用素**とよぶ.この際,作用素 A が定義されている点 x の全体 D_A を A の**定義域**という.一般に $D_A = E$ とは限らないが,以下 D_A が線形の場合,すなわち,すべての α, β に対して $x, y \in D_A$ ならば $\alpha x + \beta y \in D_A$ となる場合だけを考察する.

$x_0 \in D_A$ の A による像を $y_0 = Ax_0$ とする.y_0 の任意の近傍 V に対して x_0 の適当な近傍 U をとれば,$x \in U \cap D_A$ なるすべての x に対して $Ax \in V$ となるとき,A は $x_0 \in D_A$ で**連続**であるといい,D_A の各点で A が連続ならば,作用素 A は連続であるという.

E, E_1 がノルム空間の場合には,上の定義は明らかにつぎの形と同値:

任意の $\varepsilon > 0$ に対して適当な $\delta > 0$ をとれば
$$\|x' - x''\| < \delta \quad (x', x'' \in D_A) \quad \text{なるすべての } x', x'' \text{ に対して}$$
$$\|Ax' - Ax''\| < \varepsilon$$
となるならば,作用素 A は**連続**であるという.

$Ax = 0$ なるすべての $x \in E$ の集合を,線形作用素 A の**核**または**核心**といい,$\operatorname{Ker} A$ と書く.或る $x \in D_A$ に対して $y = Ax$ となる $y \in E_1$ の全体を,線形作用素 A の**像**といい,$\operatorname{Im} A$ と書く.線形作用素に対しては,核も像も共に線形集合である.ただし D_A は線形と仮定.

この章のはじめに導入した線形汎函数は,線形作用素の特別の場合である.

すなわち，線形汎函数は，空間 E を数直線 $\mathbf{R}^1$ に写像する線形作用素にほかならない．上述の作用素の線形性と連続性との定義は，$E_1=\mathbf{R}^1$ の場合には，さきに汎函数について導入した線形性，連続性の定義になる．

以下，線形作用素に関して述べる諸事項は，線形汎函数について§1で述べたことを自動的に一般化したものである．

線形作用素の例

例 1. E が位相線形空間のとき
$$Ix = x \qquad (x \in E)$$
によって定まる作用素 I——E の各要素をそれ自身に写像する作用素——を，E の**恒等作用素**という．

例 2. E, E_1 を位相線形空間とする．すべての $x \in E$ に対して
$$Ox = 0$$
(0 は E_1 の零要素)となる作用素 O を，**零作用素**という．

例 3. 有限次元空間を有限次元空間に写像する線形作用素の一般形．線形作用素 A は，基 $e_1, \cdots, e_n$ をもつ n 次元空間 $\mathbf{R}^n$ を基 $f_1, \cdots, f_m$ をもつ m 次元空間 $\mathbf{R}^m$ に写像するものとする．いま $x \in \mathbf{R}^n$ とすれば
$$x = \sum_{i=1}^n x_i e_i$$
と表わされ，作用素 A の線形性により
$$Ax = \sum_{i=1}^n x_i A e_i$$
となる．ゆえに，A が $e_1, \cdots, e_n$ をどんな要素に写像するかがわかれば，A は定まってしまう．Ae_i を $\mathbf{R}^m$ の基で表わしたものを
$$Ae_i = \sum_{k=1}^m a_{ki} f_k$$
とすれば，A は係数 a_{ki} のつくる行列によって定まる．$\mathbf{R}^m$ における $\mathbf{R}^n$ の像が行列 (a_{ki}) の階数を次元とする部分空間となることは明らかであるから，像の次元は n を超えない．有限次元の空間の上の線形作用素はすべて，自動的に連続となることに注意しておこう．

例 4. Hilbert 空間 H とその部分空間 H_1 とを考える．H を H_1 とその直交

補空間とに分解して，各要素 $h \in H$ を
$$h = h_1 + h_2 \qquad (h_1 \in H_1, \ h_2 \perp H_1)$$
と表わし，これに対して
$$Ph = h_1$$
とおく．この作用素 P は，全空間 H を H_1 の上に射影するから，H の H_1 上への**射影作用素**あるいは**正射影**とよばれる．P の線形性と連続性とは，容易に検証することができよう．

例 5. 区間 $[a, b]$ 上の連続函数の空間において
$$\phi(s) = \int_a^b K(s, t) \varphi(t) dt \tag{1}$$
によって決定される作用素を考えてみよう．ただし $K(s, t)$ は固定された 2 変数の連続函数とする．$\varphi(t)$ が連続函数ならば $\phi(s)$ も連続函数となるから，作用素 (1) は連続函数の空間をそれ自身の中に写像する．この作用素の線形性は明らかであるが，連続性を問題とするには，この空間にあらかじめ位相を与えておかなければならない．つぎの二つの位相を与えたとき，この作用素は連続となる．検証は読者にまかせたい．a) $C[a, b]$ の場合，すなわち，ノルムを $\|\varphi\| = \max |\varphi(t)|$ とした場合．b) $C_2[a, b]$，すなわち，ノルムを $\|\varphi\| = \left(\int_a^b \varphi^2(t) dt \right)^{1/2}$ とした場合．

例 6. おなじく連続函数の空間において
$$\phi(t) = \varphi_0(t) \varphi(t) \qquad (\varphi_0 : \text{固定した連続函数})$$
によって定まる作用素も，明らかに線形である．（前例の二つのノルムに対して連続となることを，検証されたい．）

例 7. 解析学の重要な線形作用素の例として，微分作用素をあげておこう．これはさまざまな空間の上で考えられる．

a) 空間 $C[a, b]$ における作用素 D:
$$Df(t) = f'(t) ; \quad f, f' \in C[a, b]$$
を考える．この作用素——$C[a, b]$ から $C[a, b]$ の中に作用すると考える——は，もちろん $C[a, b]$ 全体の上でなく，連続な導函数をもつ函数からなる $C[a, b]$ の線形部分集合の上でのみ作用するものである．作用素 D は，線形だが連続ではない．このことは，たとえば，列

$$\varphi_n(t) = \frac{\sin nt}{n}$$

は $(C[a,b]$ の距離で$)0$ に収束するが，列

$$D\varphi_n(t) = \cos nt$$

は収束しないことから明らかである.

b) $[a,b]$ 上の連続微分可能な函数の空間 C^1 にノルム

$$\|\varphi\|_1 = \max |\varphi(t)| + \max |\varphi'(t)|$$

を導入して，微分作用素 D を空間 C^1 から $C[a,b]$ の中への写像とみなすこともできる．この場合には，作用素 D は線形かつ連続で，全空間 C^1 を全空間 $C[a,b]$ の上に写像する.

c) 微分作用素を C^1 から $C[a,b]$ の上への作用素とみなすことは，かならずしも好都合ではない．それは，こうすることによって空間全体で定義された連続線形作用素は得られるものの，この作用素を C^1 の任意の函数に重複して適用することはできないからである．そこで，C^1 を狭めて，$[a,b]$ 上で無限回微分可能な函数の空間 C^∞ を考え，C^∞ に可算ノルム

$$\|\varphi\|_n = \sup_{\substack{0 \le k \le n \\ a \le t \le b}} |\varphi^{(k)}(t)|$$

によって位相を導入する．微分作用素は，明らかに，この空間全体をそれ自身に写像し，かつこの空間において連続である.

d) 無限回微分可能な函数の全体は，きわめて狭いクラスを構成する．だが，これよりも本質的にはるかに広い空間において微分作用素を——しかも連続作用素としての微分作用素を——考察する可能性を，超函数が与えてくれるのである．前節ですでに，超函数の微分演算を定義したが，そこで述べたことからわかるように，微分作用素は超函数の空間における線形作用素であり，また，超函数列 $\{f_n\}$ が f に収束すればその導函数列は f の導超函数に収束するという意味において，連続である.

2°. 連続性と有界性

位相線形空間 E から E_1 の中に作用する線形作用素が，全空間 E で定義され，E の任意の有界集合をふたたび E_1 の有界集合に写像するとき，この作用

素は**有界**であるという.線形作用素の連続性と有界性との間には,密接な関係がある.すなわち,つぎの命題が成立する.

P1. 連続線形作用素はすべて**有界**である.

証明. $M \subset E$ が有界で $AM \subset E_1$ は有界でないと仮定してみる.このとき,有界性の定義により,E_1 の 0 の適当な近傍 V をとれば,$\frac{1}{n}AM$ $(n=1,2,\cdots)$ は,そのうちのどのひとつも V に完全に含まれてしまうことはない.したがって,適当な点列 $x_n \in M$ をとれば,$\frac{1}{n}Ax_n$ はどれも V に属さないから,E において $\frac{1}{n}x_n \to 0$[1)] でありながら列 $\left\{\frac{1}{n}Ax_n\right\}$ は E_1 で 0 に収束しないことになる.これは作用素 A の連続性に矛盾する. □

P2. E が第一可算公理を満たすなら,E から E_1 の中への**有界**な線形作用素はすべて**連続**である.

証明. E の 0 の基本近傍系 $\{U_n\}$:
$$U_1 \supset U_2 \supset \cdots \supset U_n \supset \cdots$$
をとる.A が 0 で連続でないとすれば,適当な 0 の近傍 $V \subset E_1$ に対して $x_n \in \frac{1}{n}U_n$,$Ax_n \notin nV$ $(n=1,2,\cdots)$ なる点列 $\{x_n\}$ が存在する.このとき,集合 $\{x_n\}$ は明らかに E で有界である(のみならず点列 x_n は 0 に収束する)が,$Ax_n \notin nV$ $(n=1,2,\cdots)$ によって,いかなる n に対しても $\{Ax_n\} \not\subset nV$ であるから,集合 $\{Ax_n\}$ は E_1 で有界でない.これは A が有界作用素であることに矛盾する. □

このように,第一可算公理を満たす空間(たとえばノルム空間や可算ノルム空間)では,線形作用素の**有界性**と**連続性**とは**一致する**.

前項の例 1-6 の作用素はすべて連続で,そこにおける空間はすべて第一可算公理を満たしている.ゆえに,これらの例における作用素は有界である.

E, E_1 がノルム空間の場合,E から E_1 の中への作用素 A が**有界**であるとは,A が各球を有界集合の中に写像することということができる.A の線形性を使えば,この定義はつぎのように表わされる:

線形作用素 A が**有界**であるとは,すべての $x \in E$ に対して
$$\|Ax\| \leqq C\|x\|$$

---

1) 第 3 章 §5, 1° 演習 1, (a) (p.171) 参照.

となるような一定数 C が存在することをいう．
この不等式を満たす C の下限を，作用素 A の**ノルム**といい，$\|A\|$ で表わす．

定理 1. ノルム空間をノルム空間の中へ写像する有界線形作用素 A に対して

$$\|A\| = \sup_{\|x\|\leq 1} \|Ax\| = \sup_{x\neq 0} \frac{\|Ax\|}{\|x\|}. \tag{2}$$

証明． $\alpha = \sup_{\|x\|\leq 1}\|Ax\|$ とおく．A の線形性により[1])

$$\alpha = \sup_{\|x\|\leq 1}\|Ax\| = \sup_{x\neq 0}\frac{\|Ax\|}{\|x\|}.$$

したがって，任意の $x\neq 0$ に対して

$$\|Ax\|/\|x\| \leq \alpha.$$

よって，任意の x に対して

$$\|Ax\| \leq \alpha\cdot\|x\|.$$

したがって，ノルムの定義より

$$\|A\| = \inf C \leq \alpha.$$

つぎに，任意の $\varepsilon > 0$ に対して

$$\alpha - \varepsilon < \|Ax_\varepsilon\|/\|x_\varepsilon\|$$

なる $x_\varepsilon \neq 0$ が存在するから

$$(\alpha-\varepsilon)\|x_\varepsilon\| < \|Ax_\varepsilon\| \leq C\|x_\varepsilon\|.$$

ゆえに

$$\alpha - \varepsilon \leq \inf C = \|A\|.$$

$\varepsilon > 0$ は任意だから $\alpha \leq \|A\|$．したがって $\|A\| = \alpha$．□

3°．作用素の和と積

定義 1. A, B が位相線形空間 E から E_1 の中に作用する線形作用素であるとき，要素 $x \in E$ に要素

$$y = Ax + Bx \in E_1$$

を対応させる作用素 C を，作用素 A, B の**和**とよび，$A+B$ で表わす．これは，作用素 A, B の定義域の交わり $D_A \cap D_B$ に属するすべての要素の上で定義され

---

1) $\alpha = \sup_{\|x\|\leq 1}\|Ax\| \leq \sup_{\substack{\|x\|\leq 1 \\ x\neq 0}}\frac{1}{\|x\|}\|Ax\| \leq \sup_{x\neq 0}\left\|A\left(\frac{x}{\|x\|}\right)\right\| = \sup_{\|x\|=1}\|Ax\| \leq \alpha$ (訳者).

ている．

$C=A+B$ は線形．また，A, B が連続ならば $A+B$ も明らかに連続である．
E, E_1 がノルム空間で A, B が有界ならば，$A+B$ も有界で
$$\|A+B\| \leq \|A\| + \|B\| \tag{3}$$
となる．実際，任意の x に対して
$$\|(A+B)x\| = \|Ax+Bx\| \leq \|Ax\| + \|Bx\| \leq (\|A\|+\|B\|)\|x\|.$$

定義 2. A を空間 E から E_1 の中に作用する線形作用素，B は E_1 から E_2 の中に作用する線形作用素とする．このとき，要素 $x \in E$ を E_2 の要素
$$z = B(Ax)$$
に対応させる作用素 C を，B, A の**積**といい BA で表わす．作用素 $C=BA$ の定義域 D_C は $Ax \in D_B$ なる $x \in D_A$ の全体である．明らかに，BA は線形，また，A, B が連続ならば積 BA も連続である．

演習． D_A, D_B が線形集合ならば D_C もまた線形集合となることを示せ．

A, B がノルム空間に作用する有界作用素の場合には，BA も有界で
$$\|BA\| \leq \|B\| \cdot \|A\| \tag{4}$$
となる．実際，
$$\|BAx\| = \|B(Ax)\| \leq \|B\| \cdot \|Ax\| \leq \|B\| \cdot \|A\| \cdot \|x\|. \tag{5}$$

三つ以上の作用素の和，積は，順次に定義すればよい．これら二つの演算は結合律を満たす．

作用素 A と数 k との積 kA は，x を kAx に対応させる作用素として定義する．

E, E_1 は位相線形空間とする．全空間 E で定義された E から E_1 の中への連続な線形写像の全体を $\mathcal{L}(E, E_1)$ とすれば，これは，上で定義した和，および数との積に関して線形空間となる．また，E, E_1 がノルム空間の場合には，作用素のノルムに関してノルム空間となる．

演習． E はノルム空間，E_1 は完備なノルム空間とすれば，a) ノルム空間 $\mathcal{L}(E, E_1)$ は完備である．b) $A_k \in \mathcal{L}(E, E_1)$，$\sum_{k=1}^{\infty} \|A_k\| < \infty$ ならば，$\sum_{k=1}^{\infty} A_k$ は或る作用素 $A \in \mathcal{L}(E, E_1)$ に収束し
$$\|A\| = \left\|\sum_{k=1}^{\infty} A_k\right\| \leq \sum_{k=1}^{\infty} \|A_k\|. \tag{6}$$

4°. 逆作用素, 可逆性

A を E から E_1 の中に作用する作用素とし, その定義域および値域をそれぞれ D_A, $\mathrm{Im}\, A$ とする.

定義 3. 任意の $y \in \mathrm{Im}\, A$ に対して
$$Ax = y$$
がただ一つの解をもつとき, 作用素 A は**可逆**であるという[1].

A が可逆ならば, 各 $y \in \mathrm{Im}\, A$ に対して $Ax=y$ のただ一つの解 x を対応させることができる. この対応を与える作用素を A の**逆作用素**といい, A^{-1} で表わす.

定理 2. 線形作用素 A の逆作用素 A^{-1} は線形である.

証明. まず, 作用素 A の値域 $\mathrm{Im}\, A$ すなわち逆作用素 A^{-1} の定義域 $D_{A^{-1}}$ が線形集合であることに注意しておく. さて, 線形作用素の定義により, $y_1, y_2 \in \mathrm{Im}\, A$ として
$$A^{-1}(\alpha_1 y_1 + \alpha_2 y_2) = \alpha_1 A^{-1} y_1 + \alpha_2 A^{-1} y_2 \tag{7}$$
を示せばよい. $Ax_1 = y_1$, $Ax_2 = y_2$ とおけば, A の線形性により
$$A(\alpha_1 x_1 + \alpha_2 x_2) = \alpha_1 y_1 + \alpha_2 y_2. \tag{8}$$
逆作用素の定義により
$$A^{-1} y_1 = x_1, \qquad A^{-1} y_2 = x_2$$
であるから, 両式に α_1, α_2 を掛けて加えれば
$$\alpha_1 A^{-1} y_1 + \alpha_2 A^{-1} y_2 = \alpha_1 x_1 + \alpha_2 x_2.$$
一方, (8) と逆作用素の定義とから
$$\alpha_1 x_1 + \alpha_2 x_2 = A^{-1}(\alpha_1 y_1 + \alpha_2 y_2).$$
これと上の等式とから
$$A^{-1}(\alpha_1 y_1 + \alpha_2 y_2) = \alpha_1 A^{-1} y_1 + \alpha_2 A^{-1} y_2. \qquad \square$$

定理 3 (逆作用素に関する **Banach の定理**). A を Banach 空間 E から Banach 空間 E_1 の上への双一意な有界線形作用素とする. このとき, 逆作用素 A^{-1} は有界である. ──

この定理を証明するためには, つぎの補助定理を必要とする.

---

[1] 単射ということにほかならない (訳者).

補助定理. M を Banach 空間 E の稠密集合とする.このとき零でない任意の要素 $y \in E$ は
$$y = y_1 + y_2 + \cdots + y_k + \cdots$$
の形の級数に分解することができる.ここに $y_k \in M$, $\|y_k\| < 3\|y\|/2^k$ である.

証明. このような要素列 y_k はつぎのようにして構成する.まず $y_1 \in M$ を
$$\|y - y_1\| < \frac{\|y\|}{2} \tag{9}$$
のように選ぶ.y を中心とする半径 $\|y\|/2$ の球の内部には M の点が存在する(なぜならば M は稠密)から,(9)を満たす $y_1 \in M$ はたしかに存在する.以下つぎつぎに $y_2 \in M$, $\|y - y_1 - y_2\| < \|y\|/4$; $y_3 \in M$, $\|y - y_1 - y_2 - y_3\| < \|y\|/8$; …,一般に,$y_n \in M$, $\|y - y_1 - \cdots - y_n\| < \|y\|/2^n$ のように $y_2, \cdots, y_n, \cdots$ を選ぶ.M が E で稠密だから,これはつねに可能である.y_k の選び方から
$$\left\| y - \sum_{k=1}^{n} y_k \right\| \to 0 \quad (n \to \infty)$$
となり,$\sum y_k$ は y に収束する.つぎに,y_k のノルムを評価してみれば
$$\|y_1\| = \|y_1 - y + y\| \leq \|y_1 - y\| + \|y\| < \frac{3}{2}\|y\|,$$
$$\|y_2\| = \|y_2 + y_1 - y + y - y_1\| \leq \|y - y_1 - y_2\| + \|y - y_1\| < \frac{3}{4}\|y\|,$$
以下同様にして
$$\|y_n\| = \|y_n + y_{n-1} + \cdots + y_1 - y + y - y_1 - \cdots - y_{n-1}\|$$
$$\leq \|y - y_1 - \cdots - y_n\| + \|y - y_1 - \cdots - y_{n-1}\| < \frac{3}{2^n}\|y\|$$
となり,補助定理が証明された. ⌋

定理3の証明. 空間 E_1 において $\|A^{-1}y\| \leq k\|y\|$ を満たす要素 $y \in E_1$ の全体を M_k とすれば,E_1 の要素はいずれもどれかの M_k に属するから,$E_1 = \bigcup_{k=1}^{\infty} M_k$ である.Baire の定理(第2章§3,3° 定理2)により,M_k のうちの少なくとも一つ,たとえば M_n は,或る球 B_0 の中で稠密である.球 B_0 の中で,M_n の点を中心とする球殻 P,すなわち
$$\beta < \|z - y_0\| < \alpha \quad (0 < \beta < \alpha, \; y_0 \in M_n)$$

なる点 z の全体を考え,その中心 y_0 を原点まで移動して得られる球殻を P_0 とする:$P_0=\{z:0<\beta<\|z\|<\alpha\}$.

このとき,M_k のうちのどれか一つが集合 P_0 の中で稠密であることを証明しよう.いま $z\in P\cap M_n$ とすれば,$z-y_0\in P_0$ かつ

$$\|A^{-1}(z-y_0)\| \leq \|A^{-1}z\|+\|A^{-1}y_0\| \leq n(\|z\|+\|y_0\|)$$
$$\leq n(\|z-y_0\|+2\|y_0\|) = n\|z-y_0\|\left(1+\frac{2\|y_0\|}{\|z-y_0\|}\right)$$
$$\leq n\|z-y_0\|\left(1+\frac{2\|y_0\|}{\beta}\right). \tag{10}$$

$n(1+2\|y_0\|/\beta)$ は z に関係しないから,整数 $N=1+n[1+2\|y_0\|/\beta]$ も z に関係しない[1].すなわち,(10) により,任意の $z\in P\cap M_n$ に対して $z-y_0\in M_N$ であり,M_n が P で稠密だから M_N は P_0 で稠密である.

ここで E_1 の要素 $y\neq 0$ を任意にとり,λ を適当に選んで $\beta<\|\lambda y\|<\alpha$ すなわち $\lambda y\in P_0$ となるようにしておく.このとき,M_N が P_0 で稠密なことから,適当な点列 $y_k\in M_N$ を選んで $y_k\to\lambda y$ すなわち $\frac{1}{\lambda}y_k\to y$ とすることができる.$y_k\in M_N$ ならば任意の $\lambda\neq 0$ に対して $\frac{1}{\lambda}y_k\in M_N$ となることは明らかだから,結局 M_N は $E_1\setminus\{0\}$ で稠密,したがって E_1 で稠密である.

いま,任意の $y\in E_1$ $(y\neq 0)$ を考えると,補助定理により,y は

$$y = y_1+y_2+\cdots+y_k+\cdots, \quad \|y_k\| < \frac{3}{2^k}\|y\|, \quad y_k\in M_N$$

の形の級数に分解することができる.

y_k の原像 x_k すなわち $x_k=A^{-1}y_k$ からなる級数 $\sum x_k$ を考えると,
$$\|x_k\| = \|A^{-1}y_k\| \leq N\|y_k\| < 3N\|y\|/2^k$$
により,この級数は或る要素 $x\in E$ に収束する.このとき
$$\|x\| \leq \sum_{k=1}^{\infty}\|x_k\| \leq 3N\|y\|\sum_{k=1}^{\infty}\frac{1}{2^k} = 3N\|y\|.$$

$\sum x_n$ が収束することと A の連続性により,A をこの級数に項別に適用することができて

$$Ax = Ax_1+Ax_2+\cdots = y_1+y_2+\cdots = y$$

---

[1] 記号 [ ] は数の整数部分を示す (Gauss の記号).

となるから，$x=A^{-1}y$ である．このとき
$$\|A^{-1}y\| = \|x\| \leq 3N\|y\|.$$
この不等式は任意の $y \neq 0$ に対して成立しているから，作用素 A^{-1} は有界である．□

この定理の重要な系をいくつか導いておこう．まず，写像 A が双一意でない場合へのこの定理の自然な一般化を考える．

系1(開写像定理). Banach 空間 E を Banach 空間 E_1 全体の上にうつす連続な線形写像は，開写像である．――

この系は，さきに証明した Banach の逆作用素に関する定理とつぎの補助定理とから出る．

補助定理. E を Banach 空間，L をその閉部分空間とする．空間 E から商空間 E/L の上への標準写像 B，すなわち，各点 $x \in E$ に対してそれを含む剰余類 $x+L$ を対応させる写像 B は，開写像である．

証明. $Z=E/L$ とおき，G を E における任意の開集合とし，$\Gamma=BG=\{Bx: x \in G\}$ とおく．$z_0 \in \Gamma$ を任意にとる．Γ の定義から $Bx_0=z_0$ となるような点 $x_0 \in G$ が存在する．点 x_0 の ε 近傍 $U(x_0)$ を $U(x_0) \subset G$ となるように選ぶ．さて，点 $z_0 \in \Gamma$ の ε 近傍から任意に点 z をとる：$\|z-z_0\|<\varepsilon$．商空間におけるノルムの定義によれば，$\|z-z_0\|<\varepsilon$ は $\|x-x_0\|<\varepsilon$ なる要素 $x \in B^{-1}z$ の存在，すなわち，要素 $x \in U(x_0) \subset G$ の存在を意味する．ところがこのとき $z \in BG = \Gamma$．すなわち，点 z_0 の ε 近傍は Γ に含まれる．したがって Γ は開集合で，補助定理は証明される．⌟

空間 E から E_1 の上への写像 A を，E から $Z=E/\mathrm{Ker}\,A$ の上への標準写像 B(補助定理によって開)と空間 Z から E_1 の上への双一意写像(定理3によって開)とをつないだものと考えれば，A が開写像であることがわかる．□

系2(トロイカの定理). E, E_1, E_2 は Banach 空間．A, B はそれぞれ E から E_1 および E から E_2 への連続な線形写像で，B は E を E_2 全体の上にうつす (i. e. $\mathrm{Im}\,B=E_2$) と仮定する．ここで，もし
$$\mathrm{Ker}\,A \supset \mathrm{Ker}\,B \tag{11}$$
ならば，E_2 から E_1 の中への連続な線形写像 C で $A=CB$ となるものが存在する．――

§5. 線形作用素

このことは，記号的に，つぎのように表わすと便利である：

$$\begin{array}{ccc} \mathrm{Ker}\,B \to E & \xrightarrow{B} & E_2 \\ \cap & \| & \downarrow C \\ \mathrm{Ker}\,A \to E & \xrightarrow{A} & E_1. \end{array}$$

証明． 各要素 $z \in E_2$ に対してその完全原像 $B^{-1}z \subset E$ を考える．条件(11)によって，$B^{-1}z$ に属する要素 x はすべて，作用素 A によって同一の要素 $y \in E_1$ にうつされる．この要素 y を z に対応させて得られる E_2 から E_1 の中への写像を C とする．作用素 C は明らかに線形．それはまた連続(したがって有界)でもある．なぜならば，E_1 の任意の開部分集合 G に対して，その写像 C による完全原像 $C^{-1}G$ は，$B(A^{-1}G)$ と表わされるが，作用素 A が連続だから $A^{-1}G$ は開集合，したがって系1により $B(A^{-1}G)$ も開集合となるからである．□

演習 1. E, E_1 はノルム空間，A は E から E_1 の中に作用する線形作用素で，その定義域を線形集合 $D_A \subset E$ とする．ここで $x_n \in D_A,\ x_n \to x,\ Ax_n \to y$ から $x \in D_A,\ Ax = y$ が導かれるならば，A は**閉作用素**であるという．有界作用素がすべて閉作用素であることを検証せよ．

演習 2. $x \in E,\ y \in E_1$ からなる対 $[x, y]$ にノルムとして $\|[x, y]\| = \|x\| + \|y\|_1$ を与えて得られる線形ノルム空間を，E, E_1 の直積といい，$E \times E_1$ で表わす($\|\cdot\|, \|\cdot\|_1$ はそれぞれ E, E_1 におけるノルム)．このとき作用素 A に対して集合 $G_A = \{[x, y] : x \in D_A, y = Ax\} \subset E \times E_1$ を考え，これを A の**グラフ**という．線形集合 G_A が $E \times E_1$ において閉じているためには A が閉作用素であることが必要かつ十分なことを検証せよ．また，E, E_1 が Banach 空間で $D_A = E$ かつ A が閉作用素ならば，A は有界であることを証明せよ (Banach の**閉グラフ定理**)．

ヒント：定理3を G_A から E への作用素 $P: [x, Ax] \to x$ に適用せよ．

演習 3. 完備可算ノルム空間 E から完備可算ノルム空間 E_1 の上への連続線形作用素 A が双一意ならば，逆作用素 A^{-1} は連続であることを証明せよ．可算ノルム空間についての Banach の閉グラフ定理の形を述べ，かつ証明せよ．

Banach 空間 E を Banach 空間 E_1 の中にうつす有界な線形作用素 A の全体 $\mathscr{L}(E, E_1)$ を考える．これは Banach 空間をなす．この集合 $\mathscr{L}(E, E_1)$ の中から，E を E_1 全体にうつししかも有界な逆作用素をもつような作用素のすべてからなる部分集合 $\mathscr{GL}(E, E_1)$ をとり出す．この部分集合は $\mathscr{L}(E, E_1)$ において開集合をなす．すなわち，つぎの定理が成立する．

定理 4. $A \in \mathscr{GL}(E, E_1)$ とする．もし

$$\varDelta A \in \mathscr{L}(E, E_1), \quad \|\varDelta A\| < 1/\|A_0^{-1}\|$$

ならば,作用素 $(A_0+\varDelta A)^{-1}$ は存在して有界,すなわち
$$A = A_0+\varDelta A \in \mathscr{GL}(E, E_1).$$

証明. 要素 $y \in E_1$ を任意に固定し
$$Bx = A_0^{-1}y - A_0^{-1}\varDelta Ax$$
によって定義される E から E の中への作用素 B を考える.条件 $\|\varDelta A\| < \|A_0^{-1}\|^{-1}$ により,B は縮小写像である.ところが E は完備だから,写像 B はただ一つの不動点 x をもつ:
$$x = Bx = A_0^{-1}y - A_0^{-1}\varDelta Ax.$$
ゆえに
$$Ax = A_0 x + \varDelta Ax = y.$$
もし $Ax'=y$ ならば,x' も写像 B の不動点であるから,$x=x'$.このように,任意の $y \in E_1$ に対して $Ax=y$ は E の中にただ一つの解をもつから,作用素 A の逆作用素 A^{-1} は存在し,しかも E_1 全体の上で定義される.これが有界なことは定理3から明らかである.□

定理5. E は Banach 空間,I は E 上の恒等作用素,A は E を E の中に写像する有界線形作用素で,$\|A\|<1$ とする.このとき,作用素 $(I-A)^{-1}$ は存在し有界,しかも
$$(I-A)^{-1} = \sum_{k=0}^{\infty} A^k \tag{12}$$
の形に表わされる.

証明. 作用素 $(I-A)^{-1}$ の存在と有界性とは,前定理により明らか(もっとも,このことは,以下の証明の中にも示されている).

$\|A\|<1$ により $\sum_{k=0}^{\infty}\|A^k\| \leq \sum_{k=0}^{\infty}\|A\|^k < \infty$.ところが E は完備だから,和 $\sum_{k=0}^{\infty} A^k$ は或る有界線形作用素を表わす.任意の n に対して
$$(I-A)\sum_{k=0}^{n} A^k = \sum_{k=0}^{n} A^k \cdot (I-A) = I - A^{n+1}$$
となり,ここで $n\to\infty$ なる極限移行をおこなえば,$\|A^{n+1}\| \leq \|A\|^{n+1} \to 0$ を参照して
$$(I-A)\sum_{k=0}^{\infty} A^k = \sum_{k=0}^{\infty} A^k \cdot (I-A) = I,$$

ゆえに

$$(I-A)^{-1} = \sum_{k=0}^{\infty} A^k. \qquad \square$$

演習. Banach 空間 E から Banach 空間 E_1 の上への有界線形作用素 A に対して，適当な $\alpha>0$ を選べば，条件 $\|A-B\|<\alpha$ を満たす $B \in \mathcal{L}(E, E_1)$ はすべて，E を E_1 の上に写像する．これを証明せよ(Banach)．

5°. 共役作用素

E, E_1 を位相線形空間として，E を E_1 の中にうつす連続線形作用素 $y=Ax$ を考えよう．g を E_1 上で定義された連続線形汎函数とする．すなわち $g \in E_1^*$．汎函数 g を要素 $y=Ax$ に適用する．このとき $g(Ax)$ が E 上の連続線形汎函数となることは，容易にたしかめられる．この汎函数を f と書く．f は空間 E^* の要素である．このようにして，おのおのの汎函数 $g \in E_1^*$ に対して汎函数 $f \in E^*$ を対応させれば，E_1^* を E^* に写像するひとつの作用素が得られる．この作用素を，A の**共役作用素**といい，A^* で表わすことにする．

汎函数 f の要素 x における値を (f, x) と書く記法を用いれば，$(g, Ax) = (f, x)$，すなわち

$$(g, Ax) = (A^*g, x)$$

と書ける．この関係を共役作用素の定義としてもよい．

例．有限次元空間における共役作用素 実の n 次元空間 $\mathbf{R}^n$ が作用素 A によって実 m 次元空間 $\mathbf{R}^m$ の中に写像されるものとする．作用素 A が行列 (a_{ij}) で与えられるとすれば，写像 $y=Ax$ はつぎの形に書ける．

$$y_i = \sum_{j=1}^{n} a_{ij} x_j \qquad (i=1, 2, \cdots, m).$$

また汎函数 $f(x)$ は

$$f(x) = \sum_{j=1}^{n} f_j x_j$$

なる形に書ける．これと

$$f(x) = g(Ax) = \sum_{i=1}^{m} g_i y_i = \sum_{i=1}^{m} \sum_{j=1}^{n} g_i a_{ij} x_j = \sum_{j=1}^{n} x_j \sum_{i=1}^{m} g_i a_{ij}$$

から

$$f_j = \sum_{i=1}^{m} g_i a_{ij}$$

を得る．$f = A^*g$ であるから，作用素 A^* は作用素 A の転置行列で与えられる．

共役作用素に関するつぎの諸性質は，定義からただちに導かれる：
1) 作用素 A^* は線形である．
2) $(A+B)^* = A^* + B^*$．
3)[1] k が複素数のとき $(kA)^* = kA^*$．

E から E_1 の中への連続な作用素 A に対して，A^* は $(E_1{}^*, b)$ から (E^*, b) の中への連続作用素になる（検証せよ）．E, E_1 が共に Banach 空間の場合には，この主張はつぎのように精密化することができる．

定理 6. Banach 空間 E を Banach 空間 E_1 の中に写像する有界線形作用素 A に対して，その共役作用素 A^* は有界で，両者のノルムは等しい：

$$\|A^*\| = \|A\|.$$

証明． 作用素のノルムの性質により

$$|(A^*g, x)| = |(g, Ax)| \leq \|g\| \cdot \|A\| \cdot \|x\|.$$

これから $\|A^*g\| \leq \|A\| \cdot \|g\|$ となるから

$$\|A^*\| \leq \|A\|. \tag{13}$$

つぎに $x \in E$, $Ax \neq 0$ とし $y_0 = Ax/\|Ax\| \in E_1$ とおく．明らかに $\|y_0\|=1$．Hahn-Banach の定理の系により，$\|g\|=1$, $(g, y_0)=1$, すなわち $(g, Ax) = \|Ax\|$ なる汎函数 g が存在するから，

$$\|Ax\| = (g, Ax) = |(A^*g, x)| \leq \|A^*g\| \cdot \|x\|$$
$$\leq \|A^*\| \cdot \|g\| \cdot \|x\| = \|A^*\| \cdot \|x\|.$$

したがって $\|A\| \leq \|A^*\|$ となり，(13) とあわせて $\|A^*\| = \|A\|$ となる．□

演習． E, E_1 を回帰的な Banach 空間，$A \in \mathcal{L}(E, E_1)$ とする．$A^{**} = A$ を証明せよ．

つぎの主張は，逆作用素に関する Banach の定理の便利な系のひとつである．

補助定理（作用素の**核の零化空間に関する定理**）．E, E_1 は Banach 空間，A は E を E_1 全体の上にうつす連続な線形作用素とする．このとき

---

[1] $(\alpha f)x = \bar{\alpha}f(x)$ の意味における共役空間の場合には $(kA)^* = \bar{k}A^*$ となる (p. 185, 脚注参照) (訳者)．

$$(\operatorname{Ker} A)^{\perp} = \operatorname{Im} A^*. \tag{14}$$

証明. まず，包含関係

$$(\operatorname{Ker} A)^{\perp} \supset \operatorname{Im} A^* \tag{15}$$

を示す．$f \in \operatorname{Im} A^*$ に対して $f = A^*g$ なる $g \in E_1^*$ が存在し，すべての $x \in \operatorname{Ker} A$ に対して

$$(f, x) = (A^*g, x) = (g, Ax) = 0,$$
$$\therefore \ f \in (\operatorname{Ker} A)^{\perp}.$$

つぎに逆の包含関係

$$(\operatorname{Ker} A)^{\perp} \subset \operatorname{Im} A^* \tag{16}$$

を示す．$f \in (\operatorname{Ker} A)^{\perp}$ とすれば，写像

$$f : E \to \mathbf{R}, \quad A : E \to E_1$$

はトロイカの定理(系2)の条件を満たす．よって $(f, x) = (g, Ax)$ すなわち $f = A^*g$ なる $g \in E_1^*$ が存在する．これで包含関係(16)が，したがって等式(14)が証明されたことになる．□

6°. Euclid 空間における共役作用素，自己共役作用素

A が Hilbert 空間 H(実または複素)において作用する有界作用素の場合を考察する．Hilbert 空間上の連続線形汎函数の一般形についての定理により，各要素 $y \in H$ に対して

$$(\tau y)(x) = (x, y)$$

なる線形汎函数 τy を対応させる写像 τ は，H から共役空間 H^* の上への同形写像(H が複素空間の場合には共役同形写像)である．いま A に共役な作用素を A^* とすれば，$\tilde{A}^* = \tau^{-1} A^* \tau$ は明らかに，H から H への有界線形作用素である．このとき，任意の $y \in H$ に対して

$$(Ax, y) = (x, \tilde{A}^*y)$$

となることは，容易にたしかめられる．

$\|A^*\| = \|A\|$，かつ τ, τ^{-1} が等長的であるから，$\|\tilde{A}^*\| = \|A\|$ となる．

Hilbert 空間についての上記の諸性質が実または複素の<u>有限次元</u> Euclid 空間についても成立することは，言うまでもない．

R が(有限または無限次元の)Euclid 空間の場合に限り，R において作用す

る作用素 A に共役な作用素とは,この同じ空間に作用する上記の作用素 $\tilde{A}^*$ のことであると,規定しておくことにする.

この定義は,一般の Banach 空間 E における共役作用素の定義とは異なることに注意する必要がある.この定義における共役作用素 $\tilde{A}^*$ は Euclid 空間の内部で作用するが,一般の Banach 空間 E の場合の共役作用素 A^* は,共役空間 E^* において作用するのである.A^* と区別するために $\tilde{A}^*$ を **Hermite 共役作用素** とよぶことがある.しかし,術語と記法の複雑化を避けるために,$\tilde{A}^*$ を単に A^* とかき,これを **共役作用素** とよぶことにしよう.Euclid 空間における共役作用素のこの概念が,つねに上述の意味であることに注意しておく必要がある.

以上により,Euclid 空間 R における作用素 A の共役作用素は,明らかに,すべての x, y に対して

$$(Ax, y) = (x, A^*y)$$

を満たすような作用素 A^* であると定義してもよい.Euclid 空間の場合には A も A^* も同一の空間において作用するから,$A = A^*$ となることもありうる.ここで Euclid (特には Hilbert) 空間における作用素の重要な一類を,つぎの定義で与えておこう.

定義 4. Euclid 空間 R において作用する有界線形作用素 A が $A = A^*$, すなわち,すべての $x, y \in R$ に対して

$$(Ax, y) = (x, Ay)$$

を満たすとき,A を **自己共役作用素** という.――

作用素 A の共役作用素 A^* のもつつぎの性質は重要である.Euclid 空間 R の部分空間 R_1 について,$x \in R_1$ から $Ax \in R_1$ が導かれるとき,R_1 は作用素 A に関して **不変** であるという.このとき

> 部分空間 R_1 が A に関して不変ならば,R_1 の直交補空間 $R_1^\perp$ は共役作用素 A^* に関して不変である.

このことは,任意の $y \in R_1^\perp$ とすべての $x \in R_1$ に対して

$$(x, A^*y) = (Ax, y) = 0$$

が成立することより明らかである.特別の場合として,もし A が自己共役ならば,A に関して不変な部分空間の直交補空間はまた A に関して不変である.

演習. A, B が Euclid 空間の線形有界作用素のとき,つぎの関係を証明せよ.
$$(\alpha A+\beta B)^* = \bar{\alpha}A^*+\bar{\beta}B^*,$$
$$(AB)^* = B^*A^*,$$
$$(A^*)^* = A,$$
$$I^* = I \quad (I:\text{恒等作用素}).$$

7°. 作用素のスペクトル,レゾルベント[1]

作用素の理論においてもっとも重要な役割を演ずるのは,作用素のスペクトルの概念である.まず,有限次元空間の場合のこの概念を想起しておこう.

A を n 次元空間 $\mathbf{C}^n$ における線形作用素とする.方程式

$$Ax = \lambda x$$

が $x=0$ 以外の解をもつとき,数 λ を作用素 A の**固有値**,解 $x \neq 0$ を λ に対する**固有ベクトル**といい,固有値の全体からなる集合を A の**スペクトル**とよぶ.λ がスペクトルの数でない場合,数 λ を**正則点(値)**という.いいかえれば,λ が正則点であるとは,作用素 $A-\lambda I$ が可逆ということである.この際,作用素 $(A-\lambda I)^{-1}$ は,$\mathbf{C}^n$ 全体で定義され,有限次元空間における線形作用素として有界である.以上によって,有限次元空間の場合には,つぎの二つの可能性が存在する:

1) 方程式 $Ax=\lambda x$ は 0 でない解をもつ,すなわち,λ が作用素 A の固有値である場合.この場合には $(A-\lambda I)^{-1}$ は存在しない.

2) 全空間で定義された有界作用素 $(A-\lambda I)^{-1}$ が存在する場合,すなわち λ が正則点である場合.

しかし,A の作用する空間が無限次元の場合には,つぎの第三の可能性が考えられる.

3) 作用素 $(A-\lambda I)^{-1}$ は存在する(すなわち $Ax=\lambda x$ は解として 0 しかもたない)が,この作用素は空間全体では定義されていない(また,有界でないかもしれない)場合.

無限次元空間の場合,つぎのように二,三の術語を導入しておこう.(複素) Banach 空間 E において作用する作用素 A に対して,作用素 $R_\lambda = (A-\lambda I)^{-1}$

---

[1] 作用素のスペクトルが問題となっているとき,空間はつねに<u>複素空間</u>とする.

(A の**レゾルベント**という)が存在し，全空間 E 上で定義され，よって(定理3により)有界である場合に，数 λ を A の**正則点(値)**という．正則点以外の λ の値の全体を A の**スペクトル**という．ある $x \neq 0$ に対して $Ax = \lambda x$ (($A - \lambda I)x = 0$) が成立するならば $(A - \lambda I)^{-1}$ は存在しえないから，作用素 A の固有値はスペクトルの点である．固有値の全体を**点スペクトル**という．スペクトルの残りの部分，すなわち，$(A - \lambda I)^{-1}$ は存在するが E 全体では定義されないような λ の集合は，**連続スペクトル**という．以上により，複素数 λ は作用素 A に対して，正則点であるか，固有値である(すなわち点スペクトルに属する)か，または連続スペクトルに属するかのいずれかである．作用素に連続スペクトルの存在する可能性が，無限次元空間の作用素の理論を有限次元の場合から区別する本質的な差異である．

A を Banach 空間 E において作用する有界作用素としよう．点 λ が正則ならば，すなわち $(A - \lambda I)^{-1}$ が E 全体で定義されてしかも有界ならば，十分小さい δ に対して作用素 $(A - (\lambda + \delta)I)^{-1}$ も E 全体で定義されて有界である(定理4)．すなわち $\lambda + \delta$ もまた正則点である．このように，正則点の全体は開集合をなす．それゆえ，この集合の補集合として，スペクトルは閉集合である．

定理7. Banach 空間 E における有界線形作用素 A に対して，$|\lambda| > \|A\|$ ならば，λ は A の正則点である．

証明． $A - \lambda I = -\lambda \left(I - \frac{1}{\lambda} A \right)$ により

$$R_\lambda = (A - \lambda I)^{-1} = -\frac{1}{\lambda} \left(I - \frac{1}{\lambda} A \right)^{-1} = -\frac{1}{\lambda} \sum_{k=0}^{\infty} \frac{A^k}{\lambda^k}.$$

$\|A\| < |\lambda|$ ならば，この級数は収束し，その和として E 全体で定義された有界作用素が得られる(定理5)．換言すれば，作用素 A のスペクトルは原点 0 を中心とする半径 $\|A\|$ の円の中に含まれる．□

例1. 空間 $C[a, b]$ において

$$(Ax)(t) = tx(t) \tag{17}$$

によって定義される作用素 A を考えよう．この作用素 A に対しては

$$(A - \lambda I)x(t) = (t - \lambda)x(t).$$

もし $(t - \lambda)x(t) = 0$ なら，$x(t)$ の連続性により $x(t) \equiv 0$ すなわち $x = 0$ であるから，作用素(17)は任意の λ に対して可逆．しかし，$\lambda \in [a, b]$ に対して，式

$$(A-\lambda I)^{-1}x(t) = \frac{1}{t-\lambda}x(t)$$

によって定義される逆作用素は，$C[a,b]$ 全体では定義されておらず，また有界でもない．（証明せよ．）　したがって，作用素(17)に対しては，スペクトルは区間 $[a,b]$ であり，しかもその中に固有値は存在しない．つまり，連続スペクトルのみが存在する．

例2. 空間 l_2 において作用素
$$A : (x_1, x_2, \cdots) \mapsto (0, x_1, x_2, \cdots) \tag{18}$$
を考える．この作用素は固有値をもたない．（証明せよ．）　作用素 A^{-1} は有界だが，l_2 において $x_1=0$ なる部分空間の上でしか定義されない．したがって，$\lambda=0$ はこの作用素のスペクトル点である．

演習． 作用素(18)のスペクトルは，$\lambda=0$ のほかに点を含むか．

注意． (1) 0以外の要素をもつ複素 Banach 空間上の有界線形作用素のスペクトルは，空集合ではない．スペクトルがただ一点からなる作用素が存在する（たとえば，a を或る数として，各要素 x にその a 倍 ax を対応させる作用素）．

(2) 定理7はつぎのように精密化される．
$$r = \lim_{n\to\infty} \sqrt[n]{\|A^n\|}$$
とすれば，<u>A のスペクトルは原点を中心とする半径 r の円の中に含まれる</u>（有界作用素に対しては上の極限値はつねに存在することが証明される）．r を作用素 A の**スペクトル半径**とよぶ．

(3) $\mu \neq \lambda$ のときレゾルベント R_μ, R_λ は可換で
$$R_\mu - R_\lambda = (\mu-\lambda)R_\mu R_\lambda$$
なる関係がある．これは，両辺に $(A-\lambda I)(A-\mu I)$ を掛けることによって容易に確かめられよう．上の関係から，A の正則点 λ_0 に対して R_λ の λ に関する導函数の λ_0 における値，すなわち（作用素のノルムに関しての）極限値
$$\lim_{\Delta\lambda\to 0}\frac{R_{\lambda_0+\Delta\lambda}-R_{\lambda_0}}{\Delta\lambda}$$
が存在して $R_{\lambda_0}^2$ に等しいことがわかる．

演習． A を複素 Hilbert 空間 H における有界な自己共役作用素とすれば，そのスペクトルは実軸上の有界閉集合である．これを証明せよ．

§6. コンパクト作用素

1°. コンパクト作用素の定義と例

完全に記述しつくすことの可能な有限次元空間上の線形作用素と異なり，無限次元空間における一般の線形作用素の研究は，きわめて複雑で，本質的に果てしのない問題を提起する．とはいえ，完全に記述可能な重要なクラスもいくつかある．そのうちのひとつが，いわゆるコンパクト作用素の類である．この作用素は，有限次元の作用素(すなわち値域が有限次元の有界線形作用素)に似て，これに対して十分詳細な記述をなしうるばかりでなく，第9章で述べる積分方程式論をはじめとするさまざまな応用の面でも，重要な役割を果たす．

定義1. Banach 空間 E をそれ自身の中に(もしくは他の Banach 空間の中に)写像する作用素 A が，任意の有界集合を相対コンパクト集合に写像するならば，A を**コンパクト作用素**もしくは**完全連続作用素**という．——

有限次元のノルム空間では，線形作用素はすべてコンパクトである．なぜなら，この場合には有界集合の像は有界であり，しかも有限次元の空間では有界集合は相対コンパクトであるから．

無限次元空間の作用素の場合には，コンパクト性は単なる連続性(有界性)よりも強い条件である[1]．たとえば，Hilbert 空間の上の恒等作用素は，連続だがコンパクトではない(つぎの例1とは独立に，このことを証明してみよ)．

二,三の例を見ておこう．

例1. I を Banach 空間 E における恒等作用素とする．E が無限次元ならば I はコンパクトでないことを証明しよう．そのためには E における単位球 S (その I による像は S 自身) が相対コンパクトでないことを言えばよい．このことは，つぎの補助定理から導かれる．この補助定理は後にも使われる．

補助定理1. $x_1, x_2, \cdots$ をノルム空間 E の 1 次独立なベクトルとし，$x_1, \cdots, x_n$ から生成される部分空間を E_n と書く．このとき，つぎの条件を満たすベクトル列 $y_1, y_2, \cdots, y_n, \cdots$ が存在する：

---

[1] 相対コンパクト集合は有界であるから，完全連続作用素は連続作用素である(§5, 2° P 2 参照) (訳者)．

1) $\|y_n\| = 1$, 2) $y_n \in E_n$, 3) $\rho(y_n, E_{n-1}) > \dfrac{1}{2}$.

ただし,$\rho(y_n, E_{n-1})$ は E_{n-1} から y_n までの距離,すなわち
$$\rho(y_n, E_{n-1}) = \inf_{x \in E_{n-1}} \|y_n - x\|.$$

証明. $x_1, x_2, \cdots$ は 1 次独立であるから,$x_n \notin E_{n-1}$, $\rho(x_n, E_{n-1}) = \alpha > 0$. いま $\|x_n - x^*\| < 2\alpha$ なる $x^* \in E_{n-1}$ をとれば,$\alpha = \rho(x_n, E_{n-1}) = \rho(x_n - x^*, E_{n-1})$ であるから,ベクトル
$$y_n = \frac{x_n - x^*}{\|x_n - x^*\|}$$

は条件 1), 2), 3) をすべて満たす.この際,y_1 としては $x_1/\|x_1\|$ をとることにすればよい. □

この補助定理を利用すれば,いかなる無限次元ノルム空間においても,単位球の中に $\rho(y_n, y_{n-1}) > 1/2$ なるベクトル列 $\{y_n\}$ が存在することがわかる.このような点列は,明らかに,いかなる収束部分列をも含みえない.このことは,この単位球が相対コンパクトでないことを示している.

例 2. A は Banach 空間 E をその有限次元の部分空間に写像する連続な線形作用素としよう.有界集合 $M \subset E$ はすべて A によって有限次元空間の有界部分集合に写像されるが,これは相対コンパクトである.それゆえ,このような作用素 A はコンパクトである.

特別な場合として,Hilbert 空間における部分空間の上への直交射影作用素は,この部分空間が有限次元のとき,かつそのときに限り,コンパクトである.

Banach 空間をその有限次元の部分空間に写像する作用素を **有限次元作用素** もしくは **退化作用素** という.

例 3. 空間 l_2 における線形作用素 A として,つぎのように定義されているものを考えよう:$x = (x_1, x_2, \cdots, x_n, \cdots)$ に対して
$$Ax = \left(x_1, \frac{1}{2}x_2, \cdots, \frac{1}{2^n}x_n, \cdots\right). \tag{1}$$

この作用素はコンパクトである.証明:l_2 の有界集合は適当な球に含まれるから,作用素 A による球の像が相対コンパクトなことを言えばよい.しかし A は線形だから,単位球の像についてこのことを言えばよい.ところが A は,

(1)により,単位球を $y=(y_1, y_2, \cdots, y_n, \cdots)$, $|y_n| \leq 1/2^{n-1}$ $(n=1, 2, \cdots)$ なる基本平行体の中に写像する(第2章§7,1°参照). したがってこの集合は全有界,よって相対コンパクトである.

演習. $Ax=(a_1 x_1, a_2 x_2, \cdots, a_n x_n, \cdots)$ とするとき,数列 $a_1, a_2, \cdots$ がどんな条件を満たせば A は l_2 におけるコンパクト作用素となるか.

例 4. つぎの形の積分作用素は,連続函数の空間 $C[a,b]$ におけるコンパクト作用素の重要な一類をなす:

$$(Ax)(s) = y(s) = \int_a^b K(s,t) x(t) \, dt. \tag{2}$$

これについてつぎの命題を証明しておこう:

函数 $K(s,t)$ が正方形 $a \leq s \leq b$, $a \leq t \leq b$ 上で有界で,その不連続点はすべて有限個の連続曲線

$$t = \varphi_k(s) \qquad (k=1, 2, \cdots, n)$$

の上に横たわるものとする.ただし φ_k は連続函数.このとき,(2)によって定まる作用素 A は,$C[a,b]$ におけるコンパクト作用素である.

証明. まず,与えられた条件により,任意の $s \in [a,b]$ に対して積分(2)が存在し,したがって函数 $y(s)$ はたしかに定義されることに,注意しておこう.

さて,

$$M = \sup_{a \leq s, t \leq b} |K(s,t)|$$

とおく.つぎに $k=1, 2, \cdots, n$ のうちの少なくともひとつに対して不等式

$$|t - \varphi_k(s)| < \frac{\varepsilon}{12Mn}$$

を満たすような点 (s,t) の集合を G とし,この集合の直線 $s=\text{const.}$ 上の跡 (直線による'切り口')を $G(s)$ とする:$G(s) = \{t : (s,t) \in G\}$. これは

$$G(s) = \bigcup_{k=1}^{n} \left\{ t : |t - \varphi_k(s)| < \frac{\varepsilon}{12Mn} \right\}$$

と表わせるから,開区間の合併になっている.さらに正方形 $a \leq s, t \leq b$ における G の補集合を F とおく.F はコンパクトで,函数 $K(s,t)$ は F 上で連続であるから,$\varepsilon > 0$ が任意に与えられたとき適当な $\delta > 0$ をとれば

$$|s' - s''| + |t' - t''| < \delta \tag{3}$$

を満たす F の点 $(s', t'), (s'', t'')$ に対してつねに不等式

$$|K(s', t) - K(s'', t'')| < \frac{\varepsilon}{3(b-a)}$$

が成立する. $|s' - s''| < \delta$ として $y(s') - y(s'')$ を評価してみよう.

$$|y(s') - y(s'')| \leq \int_a^b |K(s', t) - K(s'', t)| \cdot |x(t)| dt$$

の右辺の積分を評価するために,$[a, b]$ を開区間の合併 $P = G(s') \cup G(s'')$ と区間 $[a, b]$ の残りの部分 $Q = [a, b] \setminus P$ との二つに分ける. P が長さの総和が $\varepsilon/(3M)$ を超えない区間の合併であることに注意すれば

$$\int_P |K(s', t) - K(s'', t)| \cdot |x(t)| dt < \frac{2\varepsilon}{3} \|x\|$$

となる. Q 上の積分に対しては明らかに

$$\int_Q |K(s', t) - K(s'', t)| \cdot |x(t)| dt < \frac{\varepsilon}{3} \|x\|$$

であるから

$$|y(s') - y(s'')| < \varepsilon \|x\|. \tag{4}$$

不等式(4)は, 函数 $y(s)$ が連続であることを示している. したがって A は, たしかに, $C[a, b]$ をそれ自身の中に写像する作用素である. さらに, おなじ不等式(4)により, $\{x(t)\}$ が $C[a, b]$ における有界集合ならばこれに対応する集合 $\{y(s)\}$ は同程度連続であることがわかる. 最後に, $\|x\| \leq C$ ならば

$$\|y\| = \sup |y(s)| \leq \sup \int_a^b |K(s, t)| \cdot |x(t)| dt$$
$$\leq M(b-a)\|x\| \leq M(b-a)C.$$

こうして, 作用素(2)は, $C[a, b]$ の有界集合を, 一様に有界かつ同程度連続な函数の集合, すなわち相対コンパクトな集合に写像する. □

例 4a. 前例において, 函数 $K(s, t)$ の不連続点が, 直線 $s = \text{const.}$ とただ一点で交わる有限個の曲線 $t = \varphi_k(s)$ 上に横たわるという条件は, 本質的である. たとえば, $K(s, t)$ が $(a = 0, b = 1$ として)

$$K(s, t) = \begin{cases} 1 & (s < 1/2) \\ 0 & (s \geq 1/2) \end{cases}$$

の場合, これは $s = 1/2$, $0 \leq t \leq 1$ なる線分上の各点で不連続であり, このよう

な核をもつ作用素(2)は連続函数 $x(t)\equiv 1$ を不連続函数に写像する.

例 4b. $t>s$ のとき $K(s,t)=0$ となるならば,作用素(2)は

$$y(s) = \int_a^s K(s,t)x(t)\,dt \tag{5}$$

の形となる. $t<s$ に対しては函数 $K(s,t)$ は連続としよう.このような核に対しては明らかに例 4 で述べたことが成立するから,作用素(5)は $C[a,b]$ においてコンパクトである.

この作用素を **Volterra**[1] **の作用素**という.

注意. コンパクト作用素を上述のように定義するとき,閉じた単位球のコンパクト作用素による像はかならずしもコンパクトでない(もちろん相対コンパクトではあるが).たとえば,$C[-1,1]$ における積分作用素 J:

$$(Jx)(s) = \int_{-1}^s x(t)\,dt$$

を考えてみれば,上述の例 4b により J は $C[-1,1]$ におけるコンパクト作用素である.いま

$$x_n(t) = \begin{cases} 0 & (-1\leqq t\leqq 0) \\ nt & (0<t\leqq 1/n) \\ 1 & (1/n<t\leqq 1) \end{cases}$$

とおけば,$x_n\in C[-1,1]$,$\|x_n\|=1$ $(n=1,2,\cdots)$,しかも

$$y_n(t) = (Jx_n)(t) = \begin{cases} 0 & (-1\leqq t\leqq 0) \\ nt^2/2 & (0<t\leqq 1/n) \\ t-1/(2n) & (1/n<t\leqq 1) \end{cases}$$

となる.函数列 y_n は $C[-1,1]$ において函数

$$y(t) = \begin{cases} 0 & (-1\leqq t\leqq 0) \\ t & (0<t\leqq 1) \end{cases}$$

に収束するが,この函数の導函数 $y'(t)$ は不連続であるから,$y(t)$ は $C[-1,1]$ の函数の作用素 J による像ではありえない.

しかし,空間が(たとえば Hilbert 空間のように)回帰的ならば,単位閉球の

---

[1] Vito Volterra (1860–1940) ―― 函数解析,積分方程式に関する研究によって知られるイタリアの数学者.

§6. コンパクト作用素

コンパクト線形作用素による像はコンパクトとなることが証明される.

2°. コンパクト作用素の基本性質

定理1. Banach 空間 E におけるコンパクト作用素の列 $\{A_n\}$ がノルムの意味で或る作用素 A に収束するならば,作用素 A もまたコンパクトである.

証明. 作用素 A がコンパクトなことを言うには,E の有界な要素の列 $x_1, x_2, \cdots, x_n, \cdots$ をどのようにとっても列 $\{Ax_n\}$ から収束部分列を選び出せることを証明すればよい.

作用素 A_1 はコンパクトであるから,列 $\{A_1 x_n\}$ の中から収束部分列を選び出すことができる. その原像を
$$x_1^{(1)}, \ x_2^{(1)}, \ \cdots, \ x_n^{(1)}, \ \cdots \tag{6}$$
としよう. 列 $\{x_n\}$ の部分列(6)に作用素 A_2 を作用させると,A_2 がコンパクトであるから,列 $\{A_2 x_n^{(1)}\}$ の中からまた収束する部分列を選び出すことができる. その原像を
$$x_1^{(2)}, \ x_2^{(2)}, \ \cdots, \ x_n^{(2)}, \ \cdots$$
とする. これに対しては,$\{A_1 x_n^{(2)}\}, \{A_2 x_n^{(2)}\}$ が共に収束する. この部分列 $\{x_n^{(2)}\}$ の中から上と同様にして部分列 $x_1^{(3)}, x_2^{(3)}, \cdots, x_n^{(3)}, \cdots$ を $\{A_3 x_n^{(3)}\}$ が収束するように選び出すなど,以下同様なことをくりかえす. しかるのち,対角線列
$$x_1^{(1)}, \ x_2^{(2)}, \ \cdots, \ x_n^{(n)}, \ \cdots$$
を考えると,作用素 $A_1, A_2, \cdots, A_n, \cdots$ はいずれも,この列を収束列に写像する. もし作用素 A もまたこの列を収束列に写像することが示されれば,A のコンパクト性が証明されたことになる. 空間 E は完備だから,$\{A x_n^{(n)}\}$ が基本列をなすことが言えればよい. そこで差 $Ax_n^{(n)} - Ax_m^{(m)}$ のノルムを評価してみよう. $\|x_n\| \leq C$ としておく. 不等式
$$\|Ax_n^{(n)} - Ax_m^{(m)}\| \leq \|Ax_n^{(n)} - A_k x_n^{(n)}\| + \|A_k x_n^{(n)} - A_k x_m^{(m)}\|$$
$$+ \|A_k x_m^{(m)} - Ax_m^{(m)}\| \tag{7}$$
において,k を $\|A - A_k\| < \varepsilon/3C$ を満たすように選び,そのあとで,$n > N, m > N$ に対してつねに
$$\|A_k x_n^{(n)} - A_k x_m^{(m)}\| < \varepsilon/3$$

が成立するように N を選んでおく(点列 $\{A_k x_n^{(n)}\}$ が収束するから，このことは可能である)．そうすれば，条件(7)により，十分大きなすべての n, m に対して

$$\|Ax_n^{(n)} - Ax_m^{(m)}\| < \varepsilon$$

となる．すなわち，点列 $\{Ax_n^{(n)}\}$ は基本列をなす．□

容易に検証しうるように，コンパクト作用素の1次結合はまたコンパクト作用素である．したがって，E 上で定義されたすべての有界線形作用素のつくる空間 $\mathcal{L}(E, E)$ において，コンパクト作用素の全体はその閉線形部分空間をなしている．

ここでコンパクト作用素のつくる閉線形部分空間が作用素の積に関して閉じているか否かを考えてみよう．実は，本質的にはるかに強い命題が成立するのである：

定理2． 作用素 A がコンパクト，作用素 B が有界ならば，作用素 AB, BA は共にコンパクトである．

証明． 集合 $M \subset E$ が有界なら，BM も有界．ゆえに，ABM は相対コンパクト．これは作用素 AB がコンパクトなことを示す．つぎに，M が有界なら AM は相対コンパクト．ところが B は連続だから，BAM は相対コンパクト．すなわち作用素 BA はコンパクト．□

系． 無限次元空間 E においては，コンパクト作用素 A は有界な逆作用素をもちえない．──

なぜなら，もし A が有界な逆作用素をもてば，$I = AA^{-1}$ は E でコンパクトとなり，矛盾するからである(例1参照)．□

注意． 定理2は，コンパクト作用素の全体のつくる部分空間が有界作用素の全体のつくる環 $\mathcal{L}(E, E)$ の中で両側イデアル[1])となっていることを示す．

定理3． コンパクト作用素の共役作用素はコンパクトである．

証明． A を Banach 空間 E におけるコンパクト作用素とする．このとき，E^* において作用する共役作用素 A^* が E^* の有界集合を相対コンパクト集合に写像することを証明しよう．ノルム空間の有界部分集合は或る球の中に含ま

---

[1]) $\mathfrak{A}$ が環 R の部分環で，$a \in \mathfrak{A}, r \in R$ に対してつねに $ar \in \mathfrak{A}, ra \in \mathfrak{A}$ となっているとき，$\mathfrak{A}$ を R における(両側)**イデアル**という．

§6. コンパクト作用素

れるから，A^* が任意の球を相対コンパクトな集合に写像することを言えばよい．しかし A^* は線形作用素だから，結局，単位閉球 $S^* \subset E^*$ の像 A^*S^* が相対コンパクトなことを言えば十分である．

E^* の要素は全空間 E 上の汎函数であるが，これを単位球 $S \subset E$ の A による像 AS の閉包であるコンパクト集合 $\overline{AS}$ の上の連続函数と考えよう．つまり $E^* \subset C(\overline{AS})$ とみなす．このとき，S^* に属する汎函数 φ に対応する函数の集合 $\Phi(\subset E^* \subset C(\overline{AS}))$ は，一様に有界:

$$\sup_{x \in \overline{AS}} |\varphi(x)| = \sup_{x \in AS} |\varphi(x)| \leq \|\varphi\| \sup_{x \in S} \|Ax\| \leq \|A\|,$$

かつ，同程度連続:

$$\|\varphi(x') - \varphi(x'')\| \leq \|\varphi\| \cdot \|x' - x''\| \leq \|x' - x''\|.$$

したがって，この集合 Φ は空間 $C(\overline{AS})$ において相対コンパクト (Arzelà の定理参照)．ところが，集合 Φ に，連続函数の空間 $C(\overline{AS})$ の通常の距離を与えたものは，空間 E^* のノルムによって誘導される距離をもつ集合 A^*S^* に等長である：$g_1, g_2 \in S^*$ とすれば

$$\|A^*g_1 - A^*g_2\| = \sup_{x \in S} |(A^*g_1 - A^*g_2, x)| = \sup_{x \in S} |(g_1 - g_2, Ax)|$$
$$= \sup_{z \in AS} |(g_1 - g_2, z)| = \sup_{z \in \overline{AS}} |(g_1 - g_2, z)| = \rho(g_1, g_2).$$

さて，Φ は相対コンパクトだから全有界，よって Φ と等長な A^*S^* も全有界となり，A^*S^* は完備な距離空間 E^* において相対コンパクト．□

注意． 集合 Φ が $C(\overline{AS})$ の中で閉じていることは困難なく検証されるから，これはコンパクトであり，したがって A^*S^* もコンパクトである．しかし，一般には (p. 244 の注意にあるように) コンパクト作用素による単位閉球の像がつねにコンパクトとは限らない．上で証明した定理の状況が一般の場合と異なるのは，E^* における単位閉球 S^* が E^* の *弱位相でコンパクトであることによる (§3, 定理 5)．このことから，任意のコンパクト作用素による S^* の像の (E^* の距離に関しての) コンパクト性が導かれるのである．

演習 1. Banach 空間における有界線形作用素 A に対して，A^* がコンパクトなら A もコンパクトであることを証明せよ．

演習 2. Hilbert 空間 H における線形作用素 A がコンパクトなためには (Hermite) 共役作用素 A^* がコンパクトであることが必要十分であることを証明せよ．

3°. コンパクト作用素の固有値

定理4. A を Banach 空間 E 上のコンパクト線形作用素とすれば，任意の $\delta>0$ に対して，絶対値が δ を超える A の固有値に属する固有ベクトルで1次独立なものは，有限個しか存在しない．

証明． $\lambda_1, \lambda_2, \cdots, \lambda_n, \cdots$ は作用素 A の固有値の列(その中に重複するものがあってもよい)で，$|\lambda_n|>\delta$ とし，また $x_1, x_2, \cdots, x_n, \cdots$ はこれに対応する固有ベクトルの列，しかもこれらが1次独立と仮定する．

補助定理1(p.240)によれば，つぎのようなベクトルの列をつくることができる：

1) $y_n \in E_n$,   2) $\|y_n\|=1$,   3) $\rho(y_n, E_{n-1}) > 1/2$.

ただし，E_n はベクトル $x_1, x_2, \cdots, x_n$ によって生成される線形部分空間，$\rho(y_n, E_{n-1}) = \inf_{x \in E_{n-1}} \|y_n - x\|$.

不等式 $|\lambda_n|>\delta$ によって点列 $\{y_n/\lambda_n\}$ は有界，したがって，A のコンパクト性により，像の列 $\{A(y_n/\lambda_n)\}$ の中から収束部分列が選べるはずである．ところが，実際にはこれは不可能．なぜなら

$$y_n = \sum_{k=1}^{n} \alpha_k x_k$$

とおけば

$$A\left(\frac{y_n}{\lambda_n}\right) = \sum_{k=1}^{n-1} \frac{\alpha_k \lambda_k}{\lambda_n} x_k + \alpha_n x_n = y_n + z_n,$$

ただし

$$z_n = \sum_{k=1}^{n-1} \alpha_k \left(\frac{\lambda_k}{\lambda_n} - 1\right) x_k \in E_{n-1}.$$

よって，任意の $p>q$ に対して

$$\left\|A\left(\frac{y_p}{\lambda_p}\right) - A\left(\frac{y_q}{\lambda_q}\right)\right\| = \|y_p + z_p - (y_q + z_q)\|$$
$$= \|y_p - (y_q + z_q - z_p)\|$$

となるが，ここで $y_q + z_q - z_p \in E_{p-1}$ だから，条件3)によって

$$\left\|A\left(\frac{y_p}{\lambda_p}\right) - A\left(\frac{y_q}{\lambda_q}\right)\right\| > \frac{1}{2}.$$

この矛盾は，定理を証明している．□

いま証明した定理から，その特別な場合として，コンパクト作用素 A の一つの固有値 $\lambda \neq 0$ に属する1次独立な固有ベクトルの個数が有限であることがわかる．すなわち，コンパクト作用素の固有値 $\neq 0$ の重複度は有限である．

この定理から，また，コンパクト作用素 A に対しては，その固有値のうち円 $|\lambda|>\delta>0$ の外にあるものがつねに有限個であることが導かれる．したがって，作用素 A のすべての固有値を絶対値の大きい順に並べ尽くすことができる：$|\lambda_1| \geqq |\lambda_2| \geqq \cdots$.

4°. Hilbert 空間におけるコンパクト作用素

いままでは任意の Banach 空間におけるコンパクト作用素について述べてきたが，ここで可分な Hilbert 空間におけるコンパクト作用素に関する補足的な事実をつけ加えておく．

コンパクト作用素とは，有界集合を相対コンパクト集合に写像する作用素のことであった．可分な Hilbert 空間 H の場合には，$H = H^*$ により，H は可分な空間に共役な空間であるから，そこでは有界集合と弱相対コンパクト集合の両概念は一致する(§3, 4°)．ゆえに，Hilbert 空間では，弱相対コンパクト集合を強位相において相対コンパクトな集合に写像するのがコンパクト作用素であるということができる．

可分 Hilbert 空間の場合にはまた，弱収束点列を強収束点列に写像する作用素としてコンパクト作用素を定義するのが便利なことがある．この定義が本来のものと一致することを証明しておこう．作用素 A がこの条件を満たすとして，H における有界集合 M を考える．§3, 4° 定理 3 により M の無限部分集合は弱収束する点列を含む．これが A により強収束する点列に写像されるならば，AM は相対コンパクトである．逆に作用素 A がコンパクトであるとして，x に弱収束する点列 $\{x_n\}$ を考える．$\{x_n\}$ は有界だから $\{Ax_n\}$ は強収束する部分列を含む．同時に (A の連続性により) $\{Ax_n\}$ は Ax に弱収束するから，$\{Ax_n\}$ の集積点は1個以上はありえない．したがって $\{Ax_n\}$ は強収束する点列である．

5°. H における自己共役コンパクト作用素

有限次元の Euclid 空間における自己共役作用素に対しては，適当な正規直交基を用いて，この作用素の行列を対角行列に変換しうることが知られている．この項では，この結果が Hilbert 空間の自己共役コンパクト作用素に対して拡張されることを証明しておこう．このことは Hilbert 空間の実，複素にかかわりなく成立するが，ここでは複素空間としておく．

まず，H における自己共役作用素の固有値と固有ベクトルに関する性質——有限次元の場合の対応する性質とまったく同様な——について述べておく．

P 1. Hilbert 空間 H における有界な自己共役作用素の固有値はすべて実数である．

証明．$Ax=\lambda x$, $\|x\|\neq 0$ とすれば
$$\lambda(x,x) = (Ax,x) = (x,Ax) = (x,\lambda x) = \bar{\lambda}(x,x)$$
であるから $\lambda=\bar{\lambda}$.

P 2. 有界な自己共役作用素の異なる固有値に属する固有ベクトルは直交する．

証明．$Ax=\lambda x$, $Ay=\mu y$, $\lambda\neq\mu$ ならば
$$\lambda(x,y) = (Ax,y) = (x,Ay) = (x,\mu y) = \mu(x,y).$$
よって $(x,y)=0$. ——

ここでつぎの基本定理を証明する．

定理 5(Hilbert-Schmidt)．可分な Hilbert 空間の任意のコンパクト自己共役線形作用素 A に対して，固有値 $\{\lambda_n\}$ $(\lambda_n\neq 0)$ に対応する固有ベクトル $\{\varphi_n\}$ からなる正規直交系が存在し，これによって各要素 $\xi\in H$ は
$$\xi = \sum_k c_k\varphi_k + \xi'$$
の形に一意的に表わされる．ここに ξ' は $A\xi'=0$ を満たす要素．すなわち $\xi'\in \mathrm{Ker}\,A$. このとき
$$A\xi = \sum_k \lambda_k c_k \varphi_k,$$
また，系 $\{\varphi_n\}$ が無限なら，$\lambda_n\to 0$ $(n\to\infty)$. ——

この基本定理を証明するには，つぎの補助定理を必要とする．

補助定理 2. $\{\xi_n\}$ が ξ に弱収束し，線形作用素 A がコンパクトならば
$$Q(\xi_n) = (A\xi_n,\xi_n) \to (A\xi,\xi) = Q(\xi).$$

証明. $|(A\xi_n,\xi_n)-(A\xi,\xi)| \leq |(A\xi_n,\xi_n)-(A\xi,\xi_n)|+|(A\xi,\xi_n)-(A\xi,\xi)|$ において

$$|(A\xi_n,\xi_n)-(A\xi,\xi_n)| \leq \|\xi_n\|\cdot\|A(\xi_n-\xi)\|,$$

$$|(A\xi,\xi_n)-(A\xi,\xi)| = |(\xi,A^*(\xi_n-\xi))| \leq \|\xi\|\cdot\|A^*(\xi_n-\xi)\|$$

であり,また $\|\xi_n\|$ は有界, $\|A^*(\xi_n-\xi)\|\to 0$ (A^* がコンパクト($2°$ 演習 2(p. 247))なことによる)であるから

$$|(A\xi_n,\xi_n)-(A\xi,\xi)| \to 0$$

となり,補助定理 2 が成立する. ⌟

補助定理 3. A は有界な自己共役線形作用素とする.また汎函数

$$|Q(\xi)| = |(A\xi,\xi)|$$

は,単位球上,点 ξ_0 において最大値をとるとする.このとき

$$(\xi_0,\eta) = 0$$

なるすべての $\eta \in H$ に対して

$$(A\xi_0,\eta) = (\xi_0,A\eta) = 0.$$

特に,$(A\xi,\xi)\equiv 0$ なら $A\xi\equiv 0$ すなわち $A=O$.

証明. $\xi_0 \neq 0$ なら明らかに $\|\xi_0\|=1$.そこで

$$\xi = \frac{\xi_0+a\eta}{\sqrt{1+|a|^2\|\eta\|^2}}$$

とおく.ただし,a は複素数,値はのちに定める.$\|\xi_0\|=1$ と条件 $(\xi_0,\eta)=0$ とから

$$\|\xi\| = 1.$$

また

$$Q(\xi) = \frac{1}{1+|a|^2\|\eta\|^2}[Q(\xi_0)+2\Re\bar{a}(A\xi_0,\eta)+|a|^2Q(\eta)].$$

数 a は,$\bar{a}(A\xi_0,\eta)$ が実になるように,しかも絶対値を十分小さく,とることができ,このとき

$$Q(\xi) = Q(\xi_0)+2\bar{a}(A\xi_0,\eta)+O(a^2).$$

この等式から容易に読みとれるように,ここでもし $(A\xi_0,\eta)\neq 0$ ならば,数 a を $|Q(\xi)|>|Q(\xi_0)|$ となるように選べる.しかしこれは,条件に矛盾する.

$(A\xi,\xi)\equiv 0$ のときには,任意の ξ ($\|\xi\|=1$) に対して

$$\xi_0 = A\xi, \quad \eta = \xi$$

が定理の条件を満たし，よって

$$(A\xi, A\xi) = 0. \qquad \lrcorner$$

補助定理 3 から，$|Q(\xi)|$ が単位球上 $\xi = \xi_0 \neq 0$ で最大値をとるならば，ξ_0 が作用素 A の固有ベクトルであることが，ただちに導かれる[1]．

定理 5 の証明． φ_k に対応する固有値の絶対値が減少列

$$|\lambda_1| \geq |\lambda_2| \geq \cdots \geq |\lambda_k| \geq \cdots$$

となるように，ベクトル φ_k を帰納的に構成することを考える．

まず，φ_1 をつくるために，$|Q(\xi)| = |(A\xi, \xi)|$ が実際単位球上で最大値をとることを証明する．

$$S = \sup_{\|\xi\| \leq 1} |(A\xi, \xi)|$$

とおき，$\xi_1, \xi_2, \cdots \, (\|\xi_n\| = 1)$ を

$$|(A\xi_n, \xi_n)| \to S \qquad (n \to \infty)$$

となるような点列とする．

H の単位球は弱コンパクトであるから，$\{\xi_n\}$ の適当な部分列を選んで一定の要素 η に弱収束させることができる．このとき，$\|\eta\| \leq 1$，また，補助定理 2 により

$$|(A\eta, \eta)| = S.$$

この要素 η を φ_1 として採用する．ここで，明らかに，$\|\eta\| = 1$．（もし $\|\eta\| < 1$ とすれば，$\eta_1 = \eta/\|\eta\|$ は $\|\eta_1\| = 1$ かつ $|(A\eta_1, \eta_1)| > |(A\eta, \eta)| = S$ を満たし，S の定義に反する．）φ_1 は A の固有ベクトルだから

$$A\varphi_1 = \lambda_1 \varphi_1$$

とおけば

$$|\lambda_1| = \frac{|(A\varphi_1, \varphi_1)|}{(\varphi_1, \varphi_1)} = |(A\varphi_1, \varphi_1)| = S.$$

つぎに，固有値

$$\lambda_1, \ \lambda_2, \ \cdots, \ \lambda_n$$

---

[1] $\{\lambda \xi_0\}$ なる 1 次元空間を M，その直交補空間を $M^\perp$ とすれば，補助定理 3 から $(A\xi_0, M^\perp) = 0$．ゆえに $A\xi_0$ は $M^\perp$ の直交補空間 M に属する．したがって適当な $\lambda = \lambda_0$ に対して $A\xi_0 = \lambda_0 \xi_0$（訳者）．

§6. コンパクト作用素

およびこれらに属する固有ベクトル

$$\varphi_1, \varphi_2, \cdots, \varphi_n$$

がすでに構成されたとし，$\varphi_1, \cdots, \varphi_n$ が生成する部分区間を $M(\varphi_1, \varphi_2, \cdots, \varphi_n)$ で表わす．

$$M_n^\perp = H \ominus M(\varphi_1, \varphi_2, \cdots, \varphi_n)$$

に属し(すなわち $\varphi_1, \varphi_2, \cdots, \varphi_n$ に直交し)，条件 $\|\xi\| \leq 1$ を満たす要素 ξ の全体の上で汎函数

$$|(A\xi, \xi)|$$

を考える．集合 $M_n^\perp$ は A に関して不変な部分空間である(A が自己共役で $M(\varphi_1, \varphi_2, \cdots, \varphi_n)$ が A に関して不変であるから)．そこで $M_n^\perp$ に対して上の推論をおこなうことによって，作用素 A の固有ベクトル φ_{n+1} をつくることができる．

このとき，つぎの二つの場合が考えられる：

1) ある段階まで進むと部分空間 $M_{n_0}^\perp$ において $(A\xi, \xi) \equiv 0$ となる場合，
2) すべての n に対して $M_n^\perp$ 上で $(A\xi, \xi) \not\equiv 0$ の場合．

第一の場合は，補助定理 3 ($\eta = A\xi_0$ とおく) によって，A は $M_{n_0}^\perp$ を零要素にうつす．すなわち $M_{n_0}^\perp$ は $\lambda = 0$ に対応する固有ベクトルだけから構成されている．したがって，この場合，正規直交系 $\{\varphi_n\}$ は有限個からなっている．

第二の場合には，固有値 $\lambda_n \neq 0$ に属する固有ベクトル φ_n の列 $\{\varphi_n\}$ が得られる．$\lambda_n \to 0$ を示そう．要素列 $\{\varphi_n\}$ は (すべての正規直交系がもつ性質として) 零要素に弱収束するから，$A\varphi_n = \lambda_n \varphi_n$ はノルムの意味で 0 に収束し，したがって $|\lambda_n| = \|A\varphi_n\| \to 0$.

$$M^\perp = H \ominus M(\varphi_1, \varphi_2, \cdots, \varphi_n, \cdots) = \bigcap_n M_n^\perp \neq 0$$

とおく．このとき，$\xi \in M^\perp$, $\xi \neq 0$ ならば，すべての n に対して

$$|(A\xi, \xi)| \leq |\lambda_n| \|\xi\|^2.$$

よって $(A\xi, \xi) = 0$ となる．補助定理 3 を $M^\perp$ に適用すれば，$\max |(A\xi, \xi)| = 0$ だから，$A\xi = 0$ となり，部分空間 $M^\perp$ は作用素 A によって零要素にうつされる．

以上の系 $\{\varphi_n\}$ の構成から，すべての要素が

$$\xi = \sum_k c_k \varphi_k + \xi', \qquad A\xi' = 0$$

の形に表わされることは明らかである．この関係から

$$A\xi = \sum_k \lambda_k c_k \varphi_k$$

となる．以上で定理の証明はおわる．□

この定理は，第9章の積分方程式の理論において，基本的な役割を演じるであろう．

注意． 上の定理は H における自己共役コンパクト作用素 A に対して A の固有ベクトルからなる H の直交基が存在することを意味する．上の定理の証明に現われる固有ベクトル $\{\varphi_n\}$ と A によって零にうつされる部分空間 $M^\perp$ の任意の直交基との合併をつくれば，これが求めるものである．こうして，有限次元の自己共役作用素の行列が適当な直交基において対角行列となるという事実の完全な類同が得られたことになる．

n 次元空間における自己共役でない作用素については，このことは一般に成立しないが，つぎの定理が成立する：

n 次元空間における1次変換に対しては少なくとも一つの固有ベクトルが存在する．

しかし，この命題は，一般の Hilbert 空間 H におけるコンパクト作用素に対しては，もはや成立しない．たとえば，空間 l_2 における作用素 A を

$$Ax = A(x_1, x_2, \cdots, x_n, \cdots) = \left(0, x_1, \frac{1}{2}x_2, \cdots, \frac{1}{n-1}x_{n-1}, \cdots\right) \qquad (8)$$

によって定義すれば，この作用素はコンパクト(証明せよ)だが，固有ベクトルをもたない(証明せよ)．

演習． 作用素(8)のスペクトルを求めよ．

第5章 測 度 論

集合 A の測度 $\mu(A)$ の概念は
1) 線分 $\varDelta$ の長さ $l(\varDelta)$,
2) 平面図形 F の面積 $S(F)$,
3) 空間図形 G の体積 $V(G)$,
4) 非減少函数 $\varphi(t)$ の半開区間 $[a,b)$ 上の増分 $\varphi(b)-\varphi(a)$,
5) 直線, 平面, または空間の領域における非負函数の積分

などの諸概念を自然な形で一般化したものである.

集合の測度の概念は, はじめ実変数の函数論の中で生まれたものであるが, 後には確率論, 力学系の理論, 函数解析その他の数学の諸領域においてひろく利用されるようになった.

この章の最初の節では, 長方形の面積の概念を出発点として平面上の測度について述べる. 測度の一般論は §2, §3 で述べることとした. しかし, §1 においておこなわれる考察はすべて, 容易にわかるように, 十分一般的な性格をもっており, 本質的な変更なしに抽象的な理論にうつすことができる.

§1. 平面上の集合の測度

1°. 基本集合の測度

任意の実数 a,b,c,d に対して, 不等式
$$a \leqq x \leqq b, \quad a < x \leqq b, \quad a \leqq x < b, \quad a < x < b$$
のうちの一つ, および不等式
$$c \leqq y \leqq d, \quad c < y \leqq d, \quad c \leqq y < d, \quad c < y < d$$
のうち一つによって定義される (x,y) 平面上の集合を考える. この系に属する集合を**長方形**とよぶことにしよう. このうち不等式
$$a \leqq x \leqq b, \quad c \leqq y \leqq d$$
で定義される**閉じた**長方形は, $a<b, c<d$ ならば通常の意味の長方形(周をも

含めて），$a=b, c<d$ か $a<b, c=d$ ならば線分，$a=b, c=d$ ならば一点を表わし，最後に $a>b$ または $c>d$ ならば空集合を表わす．また**開いた**'長方形'
$$a < x < b, \quad c < y < d$$
は，a, b, c, d の間の関係によって，周を含めない長方形もしくは空集合を表わす．残りの型の長方形(**半開**の長方形とよぼう)は，通常の長方形から 1, 2 または 3 辺をとり除いた長方形か，開区間または半開区間，もしくは空集合を表わす．

平面上のすべての'長方形'のつくる類を $\mathfrak{S}$ で表わす．

初等幾何学でよく知られた面積の概念に対応して，長方形の**測度**をつぎのように定義する．

a) 空集合の測度は 0，
b) 数 a, b, c, d で定められた空でない長方形(閉，開，または半開)の測度は
$$(b-a)(d-c)$$
と定める．

このようにして，$\mathfrak{S}$ のおのおのの長方形 P に対して，この長方形の測度 $m(P)$ が確定する．この測度がつぎの条件を満たすことは明らかであろう:

1) 測度 $m(P)$ の値は負でない実数である．
2) 測度 $m(P)$ は**加法的**．すなわち，$P_i \cap P_k = \phi \ (i \neq k)$ かつ $P = \bigcup_{k=1}^{n} P_k$ ならば
$$m(P) = \sum_{k=1}^{n} m(P_k).$$

測度 $m(P)$ はいまのところ長方形に対してのみ定義されているのだが，この測度の意味を，性質 1), 2) を保存しながら，もっとひろい集合の系に拡張する問題を考えることにする．

この方向への第一歩は，いわゆる基本集合に対する測度概念の拡張である．ここで**基本集合**というのは，何らかの方法で，たがいに共通点のない有限個の長方形の合併として表わされる平面集合のことである．

まず，以下で必要となるつぎの定理を証明しておこう．

定理 1. 二つの基本集合の合併，共通集合，差集合および対称差は，やはり基本集合である．——

すなわち，第 1 章 §5 の言葉で言えば，基本集合は**環**をなす．

§1. 平面上の集合の測度

証明. 二つの長方形の交わりが長方形となることは明らか．したがって
$$A = \bigcup_k P_k, \quad B = \bigcup_j Q_j$$
が二つの基本集合なら，それらの共通集合
$$A \cap B = \bigcup_{k,j} (P_k \cap Q_j)$$
もまた基本集合である．つぎに，二つの長方形の差集合は，容易にわかるように基本集合である．したがって，長方形から基本集合を取り去った残りの集合も（基本集合の共通集合になるから）基本集合である．

さて，二つの基本集合 A, B に対して，この両者を含む長方形 P が存在することは明らか．このとき，A, B の合併は
$$A \cup B = P \smallsetminus [(P \smallsetminus A) \cap (P \smallsetminus B)]$$
となり，これは上述により基本集合．したがって，また，等式
$$A \smallsetminus B = A \cap (P \smallsetminus B)$$
および
$$A \triangle B = (A \cup B) \smallsetminus (A \cap B)$$
により，基本集合の差集合および対称差も基本集合である．□

ここで**基本集合 A の測度** $m'(A)$ をつぎのように定義する：

基本集合 A が，たがいに共通点をもたない有限個の長方形 P_k によって
$$A = \bigcup_k P_k$$
と表わされるならば
$$m'(A) = \sum_k m(P_k).$$
このとき，$m'(A)$ は有限個の長方形の合併としての A の表わし方に無関係に一定であることを示そう．いま基本集合 A が
$$A = \bigcup_k P_k = \bigcup_j Q_j$$
なる二通りに表わされたとしよう．ただし P_k, Q_j は長方形で，$i \neq k$ のとき $P_i \cap P_k = \emptyset$，$Q_i \cap Q_k = \emptyset$ とする．二つの長方形の交わり $P_k \cap Q_j$ は長方形であるから，長方形における測度の加法性により
$$\sum_k m(P_k) = \sum_{k,j} m(P_k \cap Q_j) = \sum_j m(Q_j). \qquad \square$$

特別な場合として，長方形に対する測度 m' は，初めの測度 m と一致する.

基本集合の測度を上のように定義したとき，その値が負でなく，また加法的であることは明らかであろう.

つぎの定理は，基本集合の測度の諸性質を導くために重要である.

定理 2. A は基本集合，$\{A_n\}$ は有限個または可算個の基本集合の系で
$$A \subset \bigcup_n A_n$$
とする．このとき
$$m'(A) \leq \sum_n m'(A_n). \tag{1}$$

証明. 任意の $\varepsilon<0$ と与えられた A とに対して，集合 A に含まれる<u>閉じた</u>基本集合 $\bar{A}$ で条件
$$m'(\bar{A}) \geq m'(A) - \varepsilon/2$$
を満たすものが存在することは明らか(A を構成する k 個の長方形 P_i ($i=1,2,\cdots,k$) のおのおのを，P_i に含まれ，面積が $m(P_i) - \varepsilon/2k$ より大きい閉じた長方形でおきかえればよい)．一方また，集合 A_n のおのおのに対して，A_n を含む<u>開いた</u>基本集合 $\tilde{A}_n$ で条件
$$m'(\tilde{A}_n) \leq m'(A_n) + \frac{\varepsilon}{2^{n+1}}$$
を満たすものが存在する．明らかに
$$\bar{A} \subset \bigcup_n \tilde{A}_n$$
だから，$\{\tilde{A}_n\}$ から(Heine-Borel の定理により)$\bar{A}$ を覆う有限個の系 $\tilde{A}_{n_1}, \cdots, \tilde{A}_{n_s}$ を選ぶことができる．こうすれば，明らかに
$$m'(\bar{A}) \leq \sum_{i=1}^{s} m'(\tilde{A}_{n_i})$$
となる(もしそうでなければ，面積の和が $m'(\bar{A})$ より小さい有限個の長方形で $\bar{A}$ が覆われることとなり，明らかに不合理である)．したがって
$$m'(A) \leq m'(\bar{A}) + \frac{\varepsilon}{2} \leq \sum_{i=1}^{s} m'(\tilde{A}_{n_i}) + \frac{\varepsilon}{2} \leq \sum_n m'(\tilde{A}_n) + \frac{\varepsilon}{2}$$
$$\leq \sum_n m'(A_n) + \sum_n \frac{\varepsilon}{2^{n+1}} + \frac{\varepsilon}{2} = \sum_n m'(A_n) + \varepsilon.$$

ここで $\varepsilon>0$ は任意だから，(1) が結論される．□

定理 2 で樹立した測度 m' の性質——集合の測度は，それを被覆する有限もしくは可算の集合の測度の和をこえない——は，測度の**劣加法性**とよばれている．この性質から，測度のいわゆる**可算加法性**あるいは σ **加法性**が導かれる．すなわち

基本集合 A が<u>可算個の</u><u>たがいに交わらない</u>基本集合 A_n $(n=1, 2, \cdots)$ の合併として表わされるとする：

$$A = \bigcup_{n=1}^{\infty} A_n.$$

このとき

$$m'(A) = \sum_{n=1}^{\infty} m'(A_n)$$

(すなわち，可算個のたがいに交わらない基本集合の合併の測度は，各基本集合の測度の和に等しい)．

実際，加法性により，任意の N に対して

$$m'(A) \geqq m'\Big(\bigcup_{n=1}^{N} A_n\Big) = \sum_{n=1}^{N} m'(A_n).$$

$N \to \infty$ の極限移行によって

$$m'(A) \geqq \sum_{n=1}^{\infty} m'(A_n).$$

一方，定理 2 によって逆の不等式が成立して，測度 m' の σ 加法性が証明される．

注意. 平面上の測度の σ 加法性はその (有限) 加法性より極限移行によって自動的に得られるという印象を，読者はもたれるかもしれないが，実は，そうではない．(定理 2 の証明に際して，Heine-Borel の定理を用いたが，これは平面集合の距離的性質と位相的性質との間の関連に，本質的にかかわっている．) §2 において一般の抽象集合の上の測度を考察する際に，測度の加法性からその σ 加法性は一般には帰結されないことを見るであろう．

2°. 平面上の集合の Lebesgue 測度

初等幾何学や古典的解析学で考察される集合は，基本集合ばかりではない．

したがって,性質 1), 2) を保持したまま測度の概念を拡張して,辺が両軸に平行な長方形の有限個からなる集合よりもさらにひろい集合系に適用しうるようにしたいという問題が,自然に提起される.

この問題は,20 世紀のはじめに,Henri Lebesgue によって,ある意味で最終的に解決された.

Lebesgue の測度の理論を述べるためには,長方形の有限個の合併だけでなく,無限個の合併をも考える必要がある.この際,'測度が無限大' となる場合を除くために,以下,集合 A が正方形 $E=\{0\leqq x\leqq 1; 0\leqq y\leqq 1\}$ に含まれる場合に限定して考えることとする.

このような集合の全体の上で,函数 $\mu^*(A)$ をつぎのように定義しよう.

定義 1. 集合 $A\subset E$ の**外測度** $\mu^*(A)$ とは

$$\mu^*(A) = \inf_{A\subset \cup_k P_k} \sum_k m(P_k) \tag{2}$$

なる数のことである.ここに下限 inf は,有限個または可算個の長方形の系 $\{P_k\}$ による集合 A のあらゆる被覆に対してとったものである.――

注意 1. 外測度を定義する際,集合 A の被覆として,長方形ばかりでなく (有限もしくは可算個の) 基本集合から成るものまで許したとしても,もちろん,$\mu^*(A)$ の値は同一となる.基本集合はすべて有限個の長方形の合併だからである.

注意 2. もし A が基本集合なら $\mu^*(A)=m'(A)$. 実際,A を形成する長方形を $P_1,\cdots,P_n$ とすれば,定義により

$$m'(A) = \sum_{i=1}^{n} m(P_i).$$

長方形 $P_1,\cdots,P_n$ は A を被覆するから

$$\mu^*(A) \leqq \sum_{i=1}^{n} m(P_i) = m'(A).$$

一方,有限もしくは可算個の長方形の系 $\{Q_j\}$ が A を被覆するなら,定理 2 により

$$m'(A) \leqq \sum_j m(Q_j).$$

したがって $\mu^*(A)=m'(A)$ となる.

§1. 平面上の集合の測度

定理3. A_n が有限もしくは可算個の集合の系で
$$A \subset \bigcup_n A_n$$
ならば
$$\mu^*(A) \leqq \sum_n \mu^*(A_n).$$
したがって，特に，$A \subset B$ ならば $\mu^*(A) \leqq \mu^*(A)$.

証明. 外測度の定義により，各 A_n に対して適当な有限または可算個の長方形の系 $\{P_{nk}\}$ をとれば，$A_n \subset \bigcup_k P_{nk}$ かつ
$$\sum_k m(P_{nk}) \leqq \mu^*(A_n) + \frac{\varepsilon}{2^n}$$
となる．ただし $\varepsilon > 0$ は任意に選んである．このとき
$$A \subset \bigcup_n \bigcup_k P_{nk},$$
しかも
$$\mu^*(A) \leqq \sum_n \sum_k m(P_{nk}) \leqq \sum_n m^*(A_n) + \varepsilon$$
となる．$\varepsilon > 0$ は任意だから，定理は証明されたことになる． □

基本集合の上では m' と μ^* とが一致するから，定理2は定理3に特別な場合として含まれることになる．

定義2. A を集合 $\subset E$ とする．任意の $\varepsilon > 0$ に対して
$$\mu^*(A \triangle B) < \varepsilon \tag{3}$$
なる基本集合 B が存在するとき，集合 A は(Lebesgue の意味で)**可測**であるという．

函数 μ^* を可測な集合に対してのみ考えたものを，**Lebesgue 測度**といい，μ で表わす．——

注意. ここで導入した可測性の定義は，十分直観的な意味をもっている．つまり，或る集合が可測とは，それが基本集合によって'いくらでも正確に近似しうる'ことを意味する．——

こうして，可測集合とよばれる集合からなる類 $\mathfrak{M}_E$ とこの類の上の函数 μ ——Lebesgue 測度——とが得られた．つぎなる目標は，

 1. 可測集合の類 $\mathfrak{M}_E$ が，有限もしくは可算の合併および交わりに関して

閉じていること(すなわち第1章§5, 4°の定義の意味でσ代数をなすこと)，および

2. 函数 μ が類 $\mathfrak{M}_E$ の上で σ 加法的なこと

を示すことにある．

つぎに続く諸定理は，この主張を証明するための階梯をなす．

定理 4. 可測集合の補集合は可測である．——

これは検証容易な等式
$$(E \smallsetminus A) \triangle (E \smallsetminus B) = A \triangle B$$
からただちに出る．□

定理 5. 有限個の可測集合の合併および交わりは，可測集合である．

証明． 明らかに，二つの集合に対して証明すればよい．A_1, A_2 を可測集合とする．この意味は，任意の $\varepsilon > 0$ に対して
$$\mu^*(A_1 \triangle B_1) < \varepsilon/2, \qquad \mu^*(A_2 \triangle B_2) < \varepsilon/2$$
なる基本集合 B_1, B_2 が存在することであった．
$$(A_1 \cup A_2) \triangle (B_1 \cup B_2) \subset (A_1 \triangle B_1) \cup (A_2 \triangle B_2)$$
だから
$$\mu^*[(A_1 \cup A_2) \triangle (B_1 \cup B_2)] \leqq \mu^*(A_1 \triangle B_1) + \mu^*(A_2 \triangle B_2) < \varepsilon.$$
しかし $B_1 \cup B_2$ は基本集合．したがって集合 $A_1 \cup A_2$ は可測．

二つの可測集合の交わりがまた可測なことは，定理4と関係
$$A_1 \cap A_2 = E \smallsetminus [(E \smallsetminus A_1) \cup (E \smallsetminus A_2)] \tag{4}$$
とから導かれる．□

系． 二つの可測集合の差および対称差は，共に可測．——

これは，定理4, 5および等式
$$A_1 \smallsetminus A_2 = A_1 \cap (E \smallsetminus A_2), \qquad A_1 \triangle A_2 = (A_1 \smallsetminus A_2) \cup (A_2 \smallsetminus A_1)$$
から出る．□

定理 6. たがいに交わらない有限個の可測集合 $A_1, \cdots, A_n$ に対しては，つねに
$$\mu\left(\bigcup_{k=1}^n A_k\right) = \sum_{k=1}^n \mu(A_k). \tag{5}$$
——

証明には，つぎの補助定理を必要とする．

§1. 平面上の集合の測度

補助定理. 任意の二集合 A, B に対して
$$|\mu^*(A) - \mu^*(B)| \leq \mu^*(A \triangle B).$$

証明. $A \subset B \cup (A \triangle B)$ であるから, 定理3により
$$\mu^*(A) \leq \mu^*(B) + \mu^*(A \triangle B).$$
したがって, $\mu^*(A) \geq \mu^*(B)$ なら補助定理が成立する. もし $\mu^*(A) \leq \mu^*(B)$ ならば, 上と同様にして導かれる不等式
$$\mu^*(B) \leq \mu^*(A) + \mu^*(A \triangle B)$$
により, やはり補助定理が成立する. ⌟

定理6の証明. 定理5と同様に二つの集合に対して証明すればよい. 任意の $\varepsilon > 0$ に対して
$$\mu^*(A_1 \triangle B_1) < \varepsilon, \tag{6}$$
$$\mu^*(A_2 \triangle B_2) < \varepsilon \tag{7}$$
を満たす基本集合 B_1, B_2 を選ぶ. $A = A_1 \cup A_2$, $B = B_1 \cup B_2$ とおこう. 定理5により集合 A は可測である. A_1, A_2 が共通点をもたないことから
$$B_1 \cap B_2 \subset (A_1 \triangle B_1) \cup (A_2 \triangle B_2)$$
が成立し, したがって
$$m'(B_1 \cap B_2) \leq 2\varepsilon. \tag{8}$$
補助定理と(6), (7)とにより
$$|m'(B_1) - \mu^*(A_1)| < \varepsilon, \tag{9}$$
$$|m'(B_2) - \mu^*(A_2)| < \varepsilon. \tag{10}$$
基本集合の上では測度は加法的であるから, (8), (9), (10)により
$$m'(B) = m'(B_1) + m'(B_2) - m'(B_1 \cap B_2) \geq \mu^*(A_1) + \mu^*(A_2) - 4\varepsilon.$$
また $A \triangle B \subset (A_1 \triangle B_1) \cup (A_2 \triangle B_2)$ に注意すれば
$$\mu^*(A) \geq m'(B) - \mu^*(A \triangle B) \geq m'(B) - 2\varepsilon \geq \mu^*(A_1) + \mu^*(A_2) - 6\varepsilon.$$
$6\varepsilon > 0$ は任意に小さくとれるから, この式から
$$\mu^*(A) \geq \mu^*(A_1) + \mu^*(A_2)$$
となる. 逆向きの不等式
$$\mu^*(A) \leq \mu^*(A_1) + \mu^*(A_2)$$
は(定理3により)つねに成立するから, 結局
$$\mu^*(A) = \mu^*(A_1) + \mu^*(A_2).$$

A_1, A_2, A は可測であるから μ^* を μ と書いてよい. □

この定理から，特に，任意の可測集合 A に対して
$$\mu(E \smallsetminus A) = 1 - \mu(A)$$
が成立することがわかる．

定理 7. 可算個の可測集合の合併および交わりは可測である．

証明. 可算個の可測集合を
$$A_1, A_2, \cdots, A_n, \cdots$$
とし $A = \bigcup_{n=1}^{\infty} A_n$ とおく. $A'_n = A_n \smallsetminus \bigcup_{k=1}^{n-1} A_k \, (A'_1 = A_1)$ を考えれば，明らかに $A = \bigcup_{n=1}^{\infty} A'_n$ となり，しかも A'_n は相互に共通点をもたない．定理 5 とその系とにより，集合 A'_n はすべて可測．定理 6 と外測度の定義とにより，任意の正の整数 n に対して
$$\sum_{k=1}^{n} \mu(A'_k) = \mu\left(\bigcup_{k=1}^{n} A'_k\right) \leqq \mu^*(A)$$
となるから，級数
$$\sum_{n=1}^{\infty} \mu(A'_n)$$
は収束する．ゆえに，任意の $\varepsilon > 0$ に対して適当な N をとれば
$$\sum_{n > N} \mu(A'_n) < \frac{\varepsilon}{2} \tag{11}$$
となる．集合 $C = \bigcup_{n=1}^{N} A'_n$ は(可測集合の有限個の合併として)可測集合であるから，適当な基本集合 B に対して
$$\mu^*(C \triangle B) < \varepsilon/2 \tag{12}$$
となる．一方
$$A \triangle B \subset (C \triangle B) \cup \left(\bigcup_{n > N} A'_n\right)$$
であるから，(11), (12) により
$$\mu^*(A \triangle B) < \varepsilon.$$
したがって集合 A は可測である．

可測集合の補集合は可測であるから，共通集合の可測性は，等式
$$\bigcap_n A_n = E \smallsetminus \bigcup_n (E \smallsetminus A_n)$$

から明らかである. □

定理7は定理5を強化したものであるが，つぎの定理は定理6に対する同様な一般化である.

定理8. $\{A_n\}$ をたがいに交わらない可測集合の列, $A=\bigcup_n A_n$ とすれば
$$\mu(A) = \sum_n \mu(A_n).$$

証明. 定理6により，任意の N に対して
$$\mu\Big(\bigcup_{n=1}^{N} A_n\Big) = \sum_{n=1}^{N} \mu(A_n) \leq \mu(A).$$

$N\to\infty$ の極限をとれば
$$\mu(A) \geq \sum_{n=1}^{\infty} \mu(A_n). \tag{13}$$

一方，定理3により
$$\mu(A) \leq \sum_{n=1}^{\infty} \mu(A_n). \tag{14}$$

(13), (14)によって，定理が成立することがわかる. □

定理8で述べられている測度の性質を，**可算加法性**または**σ 加法性**という. σ 加法性からただちに導かれるつぎの性質は，測度の**連続性**とよばれている.

定理9. 可測集合の減少列 $A_1 \supset A_2 \supset \cdots$ に対して
$$A = \bigcap_n A_n$$
とおけば
$$\mu(A) = \lim_{n\to\infty} \mu(A_n).$$

証明. $A=\emptyset$ の場合に証明すればよい. 一般の場合は, A_n を $A_n \smallsetminus A$ にかえることによって，この場合に帰着させることができる. さて，この条件 $\bigcap_{n=1}^{\infty} A_n = \emptyset$ の下で
$$A_1 = (A_1 \smallsetminus A_2) \cup (A_2 \smallsetminus A_3) \cup \cdots,$$
また
$$A_n = (A_n \smallsetminus A_{n+1}) \cup (A_{n+1} \smallsetminus A_{n+2}) \cup \cdots.$$
しかも合併に参加している集合はたがいに交わらない. したがって, μ の σ 加法性により

$$\mu(A_1) = \sum_{k=1}^{\infty} \mu(A_k \smallsetminus A_{k+1}) \tag{15}$$

および

$$\mu(A_n) = \sum_{k=n}^{\infty} \mu(A_k \smallsetminus A_{k+1}). \tag{16}$$

(15)の右辺の級数は収束するから，その n 項以下の和である(16)の右辺の級数は $n\to\infty$ のとき 0 に収束する．すなわち

$$n \to \infty \quad \text{のとき} \quad \mu(A_n) \to 0$$

となり，定理は証明される．□

系． 可測集合の増大列 $A_1 \subset A_2 \subset \cdots$ に対して

$$A = \bigcup_n A_n$$

とおけば

$$\mu(A) = \lim_{n\to\infty} \mu(A_n). \qquad\text{——}$$

証明には，A_n のかわりにその補集合を考えて，定理9をつかえばよい．□

最後にもうひとつ，自明ではあるが重要な事実に注意をうながしておく．

<u>外測度が 0 の集合はすべて可測</u>．

実際，基本集合 $B=\phi$ に対して

$$\mu^*(A \triangle B) = \mu^*(A \triangle \phi) = \mu^*(A) = 0 < \varepsilon. \qquad \square$$

このように，測度を，基本集合から可測集合と称するよりひろい集合の類 $\mathfrak{M}_E$ に拡張すると，これは，可算個の合併および共通集合をつくる演算に関して閉じている．しかも，この類の上につくられた測度は σ 加法的である．上述の諸定理によって，Lebesgue 可測集合の全体なるものについてつぎのような概念が構成される．

E に属する開集合はすべて，有限個または可算個の開いた長方形の合併として表わすことができるが，開いた長方形は可測集合だから，定理7によって，開集合はすべて可測である．閉集合は開集合の補集合だから，これもまた可測である．また定理7により，閉集合または開集合に有限もしくは可算個の合併や交わりをつくる演算を適用して得られる集合も可測である．しかし，これらの集合によって Lebesgue 可測集合のすべてが尽くされるわけではない．

3°. 二,三の補足と一般化

これまでの考察では,集合はすべて平面上の単位正方形 $E=\{0\leqq x, y\leqq 1\}$ の部分集合であった.この制限は,たとえば,つぎのようにして容易にとり除くことができる.全平面を正方形
$$E_{nm} = \{n<x\leqq n+1, \ m<y\leqq m+1\} \quad (m, n:\text{整数})$$
の合併として表わし,集合 A とこれらの正方形との交わり $A_{nm}=A\cap E_{nm}$ がすべて可測なときに,A を**可測**とよぶことにする.また,このとき
$$\mu(A) = \sum_{n,m} \mu(A_{nm})$$
と定義する.右辺の級数は,有限の値に収束するか $+\infty$ に発散するかである.つまり,測度 μ は無限大の値をもとりうる.上で述べた測度と可測集合との諸性質はすべて,自明の仕方でこの場合にうつすことができる[1].ただ,測度有限な可測集合の可算個の合併が無限大の測度をもつことがありうることに,注意しておこう.全平面上の可測集合の全体を,記号 $\mathfrak{A}$ で表わしておく.

この節では,平面上の集合の Lebesgue 測度の作り方を述べたのであるが,同様にして,直線上や3次元,あるいはもっと一般に n 次元 Euclid 空間の上の Lebesgue 測度を考えることができる.どの場合についても,測度の構成法はおなじである:もっとも単純な集合(平面上ならば長方形,直線上ならば開区間 (a,b),閉区間 $[a,b]$,および半開区間 $(a,b]$, $[a,b)$ など)に対してあらかじめ定義された測度から出発して,これらの集合の有限個の合併に対する測度をまず定義し,つぎにそれよりもはるかに広い範囲の集合すなわち Lebesgue 可測な集合にまでこれを拡張するのである.可測性の定義も,そのまま,任意次元の空間の集合にうつすことができる.

Lebesgue 測度の概念を導入する際,出発点は通常の面積の定義であった.1次元の場合には区間(閉区間,開区間,半開区間)の長さの概念がもとになる.しかし,別のやや一般的な方法で測度の概念を導入することもできる.

数直線上の非減少かつ左から連続な函数 $F(t)$ を考えて
$$m(a,b) = F(b)-F(a+0),$$

---

[1] しかしながら,定理9では,級数(15)の収束を保証するために,条件 $\mu(A_1)<+\infty$ を補足しておかなければならない.この条件がなくては定理が成立しないことを示す例をつくってみよ.

$$m[a,b] = F(b+0)-F(a),$$
$$m(a,b] = F(b+0)-F(a+0),$$
$$m[a,b) = F(b)-F(a)$$

とおく. 容易にわかるように, 上のように定義された区間函数は非負かつ加法的である. この節でおこなったと同様な考察をこれに適用することによって, 或る種の '測度' $\mu_F(A)$ が得られるであろう. この測度に関して可測な集合の全体 $\mathfrak{A}_F$ は, 可算個の合併, 交わりをつくる演算に対して閉じており, 測度 μ_F は σ 加法的. μ_F に関して可測な集合の類 $\mathfrak{A}_F$ は, 一般的には函数 F の選び方によってちがってくる. しかしながら, F の如何によらず, 閉集合および開集合, したがって, それらの可算個の合併や共通集合はもちろん可測になるのである. このように何らかの函数 F によって得られる測度を **Lebesgue-Stieltjes 測度** という. 特に $F(t)\equiv t$ のときの測度がすなわち, 数直線上の Lebesgue 測度にほかならない.

通常の Lebesgue 測度 μ が 0 の任意の集合に対して測度 μ_F がやはり 0 ならば, 測度 μ_F は (μ に関して) **絶対連続** であるといわれる. 測度 μ_F が有限または可算の点集合に集中している場合 (函数 $F(t)$ の値の集合が有限個または可算個の場合に起こる) には, 測度 μ_F は **離散的** であるという. さらに, 一点からなる集合の μ_F 測度がつねに 0 であり, しかも, Lebesgue 測度 0 の集合 M でありながらその補集合の μ_F 測度が 0 となるものが存在する場合, 測度 μ_F は **特異** であるという.

測度 μ_F はすべて, 絶対連続な測度と離散的な測度と特異な測度との和として表わせることがわかっている. Lebesgue-Stieltjes 測度については, なお次章で触れるであろう.

非可測集合の存在. 上に見たように, Lebesgue 測度に関して可測な集合の範囲はきわめて広い. したがって, 可測でない集合が存在するかという疑問が自然に起こってくる. このような集合は実際に存在するのであって, そのもっとも簡単なものは, 1 次元 Lebesgue 測度を与えた円周の上に構成することができる.

C は長さ 1 の円周, α はある無理数としよう. いま円周 C の角 $n\alpha\pi$ (n は適当な整数) だけの回転によってたがいに移りうる点を一つのクラスにまとめる.

これらのクラスは，明らかに，いずれも可算個の点からなる．このとき，選出公理によって，各クラスから一点ずつを選び出して集合 Φ_0 をつくると，この集合 Φ_0 は可測でないことが証明される．集合 Φ_0 を角 $n\alpha\pi$ だけ回転して得られる集合を Φ_n とする．容易にわかるように，Φ_n はたがいに共通点をもたず，その合併は円周 C 全体になる．もし Φ_0 が可測ならば，これと合同な Φ_n ももちろん可測でなければならない．ところが

$$C = \bigcup_{n=-\infty}^{\infty} \Phi_n, \quad \Phi_n \cap \Phi_m = \phi \quad (n \neq m)$$

であるから，測度の σ 加法性により，

$$1 = \sum_{n=-\infty}^{\infty} \mu(\Phi_n). \tag{17}$$

ところが合同な集合の Lebesgue 測度は等しいから，もし Φ_0 が可測なら

$$\mu(\Phi_n) = \mu(\Phi_0).$$

したがって，等式(17)の右辺の級数の和は，$\mu(\Phi_0)=0$ ならば 0，$\mu(\Phi_0)>0$ ならば ∞ となるから，(17)は不合理である．ゆえに集合 Φ_0 は（したがって Φ_n も）可測ではありえない．

§2. 測度の一般概念，半環から環への測度の拡張，加法性と σ 加法性[1]

1°. 測度の定義

前節で平面上の集合の測度を構成するにあたってその出発点となったのは，長方形の測度(面積)であり，これをさらに広い範囲の集合にまで拡張したのであった．この構成法の根本は，長方形の面積の('たて×よこ'という)具体的表現ではなく，その一般的性質にすぎない．すなわち，平面上の測度を長方形から基本集合へと拡張してゆくに際してわれわれが利用したのは，つぎの二つの性質のみである：

1) 長方形の面積は加法性をもつ非負の集合函数である——
$$P_1 \cap P_2 = \phi \quad \text{ならば} \quad m(P_1 \cup P_2) = m(P_1) + m(P_2),$$

---

[1] 本節以下では第1章§5における概念や事実が系統的に使用される．

2) 長方形の全体は集合の半環をなす.

平面測度の Lebesgue 拡大の構成に際しては,その σ 加法性も重要である.

以上の諸点に注目すれば,§1 で平面集合について述べた構成法には,完全に一般的抽象的な形を与えることができ,これによってその適用範囲は本質的に拡大される. 本節と次節とでは, この問題を取り扱うことにしよう.

まず,つぎの基本的な定義を導入する.

定義 1. 集合函数 $\mu(A)$ がつぎの三性質をもつとき,これを**測度**という:

1) 函数 $\mu(A)$ の定義域 $\mathfrak{S}_\mu$ は集合の半環である,
2) 函数 $\mu(A)$ の値は負でない実数である,
3) $\mu(A)$ は加法的である;すなわち集合 $A \in \mathfrak{S}_\mu$ を集合 $A_k \in \mathfrak{S}_\mu$ によって

$$A = \bigcup_{k=1}^{n} A_k \qquad (A_k \cap A_l = \phi \quad (k \neq l))$$

の形に有限分割するとき

$$\mu(A) = \sum_{k=1}^{n} \mu(A_k)$$

なる等式が成立する. ──

注意. 分割 $\phi = \phi \cup \phi$ から $\mu(\phi) = 2\mu(\phi)$,すなわち $\mu(\phi) = 0$ となる.

2°. 半環から環への測度の拡張

平面上の集合の測度を構成する場合の第一歩は,測度の概念を長方形から基本集合(すなわち,たがいに交わらない有限個の長方形の合併)へ拡張することであった. ここでは,この問題の抽象化を考える. まずつぎの定義をおく.

定義 2. それぞれ半環 $\mathfrak{S}_\mu, \mathfrak{S}_m$ の上に与えられた二つの測度 $\mu(A), m(A)$ において,$\mathfrak{S}_m \subset \mathfrak{S}_\mu$,かつすべての $A \in \mathfrak{S}_m$ に対して

$$\mu(A) = m(A)$$

であるとき,$\mu(A)$ を $m(A)$ の**拡張**という. ──

この項の基本的な目標は,つぎの定理の証明にある.

定理 1. 半環 $\mathfrak{S}_m$ 上の任意の測度 $m(A)$ に対して,環 $\mathfrak{R}(\mathfrak{S}_m)$ (すなわち $\mathfrak{S}_m$ を含む最小の集合環)を定義域とする $m(A)$ の拡張が,一つしかもただ一つに限り存在する.

§2. 測度の一般概念，半環から環への測度の拡張，加法性と σ 加法性　271

証明. 各集合 $A \in \mathfrak{R}(\mathfrak{S}_m)$ に対して

$$A = \bigcup_{k=1}^{n} B_k \quad (B_k \in \mathfrak{S}_m, \ B_k \cap B_l = \phi \quad (k \neq l)) \tag{1}$$

なる分割が存在する(第1章§5, 定理3). これに対して

$$m'(A) = \sum_{k=1}^{n} m(B_k) \tag{2}$$

と定義しよう．容易にわかるように，(2)で定義された数 $m'(A)$ は分割(1)の形に無関係である．実際，二つの分割

$$A = \bigcup_{i=1}^{n} B_i = \bigcup_{j=1}^{r} C_j \quad (B_i \in \mathfrak{S}_m, \ C_j \in \mathfrak{S}_m)$$

を考えれば，交わり $B_i \cap C_j$ は $\mathfrak{S}_m$ に属するから，測度 m の加法性により

$$\sum_{i=1}^{n} m(B_i) = \sum_{i=1}^{n} \sum_{j=1}^{r} m(B_i \cap C_j) = \sum_{j=1}^{r} m(C_j).$$

(2)で定義された函数 $m'(A)$ の値が負でない実数であることは明らか．以上で測度 m の環 $\mathfrak{R}(\mathfrak{S}_m)$ 上への拡張 m' の存在が証明された．

拡張の一意性の証明はつぎのようにする．拡張の定義により，$A = \bigcup_{k=1}^{n} B_k$ (B_k はたがいに共通点をもたない $\mathfrak{S}_m$ の集合)ならば，測度 m の $\mathfrak{R}(\mathfrak{S}_m)$ 上への任意の拡張 $\tilde{m}$ に対して

$$\tilde{m}(A) = \sum \tilde{m}(B_k) = \sum m(B_k) = m'(A),$$

すなわち，測度 $\tilde{m}$ は(2)で定義された測度 m' に一致する．以上で定理の証明はおわる． □

この定理は，本質的には，§1において長方形から基本集合に測度を拡張したときの構成の抽象的な言葉でのくりかえしにすぎない．基本集合の全体は，長方形のつくる半環の上の最小の環になっている．

測度の加法性と非負性とから，つぎのほとんど自明ではあるが重要な性質が導かれる．

定理 2. m を或る環 $\mathfrak{R}_m$ の上に定義された測度とし，集合 $A, A_1, \cdots, A_n$ は $\mathfrak{R}_m$ に属するとする．このとき

I. $\bigcup_{k=1}^{n} A_k \subset A, \ A_i \cap A_j = \phi \ (i \neq j)$ ならば

$$\sum_{k=1}^{n} m(A_k) \leqq m(A);$$

II. $\sum_{k=1}^{n} A_k \supset A$ ならば

$$\sum_{k=1}^{n} m(A_k) \geqq m(A).$$

特に,$A \subset A'$,$A \in \Re_m$,$A' \in \Re_m$ ならば $m(A) \leqq m(A')$.

証明. もし $A_1, \cdots, A_n$ がたがいに交わらず,しかも A に含まれているなら,測度の加法性により

$$m(A) = \sum_{k=1}^{n} m(A_k) + m\left(A \smallsetminus \bigcup_{k=1}^{n} A_k\right).$$

ところが $m\left(A \smallsetminus \bigcup_{k=1}^{n} A_k\right) \geqq 0$ だから,性質 I が得られる.

つぎに,任意の $A_1, A_2 \in \Re_m$ に対して

$$m(A_1 \cup A_2) = m(A_1) + m(A_2) - m(A_1 \cap A_2) \leqq m(A_1) + m(A_2).$$

数学的帰納法によって

$$m\left(\bigcup_{k=1}^{n} A_k\right) \leqq \sum_{k=1}^{n} m(A_k).$$

最後に,ふたたび測度の加法性により,$A \subset \bigcup_{k=1}^{n} A_k$ ならば

$$m(A) = m\left(\bigcup_{k=1}^{n} A_k\right) - m\left(\bigcup_{k=1}^{n} A_k \smallsetminus A\right) \leqq m\left(\bigcup_{k=1}^{n} A_k\right).$$

これと上に得た不等式とから,性質 II が出る. □

ここでは性質 I,II を環上で定義された測度に対して証明した.測度が最初半環の上に与えられているとしても,それを環の上の測度に拡張する際,初めの半環に属している集合に対する測度は変わらない.したがって,性質 I,II は,半環の上に与えられた測度に対してもまた,成立する.

3°. σ 加法性

解析学の諸問題では有限個だけでなく可算個の集合の合併を考えなければならない場合がしばしばある.そのために,さきに測度に課した加法性の条件(定義1)をさらに強い σ 加法性の要請にかえる必要が,自然に生じてくる.

定義 3. 測度 m の定義域 $\mathfrak{S}_m$ に属する集合 $A, A_1, A_2, \cdots, A_n, \cdots$ が

§2. 測度の一般概念，半環から環への測度の拡張，加法性と σ 加法性　273

$$A = \bigcup_{n=1}^{\infty} A_n, \quad A_i \cap A_j = \phi \quad (i \neq j)$$

を満たすならば，つねに

$$m(A) = \sum_{n=1}^{\infty} m(A_n)$$

となるとき，測度 m は**可算加法的**または **σ 加法的**であるという．——

§1 で述べた平面の Lebesgue 測度は σ 加法的である（定理 8）．これとはまったくちがった性質をもつ σ 加法的測度の例を，つぎのようにしてつくることができる．いま

$$X = \{x_1, x_2, \cdots\}$$

を任意の可算集合とし，数 $p_n > 0$ は

$$\sum_{n=1}^{\infty} p_n = 1$$

を満たすものとする．可測集合の類 $\mathfrak{S}_m$ は集合 X の部分集合の全体，また，各部分集合 $A \subset X$ に対して

$$m(A) = \sum_{x_n \in A} p_n$$

とおこう．

この $m(A)$ が σ 加法的で $m(X) = 1$ となることはただちにわかる．この例は確率論の諸問題に関連して自然に現われる．

つぎに，加法的だが σ 加法的ではない測度の例をあげておこう．X は閉区間 $[0,1]$ 上のすべての有理点の集合，$\mathfrak{S}_m$ は集合 X と $[0,1]$ の任意の開区間 (a,b)，閉区間 $[a,b]$，半開区間 $[a,b)$, $(a,b]$ との交わりから構成されるものとする．$\mathfrak{S}_m$ が半環をなすことは容易にわかる．$\mathfrak{S}_m$ の上記の集合 A_{ab} に対して

$$m(A_{ab}) = b - a$$

とおくと，これは加法的測度である．しかし σ 加法的ではない．なぜなら，$m(X) = 1$ だが，一方 X は測度 0 の可算個の点の合併だからである．

この節およびこれに続く二節では，測度はすべて σ 加法的と仮定しておく．

定理 3. 半環 $\mathfrak{S}_m$ 上で定義された測度 m が σ 加法的ならば，これを環 $\mathfrak{R}(\mathfrak{S}_m)$ 上に拡張して得られる測度 μ も σ 加法的である．

証明. $A \in \mathfrak{R}(\mathfrak{S}_m)$, $B_n \in \mathfrak{R}(\mathfrak{S}_m)$, $n = 1, 2, \cdots$, $B_s \cap B_r = \phi$ $(s \neq r)$, かつ

$$A = \bigcup_{n=1}^{\infty} B_n$$

とする. このとき

$$A = \bigcup_j A_j, \quad B_n = \bigcup_i B_{ni} \quad (n=1, 2, \cdots)$$

なる $\mathfrak{S}_m$ の集合 A_j, B_{ni} が存在する. ただし, 上の各等式の右辺の集合はそれぞれたがいに交わらず, また i, j に関する合併は有限個である (第1章§5, 定理3).

いま $C_{nij} = B_{ni} \cap A_j$ とおけば, C_{nij} はたがいに交わらず, かつ

$$A_j = \bigcup_{n=1}^{\infty} \bigcup_i C_{nij},$$

$$B_{ni} = \bigcup_j C_{nij}$$

となる. したがって, $\mathfrak{S}_m$ 上の測度 m の σ 加法性により

$$m(A_j) = \sum_{n=1}^{\infty} \sum_i m(C_{nij}), \tag{3}$$

$$m(B_{ni}) = \sum_j m(C_{nij}) \tag{4}$$

となる. また, $\mathfrak{R}(\mathfrak{S}_m)$ 上の測度 μ の定義により

$$\mu(A) = \sum_j m(A_j), \tag{5}$$

$$\mu(B_n) = \sum_i m(B_{ni}). \tag{6}$$

(3), (4), (5), (6) から $\mu(A) = \sum_n \mu(B_n)$ を得る (i, j に関する和は有限, n に関する級数は収束する). □

つぎに σ 加法的測度の基本的な性質を証明しよう. これは定理2の集合が加算個になった場合への拡張である. 上に示したように, 測度の σ 加法性は, 測度を環の上に拡張する際に保存されるから, σ 加法的な測度は, 最初から, 或る環 $\mathfrak{R}$ の上に与えられていると考えておいてさしつかえない.

定理 4. 測度 m は σ 加法的, 集合 $A, A_1, A_2, \cdots, A_n, \cdots$ は $\mathfrak{R}$ に属するとする. このとき

$\mathrm{I}\sigma$: $\bigcup_{k=1}^{\infty} A_k \subset A$, $A_i \cap A_j = \phi \ (i \neq j)$ ならば

$$\sum_{k=1}^{\infty} m(A_k) \leqq m(A);$$

§2. 測度の一般概念,半環から環への測度の拡張,加法性と σ 加法性

IIσ(可算劣加法性): $\bigcup_{k=1}^{\infty} A_k \supset A$ ならば

$$\sum_{k=1}^{\infty} m(A_k) \geqq m(A).$$

証明. すべての A_k がたがいに交わらず,かつ A に含まれるならば,性質 I(定理 2)により,任意の n に対して

$$\sum_{k=1}^{n} m(A_k) \leqq m(A).$$

$n \to \infty$ とすれば,定理の最初の主張を得る.

第二の命題を証明する. $\Re$ が環だから,

$$B_n = (A \cap A_n) \setminus \bigcup_{k=1}^{n-1} A_k \qquad (B_1 = A \cap A_1)$$

も $\Re$ に属する.このとき

$$A = \bigcup_{n=1}^{\infty} B_n, \quad B_n \subset A_n,$$

かつ, B_n はたがいに交わらないから

$$m(A) = \sum_{n=1}^{\infty} m(B_n) \leqq \sum_{n=1}^{\infty} m(A_n). \qquad \square$$

注意. 上の命題 Iσ の証明では測度 m の σ 加法性を必要としないから,Iσ は任意の加法的測度に対して成立する.これに反して,IIσ の方は,本質的に測度の σ 加法性を用いているから,加法的ではあるが σ 加法的でない測度に対しては成立しない.たとえば,上にあげた例(p. 273)の場合,測度 1 の集合 X が測度 0 の可算個の一点集合でおおわれている.さらに言えば,IIσ は実は σ 加法性と同値なのである.実際, μ を半環 $\mathfrak{S}$ 上に与えられた測度, $A, A_1,$ $\cdots, A_n, \cdots \in \mathfrak{S}, A = \bigcup_k A_k$,しかもすべての A_k はたがいに交わらないとする.このとき,性質 Iσ(これは任意の測度に対して成立する)により

$$\sum_{k=1}^{\infty} \mu(A_k) \leqq \mu(A).$$

もし μ が性質 IIσ をもつならば(A_k は全体として A を被覆するから)

$$\sum_{k=1}^{\infty} \mu(A_k) \geqq \mu(A)$$

となり,結局

$$\sum_{k=1}^{\infty} \mu(A_k) = \mu(A).$$

実際問題としては,或る測度が σ 加法性をもつことを直接に検証するよりも,その可算劣加法性 (IIσ) を検証する方がしばしば容易である.

§3. 測度の Lebesgue 拡張

1°. 単位元をもつ半環上の測度の Lebesgue 拡張

半環 $\mathfrak{S}_m$ 上に与えられた測度 m が(σ 加法性でなく)単に加法性をもつにすぎない場合には,この測度をよりひろい集合の類の上に拡張する可能性は,上記の環 $\mathfrak{R}(\mathfrak{S}_m)$ の上への拡張によってほとんど尽くされてしまう.しかし測度 m が σ 加法性をもつ場合には,半環 $\mathfrak{S}_m$ から環 $\mathfrak{R}(\mathfrak{S}_m)$ よりもひろい或る意味で'極大な'集合系に拡張することができるのである.この拡張は,いわゆる<u>Lebesgue 拡張</u>によっておこなわれる.まず,半環が単位元をもつ場合についての Lebesgue 拡張を考察しよう.一般の場合は次項で取り扱う.

単位元 E をもつ集合の半環 $\mathfrak{S}_m$ の上に σ 加法的測度 m が与えられているとし,集合 E の部分集合の全体からなる系 $\mathfrak{A}$ の上に,函数 $\mu^*(A)$ ——**外測度**——をつぎのように定義する.

定義 1. 集合 $A \subset E$ に対し

$$\mu^*(A) = \inf_{A \subset \cup B_n} \sum_n m(B_n) \tag{1}$$

なる数を集合 A の**外測度**という.ここに下限 inf は有限個または可算個の集合 $B_n \in \mathfrak{S}_m$ による A のあらゆる被覆に対してとったものである.——

外測度のつぎの性質は,以下の構成に際して基本的な役割を果たす.

定理 1(可算劣加法性).$\{A_n\}$ が有限個または可算個の集合の系で

$$A \subset \bigcup_n A_n$$

ならば

$$\mu^*(A) \leq \sum_n \mu^*(A_n).$$ ——

証明は §1,定理 3 のそれと同じだから,ここではくりかえさない. □

定義 2. 集合 A が (Lebesgue の意味で)**可測**であるとは,任意の $\varepsilon > 0$ に対

して
$$\mu^*(A \triangle B) < \varepsilon$$
なる集合 $B \in \Re(\mathfrak{S}_m)$ が存在することをいう.

函数 μ^* を可測集合に対してのみ考えたものを,つまり外測度 μ^* の可測集合上への制限を,**Lebesgue 測度**(もしくは単に**測度**)といい,μ で表わす.── $\Re(\mathfrak{S}_m)$ に属する集合は,したがって $\mathfrak{S}_m$ の集合も,すべて可測である.この際,$A \in \mathfrak{S}_m$ に対しては
$$\mu(A) = m(A).$$
この等式は,平面上の集合に対する対応する事実とまったく同様に証明される.

等式 $A_1 \triangle A_2 = (E \smallsetminus A_1) \triangle (E \smallsetminus A_2)$ によれば,集合 A が可測ならその補集合 $E \smallsetminus A$ もまた可測なことがわかる.

つぎに,可測集合とその上に定義される Lebesgue 測度との基本的性質を述べる.

定理 2. 可測集合の全体 $\mathfrak{M}$ は環をなす.

証明.
$$A_1 \cap A_2 = A_1 \smallsetminus (A_1 \smallsetminus A_2),$$
$$A_1 \cup A_2 = E \smallsetminus [(E \smallsetminus A_1) \cap (E \smallsetminus A_2)]$$
であるから,
$$A_1 \in \mathfrak{M}, \quad A_2 \in \mathfrak{M} \quad \text{のとき} \quad A = A_1 \smallsetminus A_2 \in \mathfrak{M}$$
を証明すればよい.A_1, A_2 が可測ならば,
$$m^*(A_1 \triangle B_1) < \varepsilon/2, \quad m^*(A_2 \triangle B_2) < \varepsilon/2$$
なる $B_1 \in \Re(\mathfrak{S}_m)$,$B_2 \in \Re(\mathfrak{S}_m)$ が存在する.$B = B_1 \smallsetminus B_2 \in \Re(\mathfrak{S}_m)$ とおけば,
$$(A_1 \smallsetminus A_2) \triangle (B_1 \smallsetminus B_2) \subset (A_1 \triangle B_1) \cup (A_2 \triangle B_2)$$
により
$$m^*(A \triangle B) < \varepsilon.$$
$\varepsilon > 0$ は任意であるから,A は可測.□

注意. E が環 $\mathfrak{M}$ の単位元であることは明らかだから,可測集合の全体 $\mathfrak{M}$ は<u>集合代数</u>である.

定理 3. 可測集合の系 $\mathfrak{M}$ の上では,函数 $\mu(A)$ は加法的である.──
この定理の証明は §1,定理 6 の文字通りのくりかえしである.□

定理 4. 可測集合の系 $\mathfrak{M}$ の上では,函数 $\mu(A)$ は σ 加法的である.

証明. $A = \bigcup_{n=1}^{\infty} A_n$, $A, A_1, A_2, \cdots \in \mathfrak{M}$, $A_i \cap A_j = \phi$ $(i \neq j)$

とする．定理1により

$$\mu(A) \leqq \sum_n \mu(A_n). \tag{2}$$

定理3により，任意の N に対して

$$\mu(A) \geqq \mu\Big(\bigcup_{n=1}^{N} A_n\Big) = \sum_{n=1}^{N} \mu(A_n),$$

ゆえに

$$\mu(A) \geqq \sum_n \mu(A_n). \tag{3}$$

(2), (3)により定理が成立する．□

平面上の Lebesgue 測度を考察した§1において，有限個の可測集合のみならず可算個のそれについても，それらの合併および交わりがやはり可測であることを示したが，この事実は，一般の場合にも成立する．すなわち

定理5. Lebesgue 可測集合の系 $\mathfrak{M}$ は，E を単位元とする σ 代数である．

証明. 可測集合の補集合が可測であることと等式

$$\bigcap_n A_n = E \setminus \bigcup_n (E \setminus A_n)$$

とから，結局，集合 $A_1, A_2, \cdots, A_n, \cdots$ が $\mathfrak{M}$ に属するなら集合 $A = \bigcup_n A_n$ も $\mathfrak{M}$ に属することを証明すればよい．それには，§1, 定理7で平面の集合についておこなった証明をそのまま一般の場合にあてはめればよい．□

平面上の Lebesgue 測度の場合と同様に，測度の σ 加法性からその**連続性**が導かれる：すなわち，μ が σ 代数上で定義された σ 加法的測度の場合，可測集合の減少列 $A_1 \supset A_2 \supset \cdots \supset A_n \supset \cdots$ に対して

$$A = \bigcap_n A_n$$

とおけば

$$\mu(A) = \lim_{n \to \infty} \mu(A_n).$$

また，可測集合の増大列 $A_1 \subset A_2 \subset \cdots \subset A_n \subset \cdots$ に対して

$$A = \bigcup_n A_n$$

とおけば

$$\mu(A) = \lim_{n\to\infty} \mu(A_n)$$

となる．この一般的な事実の証明も，§1, 定理9で平面上の測度に対しておこなったものとまったく同様である．

このように，系 $\mathfrak{M}$ は σ 代数をなし，その上の函数 $\mu(A)$ は，σ 加法的な測度のもつべきすべての性質をそなえている．これによって，つぎの定義が正当化される．

定義3. 可測集合系 $\mathfrak{M}$ の上で定義され $\mathfrak{M}$ 上で外測度 $\mu^*(A)$ と一致する函数 $\mu(A)$ を，測度 m の **Lebesgue 拡張**といい，$\mu = L(m)$ と書く．

2°. 単位元をもたない半環上の測度の拡張

最初の測度 m の定義域である半環 $\mathfrak{S}_m$ が単位元をもたない場合には，前項で述べた Lebesgue 拡張の構成を少し変えなければならない．しかし，変更は本質的なものではない．外測度の定義1はそのまま生きるが，外測度 μ^* は，$\sum_n m(B_n)$ が有限値をとる集合系 $\{B_n\}$ ($B_n \in \mathfrak{S}_m$) によって被覆されうる集合のすべてから成る集合系 $\mathfrak{S}_{\mu^*}$ の上でのみ定義される．可測性の定義は何ら変更を加えずそのままの形で保持される．

定理2-4と最後の定義3とは，依然有効である．これらの定理のうち証明で単位元の存在を仮定しているのは定理2のみ．これに一般の場合に通用する証明を与えるには，$A_1 \in \mathfrak{M}$, $A_2 \in \mathfrak{M}$ ならば $A_1 \cup A_2 \in \mathfrak{M}$ となることをあらたに証明すればよいのだが，そのためには

$$(A_1 \cup A_2) \triangle (B_1 \cup B_2) \subset (A_1 \triangle B_1) \cup (A_2 \triangle B_2)$$

なる包含関係を用いればよい．$\mathfrak{S}_m$ が単位元をもたない場合には，定理5はつぎの定理でかえられる．

定理6. 測度 m が一般の場合，Lebesgue 可測集合の系 $\mathfrak{M} = \mathfrak{S}_{L(m)}$ は δ 環をなす．また，A_n が可測の場合，$A = \bigcup_{n=1}^{\infty} A_n$ が可測であるためには，$\mu\left(\bigcup_{n=1}^{N} A_n\right)$ が N の如何にかかわらず一定数を越えないことが必要かつ十分．——

この定理の証明は読者にまかせる．□

注意． いまのところ測度は<u>有限</u>の値のみをとるとしているから，最後の条件の必要性は明らかである．——

定理6からつぎの系が導かれる．

系． 一定の集合 $A \in \mathfrak{M}$ の部分集合となっている $B \in \mathfrak{M}$ の全体からなる系 $\mathfrak{M}_A$ は σ 代数をなす． □

たとえば，任意の閉区間 $[a, b]$ 上の(数直線上の Lebesgue 測度 $\mu^{(1)}$ の意味で) Lebesgue 可測な部分集合の系は，σ 代数をなす．

最後に Lebesgue 測度の性質をもうひとつあげておこう．

定義 4. $\mu(A) = 0$, $A' \subset A$ ならばつねに $A' \in \mathfrak{S}_\mu$ であるとき，測度 μ は **完備** であるという．──

このとき $\mu(A') = 0$ は明らか．任意の測度の Lebesgue 拡張が完備なることは，つぎのように容易に証明される．$A' \subset A$, $\mu(A) = 0$ ならば $\mu^*(A') = 0$ であるが，一般に $\mu^*(C) = 0$ となる集合 C はすべて可測である．なぜならば，$\emptyset \in \mathfrak{R}(\mathfrak{S}_m)$ であって

$$\mu^*(C \triangle \emptyset) = \mu^*(C) = 0.$$

σ 代数の上の σ 加法的な測度はすべて，これを完備な測度に拡張することができる．それには，測度 0 の集合に含まれるような集合に対してはすべて，その値を 0 とおけばよい．

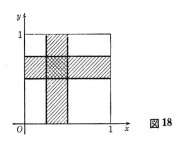

図 18

補足的注意 1. 出発点となる測度 m が(勝手な集合系ではなくて)集合の半環の上で与えられているという前提は，この拡張の一意性のために本質的である．単位正方形において，垂直長方形と水平長方形と──すなわち辺が xy 両軸に平行で長さもしくは幅が 1 の長方形(図 18 参照)──からなる系を考え，この系に属する長方形に対してその面積に等しい測度を与えよう．これらの長方形によって生成される代数(実は σ 代数)の上にこの測度を拡張しようとするとき，その拡張は一意でない．(少なくとも二つの異なる拡張を示せ.)

補足的注意 2. Lebesgue による測度の拡張のプロセスと距離空間の完備化プロセス

との間の関係に注意しておこう. まず, $m'(A \triangle B)$ は環 $\Re(\mathfrak{S}_m)$ の二要素 A, B 間の距離と考えることができる. このとき $\Re(\mathfrak{S}_m)$ は距離空間 (一般に完備ではない) となり, その完備化空間は, すべての可測集合から構成されるのである (この際, $\mu(A \triangle B) = 0$ なる集合 A, B は距離の観点からは区別しないこととする).

演習 1. 測度 m が X の集合の (単位元をもつ) 半環 $\mathfrak{S}_m$ の上に与えられているとし, それに対応する外測度を μ^* と書く. 集合 A が (Lebesgue の意味で) 可測なためには, これが **Carathéodory の意味で可測**なこと, すなわち, 任意の部分集合 $Z \subset X$ に対して等式

$$\mu^*(Z) = \mu^*(Z \cap A) + \mu^*(Z \smallsetminus A)$$

が成立することが, 必要かつ十分である. これを証明せよ.

演習 2. σ 加法的な測度 m が単位元 X をもつ環 $\Re$ の上に与えられており, かつ $m(X) = 1$ と仮定する. 各部分集合 $A \subset X$ に対して, 外測度 μ^* と並んで, **内測度** μ_* を

$$\mu_*(A) = 1 - \mu^*(X \smallsetminus A)$$

とおいて導入する. 任意の $A \subset X$ に対して $\mu_*(A) \leqq \mu^*(A)$ であることは, 容易にわかる. 等式

$$\mu_*(A) = \mu^*(A) \qquad (*)$$

が成立することが, 集合 A の (定義 2 の意味での) 可測性と同値なことを証明せよ.

測度が単位元をもつ環の上に与えられている場合には, 等式 $(*)$ を可測性の定義として採用することがしばしばある.

3°. σ 有限な測度の場合の可測性の概念の拡張

出発点となる測度 m が, 空間 X において, 単位元をもたない或る半環の上に与えられている場合, さきに導入した集合の可測性の定義はあまりにせますぎる. たとえば, X が平面の場合, 平面全体とか帯領域とか円の外側とかのような面積が無限大の集合はすべて, 可測集合の部類にはいらない. 測度に無限大の値をも許容して, 最初の測度が単位元をもつ半環の上に与えられている場合と同様に可測集合の全体が (単に δ 環をなすにとどまらず) σ 代数になるように, 可測性の概念を拡張したいというのは, 自然な要請である.

このような拡張は一般の場合にも実行しうるけれども, ここでは事実上, もっとも重要ないわゆる σ 有限の測度に限定することにする.

σ 加法的な測度 m が, 集合 X の部分集合からなる或る半環 $\mathfrak{S}_m$ の上に与えられているものとする. この測度 m が **σ 有限**であるとは, X 全体が $\mathfrak{S}_m$ に属

する可算個の集合の合併として表わされることをいう．($\mathfrak{S}_m$に属する有限個の集合の合併ではない．) σ 有限な測度の例としては，平面上のすべての長方形の上で定義された面積がある．σ 有限でない測度の簡単な例は，つぎのようにしてつくることができる．閉区間 $[0,1]$ 上に或る非負の函数 $f(x)$ が与えられているものとし，この区間の各有限部分集合 $A=\{x_1,\cdots,x_n\}$ に対して $m(A)=\sum f(x_i)$ とおく．もし $f(x)\neq 0$ なる点 x の集合が非可算なら，$[0,1]$ のこのような測度は σ 有限にはならない．

さて，m は X における測度で，半環 $\mathfrak{S}_m$ の上で定義され，σ 加法的かつ σ 有限と仮定する．

$$X = \bigcup_{i=1}^{\infty} B_i \qquad (B_i \in \mathfrak{S}_m)$$

とする．半環 $\mathfrak{S}_m$ からそれによって生成される環 $\mathfrak{R}(\mathfrak{S}_m)$ にうつり，各 B_k を $B_k \smallsetminus \bigcup_{i=1}^{k-1} B_i$ にかえれば，X はたがいに交わらない可算個の可測集合の合併として表わされることになる．この可測集合をあらためて $B_1, B_2, \cdots$ と書くことにする．前項で述べた Lebesgue 拡張の過程を測度 m に適用すれば，或る δ 環 $\mathfrak{M}$ の上で定義された測度 μ が得られる．集合 $B \in \mathfrak{M}$ に対して，B に含まれる $\mathfrak{M}$ のすべての集合の系を $\mathfrak{M}_B$ と書く：

$$\mathfrak{M}_B = \{C : C \in \mathfrak{M},\ C \subset B\}.$$

このとき，$\mathfrak{M}_B$ は σ 代数をなし，B はその単位元となる(定理6の系参照)．

今度は，各 B_i との交わりが可測集合となるような集合の全体を考え，これを $\mathfrak{A}$ と書く：

$$\mathfrak{A} = \{A : A \subset X,\ A \cap B_i \in \mathfrak{M}_{B_i}\ (i=1,2,\cdots)\}.$$

換言すれば，$A \in \mathfrak{A}$ とは A が

$$A = \bigcup_{i=1}^{\infty} A_i, \qquad A_i \in \mathfrak{M}_{B_i} \tag{4}$$

の形に表わしうることにほかならない．集合系 $\mathfrak{A}$ も σ 代数をなす(検証せよ)．これを，σ 代数 $\mathfrak{M}_{B_i}$ の**直和**とよぶことにする．σ 代数 $\mathfrak{A}$ を構成する(4)の形の集合を，**可測**な集合とよび，可測な集合 $A = \bigcup_{i=1}^{\infty} A_i\ (A_i \in \mathfrak{M}_{B_i})$ に対して，測度 $\tilde{\mu}$ を

§3. 測度の Lebesgue 拡張

$$\tilde{\mu}(A) = \sum_{i=1}^{\infty} \mu(A_i)$$

と定義する．集合の測度はつねに非負であるから，右辺の級数は或る非負の値に収束するかもしくは $+\infty$ に発散する．

定理7. 上述の前提の下に，つぎの主張が成立する：

1) σ 代数 $\mathfrak{A}$ と測度 $\tilde{\mu}$ とは，条件 $\bigcup_{i=1}^{\infty} B_i = X$ を満たすたがいに交わらない集合 $B_i \in \mathfrak{M}$ の系 $\{B_i\}$ の選び方に依存しない．

2) 測度 $\tilde{\mu}$ は，$\mathfrak{A}$ 上 σ 加法的．

3) $\tilde{\mu}(A) < \infty$ なる集合 $A \in \mathfrak{A}$ の全体は δ 環 $\mathfrak{M}$ に一致し，かつこの δ 環の上では $\tilde{\mu} = \mu$．

証明． 1) まず初めに，$A \in \mathfrak{A}$ なる条件がすべての $C \in \mathfrak{M}$ に対して $A \cap C \in \mathfrak{M}$ となることと同値だということに，注意しておく．すべての $C \in \mathfrak{M}$ に対して $A \cap C \in \mathfrak{M}$ なら，当然 $A \cap B_i \in \mathfrak{M}$ $(i=1,2,\cdots)$ となるから，この条件が $A \in \mathfrak{A}$ のために十分なことは明らか．必要なことを示すために，$A \in \mathfrak{A}$, $C \in \mathfrak{M}$ として $C_i = C \cap B_i$ とおく．このとき，$A \cap C_i = C \cap (A \cap B_i) \in \mathfrak{M}$ であって

$$A \cap C = \bigcup_{i=1}^{\infty} (A \cap C_i).$$

すべての N に対して

$$\mu\Big(\bigcup_{i=1}^{N}(A \cap C_i)\Big) \leq \mu\Big(\bigcup_{i=1}^{N} C_i\Big) \leq \mu(C)$$

であるから，定理6によって集合 $A \cap C$ は可測：$A \cap C \in \mathfrak{M}$．

この注意により，σ 代数 $\mathfrak{A}$ は $\{B_i\}$ の選定に無関係である．

$\{B_i\}$, $\{B_j{}^*\}$ は共に系 $\mathfrak{M}$ のたがいに交わらない集合からなる系で $\bigcup B_i = \bigcup B_j{}^* = X$ を満たすとする．$A \in \mathfrak{A}$ とするとき，測度 μ は $\mathfrak{M}$ の各集合の上で非負であるから，等式

$$\sum_{i} \mu(A \cap B_i) = \sum_{i,j} \mu(A \cap B_i \cap B_j{}^*) = \sum_{j} \mu(A \cap B_j{}^*)$$

が成立する．すなわち，$\tilde{\mu}(A)$ を系 $\{B_i\}$ によって定義しても系 $\{B_j{}^*\}$ によっても，同一の結果を得る．

2) $A^{(1)}, A^{(2)}, \cdots \in \mathfrak{A}$, $A^{(k)} \cap A^{(l)} = \phi$ $(k \neq l)$, $A = \bigcup_{k} A^{(k)}$ とする．このとき，測度 μ の $\mathfrak{M}$ 上での σ 加法性により

$$\tilde{\mu}(A) = \sum_{i=1}^{\infty} \mu(A \cap B_i) = \sum_{i=1}^{\infty} \left(\sum_{k=1}^{\infty} \mu(A^{(k)} \cap B_i) \right)$$
$$= \sum_{k=1}^{\infty} \left(\sum_{i=1}^{\infty} \mu(A^{(k)} \cap B_i) \right) = \sum_{k=1}^{\infty} \tilde{\mu}(A^{(k)}).$$

すなわち $\tilde{\mu}$ は σ 加法的.

最後に, 3) は定理6よりただちに出る. □

注意. (測度に無限大の値を許して)可測性の概念を拡張することは, 最初の測度の σ 有限性を仮定しなくとも可能である. たとえば, つぎのようにする:

X を或る空間, $\mathfrak{M}$ をその部分集合からなる或る δ 環とする. 集合 $A \subset X$ に対して, A が $\mathfrak{M}$ **に関して可測**であるということを, すべての $B \in \mathfrak{M}$ に対して $A \cap B \in \mathfrak{M}$ となることとして定義する. 困難なく検証しうるように, $\mathfrak{M}$ に関して可測な集合の全体 $\mathfrak{A}$ は X を単位元とする σ 代数をなし, しかも, もし $\mathfrak{M}$ 自身が単位元 X の σ 代数ならば $\mathfrak{A} = \mathfrak{M}$ となる.

つぎに, X において或る σ 加法的な測度 μ が与えられているものとする. μ は, 2° により, すでに或る δ 環 $\mathfrak{M}$ の上に拡張されているものと考えてよい. X の部分集合でこの環 $\mathfrak{M}$ に関して可測なものの全体を $\mathfrak{A}$ とする. 集合 $A \in \mathfrak{A}$ がすべての $B \in \mathfrak{M}$ に対して $\mu(A \cap B) = 0$ を満たすとき, A を**零集合**という. さて, $\mathfrak{A}$ の上に, (一般には無限大の値をもとりうる)測度 $\tilde{\mu}$ をつぎのように定義する: $A \in \mathfrak{A}$ に対して $A \triangle B$ が零集合となるような $B \in \mathfrak{M}$ が存在するならば

$$\tilde{\mu}(A) = \mu(B)$$

とおき, それ以外の $A \in \mathfrak{A}$ に対しては

$$\tilde{\mu}(A) = \infty$$

とする. このとき $\tilde{\mu}$ が σ 加法的でありかつ δ 環 $\mathfrak{M} \subset \mathfrak{A}$ の上では μ と一致することは, 困難なく検証することができる.

4°. Jordan による測度の拡張

本章§2では, 単に加法性の条件のみを満たす測度 m を考察し, これが半環 $\mathfrak{S}_m$ からその上の最小環 $\mathfrak{R}(\mathfrak{S}_m)$ にまで拡張されることを示した. しかし, 測度 m を $\mathfrak{R}(\mathfrak{S}_m)$ よりも広いある種の環に拡張することも可能なのである. **Jordan**[1]**による測度の拡張**とよばれるこの種の構成法について, 概観しておこう. この構成のアイディアは, 部分的な形においてではあるが, 古代ギリシャの数学者達がすでに用いたもので, '測定しようとする' 集合 A を内と外とから

$$A' \subset A \subset A''$$

のように測度のわかっている集合 A', A'' によって近似しようというのである.

---

[1] C. Jordan (1838–1922) ——フランスの数学者.

いま測度 m が或る環 $\Re$ の上で与えられているとしよう.

定義 5. 集合 A が与えられたとき,任意の $\varepsilon>0$ に対して環 $\Re$ に属する適当な集合 A', A'' を選んで
$$A' \subset A \subset A'', \quad m(A'' \smallsetminus A') < \varepsilon$$
となるようにすることができるならば,A は **Jordan の意味で可測**であるという.——このとき,つぎの定理が成り立つ.

定理 8. Jordan の意味で可測な集合の系 $\Re^*$ は環をなす. □

$A \subset B$ なる $B \in \Re$ が少なくとも一つ存在するような集合 A の全体を $\mathfrak{A}$ とし,$\mathfrak{A}$ の各集合 A に対して
$$\bar{\mu}(A) = \inf_{B \supset A} m(B),$$
$$\underline{\mu}(A) = \sup_{B \subset A} m(B)$$
と定義する.もちろん $B \in \Re$.

函数 $\bar{\mu}(A), \underline{\mu}(A)$ をそれぞれ集合 A の Jordan **外測度,内測度**という.明らかに
$$\underline{\mu}(A) \leqq \bar{\mu}(A).$$

定理 9. 環 $\Re^*$ は $\underline{\mu}(A) = \bar{\mu}(A)$ なる集合 $A \in \mathfrak{A}$ の全体と一致する. □

$\mathfrak{A}$ の集合に対してはつぎの諸定理が成り立つ.

定理 10. $A \subset \bigcup_{k=1}^{n} A_k$ ならば
$$\bar{\mu}(A) \leqq \sum_{k=1}^{n} \bar{\mu}(A_k).$$
□

定理 11. $A_k \subset A$ ($k = 1, 2, \cdots, n$),$A_i \cap A_j = \emptyset$ ならば
$$\underline{\mu}(A) \geqq \sum_{k=1}^{n} \underline{\mu}(A_k).$$
□

ここで集合函数 μ をつぎのように定義する.すなわち,その定義域は
$$\mathfrak{S}_\mu = \Re^*,$$
その値は '外測度' と '内測度' との一致した値
$$\mu(A) = \underline{\mu}(A) = \bar{\mu}(A).$$
定理 10, 11 および $A \in \Re$ に対して明らかに成立する関係
$$\bar{\mu}(A) = \underline{\mu}(A) = m(A)$$
から,つぎの定理が導かれる.

定理 12. 函数 $\mu(A)$ は測度であって,測度 m の拡張となっている. □

以上の構成は,環の上で定義された任意の測度 m について言えることであるから,特に平面上の集合にも適用することができる.この際,出発点となる環は基本集合(有限個の長方形の合併集合)の全体とする.この環は明らかに平面上の座標軸に関係する(長方形の辺は軸に平行なものとして考えている).ところが,平面上の Jordan 測度にうつる際,この座標軸との関連性は消滅してしまう.すなわち,直交変換

$$\bar{x}_1 = \cos\alpha \cdot x_1 + \sin\alpha \cdot x_2 + a_1,$$
$$\bar{x}_2 = -\sin\alpha \cdot x_1 + \cos\alpha \cdot x_2 + a_2$$

によってはじめの座標系 $\{x_1, x_2\}$ と結びつけられる任意の座標系 $\{\bar{x}_1, \bar{x}_2\}$ を出発点として考察しても,同一の Jordan 測度が得られるのである.これは,つぎの一般的な定理によって証明することができる.

定理 13. 環 $\Re_1, \Re_2$ の上で定義された測度 m_1, m_2 の Jordan の拡張 $\mu_1 = j(m_1),\ \mu_2 = j(m_2)$ が一致するためには

$$\Re_1 \subset \mathfrak{S}_{\mu_2},\ \Re_1 \text{ 上では } m_1(A) = \mu_2(A),$$
$$\Re_2 \subset \mathfrak{S}_{\mu_1},\ \Re_2 \text{ 上では } m_2(A) = \mu_1(A)$$

となることが必要かつ十分である.□

出発点の測度 m が,環の上でなく半環の上で定義されている場合には,m をまず環 $\Re(\mathfrak{S}_m)$ の測度 $r(m)$ に拡張し,その後で Jordan の拡張をおこなったもの

$$j(m) = j(r(m))$$

を **Jordan の拡張**という.

5°. 測度の拡張の一意性

集合 A が測度 μ に関して Jordan の意味で可測,すなわち環 $\Re^* = \Re^*(\mathfrak{S}_m)$ に属するならば,m の拡張であって $\Re^*$ 上で定義されている任意の測度 $\bar{\mu}$ に対して,値 $\bar{\mu}(A)$ は Jordan の拡張 $J = j(m)$ による値 $J(A)$ に一致する.しかし,Jordan 可測集合系 $\Re^*$ を越える測度 m の拡張は,一意的ではない.正確にいえば,それはつぎのようになる.まず,集合 A が測度 m に対する**一意性集合**であるということを,A がつぎの条件を満たすこととして定義しよう:

1) 測度 m の拡張で集合 A に対して定義されているものが存在する.
2) そのような拡張のうち任意の二つ μ_1, μ_2 に対して
$$\mu_1(A) = \mu_2(A).$$

このとき,つぎの定理が成り立つ:

測度 m に対する一意性集合の系は,測度 m に関して Jordan 可測の集合の系すなわち環 $\Re^*$ と一致する.

しかしながら,σ 加法的な測度とその (σ 加法的な) 拡張だけを考えるのならば,一意性集合の系は,一般に,もっとひろくなる.

σ 加法的な測度の場合こそがもっとも重要なものであるから,それに対してつぎの定義をしておく.

定義 6. 集合 A が σ 加法的測度 m に対する σ **一意性集合**であるとは,A がつぎの条件を満たすことをいう.

1) 測度 m の σ 加法的な拡張 λ で A に対して定義されている (すなわち $A \in \mathfrak{S}_\lambda$) ものが存在する.

2) そのような σ 加法的拡張の任意の二つ λ_1, λ_2 に対して
$$\lambda_1(A) = \lambda_2(A).$$

ゆえに，A が σ 加法的測度 μ に対する σ 一意性集合ならば，上の定義によって，測度 μ の σ 加法的な拡張で A に対して定義されているあらゆる測度に対して（その A における値として）唯一可能な値 $\lambda(A)$ が存在することになる．

Jordan の意味で可測な集合 A は Lebesgue の意味でも可測(逆は正しくない．例をあげよ！)であって，その Jordan 測度と Lebesgue 測度とは等しい．このことから，σ 加法的測度の Jordan 拡張は σ 加法的であることが，容易に導かれる．

Lebesgue の意味で可測な集合 A は，はじめの測度 m の σ 一意性集合である．証明はつぎのようにすればよい：任意の $\varepsilon>0$ に対して，適当な $B \in \Re(\mathfrak{S}_m)$ をとれば $\mu^*(A \triangle B) < \varepsilon$ となる．m の拡張で A に対して定義された測度を任意にとり，これを λ とすれば，m の $\Re = \Re(\mathfrak{S}_m)$ 上の拡張 m' は一意的であるから
$$\lambda(B) = m'(B).$$
さらに
$$\lambda(A \triangle B) \leq \mu^*(A \triangle B) < \varepsilon$$
であるから
$$|\lambda(A) - m'(B)| < \varepsilon$$
となる．したがって，測度 m の任意の二つの σ 加法的拡張 λ_1, λ_2 に対して
$$|\lambda_1(A) - \lambda_2(A)| < 2\varepsilon$$
となり，$\varepsilon > 0$ は任意だから
$$\lambda_1(A) = \lambda_2(A). \qquad \square$$

また，Lebesgue の意味で可測な集合の系 $\mathfrak{M}$ が，はじめの測度 m の σ 一意性集合の系を尽くすことも，証明することができる．

m を $\mathfrak{S}$ を定義域とする σ 加法的測度，m の Lebesgue 拡張の定義域を $\mathfrak{M} = L(\mathfrak{S})$ とすれば，容易にわかるように，
$$\mathfrak{S} \subset \mathfrak{S}_1 \subset \mathfrak{M}$$
なる任意の半環 $\mathfrak{S}_1$ に対して $L(\mathfrak{S}_1) = L(\mathfrak{S})$ となる．

§4. 可測函数

1°. 可測函数の定義と基本性質

X, Y を任意の二集合，$\mathfrak{S}_X, \mathfrak{S}_Y$ をそれぞれ X, Y の部分集合からなる二つの集合系としよう．X を定義域とし，Y を値域とする抽象的函数 $y = f(x)$ が，すべての $A \in \mathfrak{S}_Y$ に対して $f^{-1}(A) \in \mathfrak{S}_X$ なる条件を満たすならば，この函数は $(\mathfrak{S}_X, \mathfrak{S}_Y)$ **可測**であるという．

たとえば，X, Y として数直線 $\mathbf{R}^1$ をとり（すなわち実変数の実数値函数の場合），$\mathfrak{S}_X, \mathfrak{S}_Y$ として $\mathbf{R}^1$ 上のすべての開集合（または閉集合）の系をとれば，上の可測の定義は連続性の定義となる．また $\mathfrak{S}_X, \mathfrak{S}_Y$ としてすべての Borel 集合をとるならば，いわゆる **B 可測**（あるいは **Borel の意味で可測な**）**函数** となるのである．

以下，主として積分論の観点から，可測概念を考察することとする．以下の方法で基本的な意味をもつのは，σ 加法的な測度 μ が与えられた集合 X の上の可測な実数値函数の概念である．この際 $\mathfrak{S}_X$ としては X の μ に関して可測なすべての部分集合の系，$\mathfrak{S}_Y$ としては数直線上のすべての B 集合（第1章§5，4°）の系をとる．σ 加法的な測度はすべて σ 代数の上に拡張することができるから，はじめから $\mathfrak{S}_\mu$ は σ 代数であると考えておく．このようにしておいてから，実数値函数の可測性をつぎのように定義する．

定義 1. 集合 X において，σ 代数 $\mathfrak{S}_\mu$ 上に定義された σ 加法的な測度 μ が与えられているものとする．集合 X の上で定義された実数値函数 $f(x)$ が，数直線上のすべての Borel 集合 A に対して

$$f^{-1}(A) \in \mathfrak{S}_\mu$$

を満たすとき，$f(x)$ は **μ 可測**（または略して**可測**）であるという．——

X 上で定義された複素数値函数 $\varphi(x)$ に対しても，同様に，複素平面のすべての Borel 部分集合 A に対して

$$\varphi^{-1}(A) \in \mathfrak{S}_\mu$$

となっているとき，$\varphi(x)$ は **μ 可測**であると定義する．容易にわかるように，この定義は，函数 $\varphi(x)$ の実部および虚部が共に実数値函数として μ 可測なことと同値である．

数直線上に与えられた数値函数において，Borel 集合の原像がつねに Borel 集合になっているとき，この函数を **Borel 函数** あるいは **B 可測**な函数という．

定理 1. X, Y, Z は任意の集合とし，そこにはそれぞれ部分集合系 $\mathfrak{S}_X, \mathfrak{S}_Y, \mathfrak{S}_Z$ が選定されているものとする．X から Y の中への函数 $y=f(x)$ が $(\mathfrak{S}_X, \mathfrak{S}_Y)$ 可測でしかも Y から Z の中への函数 $z=g(y)$ が $(\mathfrak{S}_Y, \mathfrak{S}_Z)$ 可測ならば，X から Z の中への函数

$$z = \varphi(x) = g(f(x))$$

は $(\mathfrak{S}_X, \mathfrak{S}_Z)$ 可測である. ——

簡約して言えば，可測函数の可測函数はまた可測.

証明. $A \in \mathfrak{S}_Z$ とすれば，函数 g の $(\mathfrak{S}_Y, \mathfrak{S}_Z)$ 可測性により $B = g^{-1}(A) \in \mathfrak{S}_Y$. 今度は函数 f の $(\mathfrak{S}_X, \mathfrak{S}_Y)$ 可測性によって $f^{-1}(B) \in \mathfrak{S}_X$. すなわち $\varphi^{-1}(A) = f^{-1}(g^{-1}(A)) \in \mathfrak{S}_X$. したがって函数 φ は $(\mathfrak{S}_X, \mathfrak{S}_Z)$ 可測. □

系. μ 可測な数値函数の Borel 函数は μ 可測. 特に，μ 可測函数の連続函数は μ 可測. □

以下，誤解のおそれのない限り，'μ 可測' というかわりに単に '可測' ということにする.

定理 2. 実数値函数 $f(x)$ が可測なためには，任意の実数 c に対して集合 $\{x : f(x) < c\}$ が可測である(すなわち $\mathfrak{S}_\mu$ に属する)ことが必要かつ十分である.

証明. 半直線 $(-\infty, c)$ は Borel 集合であるから，定理の条件が必要なことは明らか. 十分なことを証明するには，すべての半直線 $(-\infty, c)$ の系 Σ によって生成される σ 代数が数直線上の Borel 集合の全体がつくる σ 代数と一致することに注意すればよい. この事実に第 1 章 §5, 5° を併用すれば，任意の Borel 集合に対して，その f による原像は，Σ に属する半直線の原像によって生成される σ 代数に属する. よって可測である. □

この定理の必要十分条件は，しばしば可測性の定義として採用される. つまり，<u>集合 $\{x : f(x) < c\}$ がすべて可測のとき，函数 $f(x)$ を可測</u>というのである.

2°. 可測函数上の演算

或る集合の上に与えられた可測函数の全体が算術演算に関して閉じていることを示そう.

定理 3. 二つの可測函数の和，差，積はつねに可測函数である. 二つの可測函数の商は，分母が 0 にならなければ，やはり可測である.

証明. 段階に分けて証明しよう.

1) f が可測なら，任意の定数 k, a に対して，函数 kf および $a+f$ は可測. これは明らか.

2) f, g が可測なら，集合
$$\{x : f(x) > g(x)\}$$

は可測. なぜなら, 有理数の全体に番号をつけて $r_1, r_2, \cdots$ とすれば

$$\{x : f(x) > g(x)\} = \bigcup_{k=1}^{\infty} (\{x : f(x) > r_k\} \cap \{x : g(x) < r_k\})$$

と表わせるから. この結果を使えば, 集合

$$\{x : f(x) + g(x) > a\} = \{x : f(x) > a - g(x)\}$$

もまた可測. すなわち, 可測函数の和はまた可測.

3) 1), 2) により, 二つの可測函数の差 $f-g$ も可測である.

4) 可測函数の積は可測. 証明には等式 $fg = \dfrac{1}{4}[(f+g)^2 - (f-g)^2]$ をつかう. 右辺の函数が可測なことは, 1), 2), 3) と, 定理1の系により可測函数の二乗が可測なこととから明らか.

5) $f(x)$ が可測で $f(x) \neq 0$ ならば, $1/f(x)$ は可測である. このことは, $c>0$ のとき

$$\{x : 1/f(x) < c\} = \{x : f(x) > 1/c\} \cup \{x : f(x) < 0\},$$

$c<0$ のとき

$$\{x : 1/f(x) < c\} = \{x : 0 > f(x) > 1/c\},$$

$c=0$ のとき

$$\{x : 1/f(x) < 0\} = \{x : f(x) < 0\}$$

となることから明らか.

4), 5) から商 $f(x)/g(x)$ $(g(x) \neq 0)$ も可測函数.

以上により, 可測函数に四則算法をほどこした結果が, やはり可測函数となることがわかった. □

つぎに, 可測函数の全体が, 算術演算のみならず極限移行に関しても閉じていることを示す.

定理4. すべての $x \in X$ に対して収束する可測函数列の極限は可測である.

証明. $f_n(x) \to f(x)$ とすれば

$$\{x : f(x) < c\} = \bigcup_k \bigcup_n \bigcap_{m>n} \{x : f_m(x) < c - 1/k\}. \tag{1}$$

実際, $f(x) < c$ ならば, $f(x) < c - 2/k$ を満たす k が存在し, さらにこの k に対して十分大きい n をとれば, $m \geq n$ なるすべての m に対して

$$f_m(x) < c - 1/k$$

となる. これは x が (1) の右辺に属することにほかならない.

逆に x が(1)の右辺に属するならば，適当に k をとれば十分大きいすべての m に対して
$$f_m(x) < c - 1/k$$
となる．したがって $f(x) < c$ となり，x は(1)の左辺に属する．

さて，函数 $f_n(x)$ が可測ならば，集合
$$\{x : f_m(x) < c - 1/k\}$$
は可測．一方可測函数の全体は σ 代数をなすから，(1)によって集合
$$\{x : f(x) < c\}$$
も可測．したがって $f(x)$ は可測である．□

注意． 上述からわかるように，可測函数の概念は，考えている空間になんらかの測度が存在することを前提とするものではなく，ただ，可測と名づけられている集合の系が選定されていさえすればよいのである．しかし，事実上は，可測性の概念がもちいられるのは，通例，なんらかの測度がその部分集合の σ 代数上に与えられた空間 X の上の函数に対してである．今後は，このような状況について考察を加えよう．

すでに指摘したように，或る集合 X の部分集合よりなる σ 代数 $\mathfrak{S}$ の上に定義された σ 加法的測度は，一般性を失うことなく完備と仮定してよい．すなわち，A が測度 0 の可測集合ならその部分集合 A' はすべて可測(当然 $\mu(A') = 0$)と考えてさしつかえない．測度のこの完備性の条件は，今後つねに満たされているものと仮定する．

3°. 同値可測函数

可測函数の研究では，測度 0 の集合の上で生起することの意味を無視することが多い．このことに関連して，つぎの定義をおく．

定義 2. 同一の可測集合 E の上で定義された二つの函数 f, g が
$$\mu\{x : f(x) \neq g(x)\} = 0$$
を満たすとき，f, g は**同値**(記号：$f \sim g$)であるという．

ある性質が E から測度 0 の或る集合を除いた残りのすべての部分で成立するとき，この性質は E の**ほとんど到るところ**で成立するという．——

したがって，二つの函数がほとんど到るところ等しいならば両函数は同値

——ということになる.

定理 5. 可測集合 E 上で定義された函数 $f(x)$ がこの集合上で可測函数 $g(x)$ と同値ならば,$f(x)$ も可測である.

証明. 同値の定義から,二集合
$$\{x : f(x) < a\}, \quad \{x : g(x) < a\}$$
はたかだか測度 0 の集合のちがいがあるだけである.ゆえに(測度は完備と仮定されているから)一方が可測ならば他方も可測である.□

注意. 函数の同値性の概念は古典解析では本質的な役割を演じない.それは,そこで考察されるのが基本的に連続函数であって,これに対しては同値は恒等と同義となるからである.より正確に言えば,

或る区間 E 上で連続な二つの函数 f, g が(Lebesgue 測度に関して)同値ならば,それらは完全に一致する.

実際,或る点 x_0 において $f(x_0) \neq g(x_0)$ とすれば,f と g との連続性により,点 x_0 の近傍でそのすべての点において $f(x) \neq g(x)$ となるものが存在するが,この近傍の測度は正.ゆえに,連続函数 f と g とは,恒等的に等しくないなら,同値でない.

一般の可測函数に対しては,同値は決して恒等を意味しない.たとえば,数直線上有理点では 1,無理点では 0 に等しい Dirichlet 函数は,恒等的に 0 に等しい函数と同値である.

4°. ほとんど到るところでの収束

多くの場合,測度 0 の集合上での可測函数の挙動は,我々の見地からは本質的でないから,函数列の各点ごとの収束という通常の収束概念も,つぎのように一般化しておく方が自然である.

定義 3. 測度の与えられた空間 X の上で定義された函数の列 $f_n(x)$ が,ほとんどすべて(すなわち,測度 0 の或る集合を除くすべて)の点 $x \in X$ において
$$\lim_{n\to\infty} f_n(x) = f(x) \tag{2}$$
となるとき(すなわち,(2)が成立しない点 x の全体の測度が 0 のとき),この函数列は**ほとんど到るところ** $f(x)$ **に収束する**という.——

例. 閉区間 $[0,1]$ 上で定義された函数 $f_n(x)=(-x)^n$ は $n\to\infty$ のとき函数 $f(x)\equiv 0$ にほとんど到るところ(すなわち点 $x=1$ をのぞく到るところ)収束する.

定理4はつぎのように一般化される.

定理 4′. 可測函数の列 $f_n(x)$ が,ほとんど到るところ函数 $f(x)$ に収束するならば,$f(x)$ もまた可測である.

証明. $\lim_{n\to\infty} f_n(x)=f(x)$ を満たす x の集合を A としよう.定理の条件により $\mu(X\diagdown A)=0$.函数 $f(x)$ は A 上可測.また,測度 0 の集合の上では函数はすべて明らかに可測であるから,特に $f(x)$ は $X\diagdown A$ 上可測.したがって $f(x)$ は X 上可測である.□

演習. 可測函数列 $f_n(x)$ がほとんど到るところ極限函数 $f(x)$ に収束するとする.函数列 $f_n(x)$ がほとんど到るところ $g(x)$ に収束するためには $g(x)$ が $f(x)$ と同値であることが必要かつ十分である.

5°. Egorov の定理

D. F. Egorov が 1911 年に発表したつぎの定理は,ほとんど到るところの収束性と一様収束性との関係を示す重要な定理である.

定理 6. 可測函数列 $f_n(x)$ が<u>測度有限</u>の可測集合 E においてほとんど到るところ $f(x)$ に収束するならば,任意の $\delta>0$ に対してつぎのような可測集合 $E_\delta\subset E$ が存在する.

1) $\mu(E_\delta)>\mu(E)-\delta$.
2) 函数列 $f_n(x)$ は E_δ 上<u>一様に</u> $f(x)$ に収束する.

証明. 定理 4′ により,$f(x)$ は可測.いま
$$E_n{}^m = \bigcap_{i\geq n}\{x:|f_i(x)-f(x)|<1/m\}$$
とおく.すなわち $E_n{}^m$ は,m,n を固定したとき,すべての $i\geq n$ に対して
$$|f_i(x)-f(x)|<1/m$$
を満たすすべての x からなる集合である.ここで
$$E^m = \bigcup_{n=1}^{\infty} E_n{}^m$$
とおく.集合 $E_n{}^m$ の定義から,m を固定したとき

$$E_1{}^m \subset E_2{}^m \subset \cdots \subset E_n{}^m \subset \cdots$$

となるから，σ 加法的測度の連続性により，任意の m と任意の $\delta>0$ とに対して適当な $n_0(m)$ をとれば

$$\mu(E^m \smallsetminus E_{n_0(m)}{}^m) < \delta/2^m$$

となる．そこで

$$E_\delta = \bigcap_{m=1}^{\infty} E_{n_0(m)}{}^m$$

とおいて，集合 E_δ が定理の条件を満たすことを示そう．

まず，E_δ 上で函数列 $\{f_i(x)\}$ が一様に $f(x)$ に収束することを証明する．これは，$x \in E_\delta$ のとき任意の m に対して

$$|f_i(x) - f(x)| < 1/m \qquad (i \geq n_0(m))$$

となることから，ただちに導かれる．

つぎに，集合 $E \smallsetminus E_\delta$ の測度を評価しよう．そのためにまず，すべての m に対して $\mu(E \smallsetminus E^m)=0$ に注意する．実際，点 $x_0 \in E \smallsetminus E^m$ に対しては

$$|f_i(x_0) - f(x_0)| \geq 1/m$$

を満たすいかほどでも大きい i が存在する．したがって $\{f_n(x)\}$ は点 x_0 において $f(x)$ に収束しない．一方 $\{f_n(x)\}$ はほとんど到るところ $f(x)$ に収束するのだから

$$\mu(E \smallsetminus E^m) = 0.$$

このことから

$$\mu(E \smallsetminus E_{n_0(m)}{}^m) = \mu(E^m \smallsetminus E_{n_0(m)}{}^m) < \delta/2^m$$

となる．ゆえに

$$\mu(E \smallsetminus E_\delta) = \mu\left(E \smallsetminus \bigcap_m E_{n_0(m)}{}^m\right) = \mu\left(\bigcup_m (E \smallsetminus E_{n_0(m)}{}^m)\right)$$

$$\leq \sum_m \mu(E \smallsetminus E_{n_0(m)}{}^m) < \sum_{m=1}^{\infty} \frac{\delta}{2^m} = \delta. \qquad \square$$

6°. 測度の意味での収束

定義 4. 可測函数列 $\{f_n(x)\}$ に対して

$$\text{任意の} \quad \sigma>0 \quad \text{に対して} \quad \lim_{n\to\infty} \mu\{x : |f_n(x) - f(x)| \geq \sigma\} = 0$$

を満たす $f(x)$ が存在するとき，$\{f_n(x)\}$ は $f(x)$ に**測度の意味で収束**する，も

しくは簡単に**測度収束**するという．——

つぎの定理7, 8 はほとんど到るところの収束と測度収束との間の関係を示す．前項同様，考えている測度は有限と仮定する．

定理7. 可測函数列 $\{f_n(x)\}$ がほとんど到るところ函数 $f(x)$ に収束するならば，測度の意味でも同じ極限函数 $f(x)$ に収束する．

証明． 定理 $4'$ により極限函数 $f(x)$ は可測である．$f_n(x)$ が $f(x)$ に収束しないようなすべての点 x の集合（測度0）を A としよう．また

$$E_k(\sigma) = \{x : |f_k(x) - f(x)| \geq \sigma\},$$
$$R_n(\sigma) = \bigcup_{k=n}^{\infty} E_k(\sigma), \quad M = \bigcap_{n=1}^{\infty} R_n(\sigma)$$

とおく．これらの集合はすべて明らかに可測．

$$R_1(\sigma) \supset R_2(\sigma) \supset \cdots$$

だから，測度の連続性により

$$\mu(R_n(\sigma)) \to \mu(M) \qquad (n \to \infty).$$

ここで実は

$$M \subset A. \tag{3}$$

なぜなら，もし $x_0 \notin A$ すなわち

$$\lim_{n \to \infty} f_n(x_0) = f(x_0)$$

なら，与えられた $\sigma > 0$ に対して適当な n をとれば

$$|f_k(x_0) - f(x_0)| < \sigma \qquad (k \geq n),$$

すなわち $x_0 \notin R_n(\sigma)$ となり，したがって $x_0 \notin M$ となるから．

一方，$\mu(A) = 0$ だから，(3) により $\mu(M) = 0$, したがって

$$\mu(R_n(\sigma)) \to 0 \qquad (n \to \infty).$$

$E_n(\sigma) \subset R_n(\sigma)$ だから $\mu(E_n(\sigma)) \to 0$ となり $f_n(x)$ は $f(x)$ に測度収束する． □

測度収束はするが，ほとんど到るところの収束はしないような例は，容易につくることができる．たとえば，つぎのようにすればよい．各自然数 k に対して，半開区間 $(0, 1]$ 上の k 個の函数

$$f_1^{(k)}, f_2^{(k)}, \cdots, f_k^{(k)}$$

をつぎのように定義する．

$$f_i^{(k)}(x) = \begin{cases} 1 & ((i-1)/k < x \leq i/k) \\ 0 & (\text{その他の } x). \end{cases}$$

これらの函数を番号づけて函数列をつくれば，この函数列は，容易にわかるように，測度の意味では 0 に収束するが，通常の収束の意味ではいかなる点においても収束しない(証明せよ)．

演習. 可測函数列 $\{f_n(x)\}$ は測度の意味で函数 $f(x)$ に収束するものとする．このとき，$\{f_n(x)\}$ が測度の意味で函数 $g(x)$ にも収束するためには，$g(x)$ が $f(x)$ と同値であることが必要かつ十分．

上の例により，定理7の逆は完全な意味では成立しないが，それでもつぎの事実は成立する．

定理8. 可測函数列 $\{f_n(x)\}$ が測度の意味で $f(x)$ に収束するとき，$\{f_n(x)\}$ の適当な部分列 $\{f_{n_k}(x)\}$ を選んで $f(x)$ にほとんど到るところ収束させることができる．

証明. $\varepsilon_1, \varepsilon_2, \cdots, \varepsilon_n, \cdots$ は

$$\lim_{n\to\infty} \varepsilon_n = 0$$

なる正数の列，$\eta_1, \eta_2, \cdots, \eta_n, \cdots$ は

$$\eta_1 + \eta_2 + \cdots$$

が収束するような正数の列とする．これらに対して自然数

$$n_1 < n_2 < \cdots$$

をつぎのように定める：まず n_1 は

$$\mu\{x : |f_{n_1}(x) - f(x)| \geq \varepsilon_1\} < \eta_1$$

が成立するように(このような n_1 はたしかに存在する)，つぎに n_2 は

$$\mu\{x : |f_{n_2}(x) - f(x)| \geq \varepsilon_2\} < \eta_2 \qquad (n_2 > n_1)$$

が成立するように，一般に n_k は

$$\mu\{x : |f_{n_k}(x) - f(x)| \geq \varepsilon_k\} < \eta_k \qquad (n_k > n_{k-1})$$

のように定める．

このように選んだ函数列がほとんど到るところ $f(x)$ に収束することを証明しよう．

$$R_i = \bigcup_{k=i}^{\infty} \{x : |f_{n_k}(x) - f(x)| \geq \varepsilon_k\}, \quad Q = \bigcap_{i=1}^{\infty} R_i$$

とおく.

$$R_1 \supset R_2 \supset R_3 \supset \cdots \supset R_i \supset \cdots$$

だから,測度の連続性により $\mu(R_i) \to \mu(Q)$.

一方,明らかに $\mu(R_i) < \sum_{k=i}^{\infty} \eta_k$. ゆえに, $i \to \infty$ のとき $\mu(R_i) \to 0$. したがって

$$\mu(Q) = 0.$$

ゆえに,残ることは $E \setminus Q$ における

$$f_{n_k}(x) \to f(x)$$

の証明である. $x_0 \in E \setminus Q$ とすれば,適当な i_0 に対して $x_0 \notin R_{i_0}$. このことは,すべての $k \geq i_0$ に対して

$$x_0 \notin \{x : |f_{n_k}(x) - f(x)| \geq \varepsilon_k\}$$

であること,すなわち

$$|f_{n_k}(x_0) - f(x_0)| < \varepsilon_k$$

を意味する.条件より $\varepsilon_k \to 0$ であるから

$$\lim_{k \to \infty} f_{n_k}(x_0) = f(x_0). \qquad \square$$

7°. Luzin の定理,性質 C

この節のはじめに与えた可測函数の定義は,任意の集合上の函数に関するもので,一般的にいえば,連続函数の概念とは何の結びつきもない.だが,閉区間の上の函数に限って言えば,つぎの重要な定理が成立する.これは 1913 年に N. N. Luzin が証明したものである.

定理 9. 函数 $f(x)$ が閉区間 $[a, b]$ 上で可測であるためには,任意の $\varepsilon > 0$ に対して
$$\mu\{x : f(x) \neq \varphi(x)\} < \varepsilon$$
となるような $[a, b]$ 上の連続函数 $\varphi(x)$ が存在することが必要かつ十分である. $\square$

いいかえれば,望むだけ小さい測度の集合上の値を変えることによって連続函数となしうる函数が可測函数であるというのである.このような'わずかな変形'によって連続函数になしうる閉区間上の函数に対して,Luzin は,'この函数は性質 C をもつ'と言った.Luzin の定理が示すように,閉区間上の函数に対しては,性質 C を可測性の定義とすることもできる.Luzin の定理の証明は,Egorov の定理を利用してなされる(この証明を実行せよ).

演習． A を閉区間 $[a, b]$ 上の可測集合とする．任意の $\varepsilon > 0$ に対して，つぎの条件を満たす開集合 G と閉集合 F とが存在する：
$$F \subset A \subset G, \quad \mu(G \smallsetminus A) < \varepsilon, \quad \mu(A \smallsetminus F) < \varepsilon.$$

§5. Lebesgue 積分

初等解析における Riemann 積分の概念を適用しうるのは，連続函数か，または不連続点の'あまり多くない'函数に限られる．可測函数の場合には，定義域の到るところで不連続のこともありうるから（あるいは，さらに一般に言えば，可測函数は抽象集合の上で与えられ，したがって連続性の概念はこれに対して意味をもたないから），Riemann 積分の構成法は役に立たない．ところが，これに代って，この種の函数に対して完璧かつ自然な積分概念が H. Lebesgue (1875-1941) によって導入された．

Lebesgue の積分構成の基本的思想は，Riemann 積分とちがって，点 x の組分けを，x 軸上の近さを規準にするのでなく，これに対する函数値の近さを規準にしようとするところにある．これによって，はるかにひろい範囲の函数に積分概念を拡大する可能性が，突如として生ずるのである．

なおまた，Lebesgue 積分は，測度をもつ任意の空間で与えられた函数に対して一律に定義される．ところが Riemann 積分では，まず1変数の函数に対して定義し，つぎに適当な変更を加えて多変数の場合に及ぼすのである．さらに，測度をもつ抽象空間の上の函数に対しては，Riemann 積分は一般に意味をもたない．

以下，特にことわらない限り，単位元 X をもつ σ 集合代数の上で定義された完備な σ 加法的測度 μ を考察する．また考えている集合 $A \subset X$ はすべて可測とし，$x \in X$ の函数 $f(x)$ もすべて可測と仮定する．

Lebesgue 積分は，まずいわゆる<u>単函数</u>に対して定義して，そののちに本質的によりひろい範囲の函数に拡張するのが好都合である．2°-5° では，全空間 X の測度が有限な場合の Lebesgue 積分の構成を扱う．測度が無限の場合は，この節の 6° において考察する．

1°. 単函数

定義 1. 測度の与えられた空間 X の上で定義された函数 $f(x)$ が，可測であり，しかもそのとる値がたかだか可算個(有限個または可算個)のとき，$f(x)$ を**単函数**という．——

単函数の構造は，つぎの定理によって特徴づけられる．

定理 1. たかだか可算個の異なる値
$$y_1, y_2, \cdots, y_n, \cdots$$
をとる函数 $f(x)$ が可測な(すなわち単函数である)ためには
$$A_n = \{x : f(x) = y_n\}$$
なる集合がすべて可測なことが必要かつ十分である．

証明． これが必要なことは，A_n が一点からなる集合 $\{y_n\}$ の原像であり，一点からなる集合は Borel 集合であることから明らか．また十分なことは，任意の集合 $B \subset \mathbf{R}^1$ の原像 $f^{-1}(B)$ が可測集合 A_n のたかだか可算個の合併 $\bigcup_{y_n \in B} A_n$ として可測なことからわかる．□

単函数が Lebesgue 積分の構成において有用になる根拠は，つぎの定理にある．

定理 2. 函数 $f(x)$ が可測なためには，$f(x)$ が一様に収束する単函数の列の極限として表わされることが必要かつ十分である．

証明． 十分なことは前節の定理4から明らか．必要性の証明はつぎのようにすればよい．任意に与えられた可測函数 $f(x)$ に対して，函数 $f_n(x)$ を $m/n \leq f(x) < (m+1)/n$ のとき $f_n(x) = m/n$ と定義する(ただし，m は整数，n は正の整数)．$f_n(x)$ が単函数であることは明らか．$|f(x) - f_n(x)| \leq 1/n$ であるから，$n \to \infty$ のとき $f_n(x)$ は一様に $f(x)$ に収束する．□

2°. 単函数の Lebesgue 積分

Lebesgue 積分の概念を，まず，前項で単函数と名づけた函数，すなわち有限個または可算個の値をとる可測函数に対して導入しよう．

任意に単函数 f をとり，その値を
$$y_1, y_2, \cdots, y_n, \cdots \qquad (y_i \neq y_j \ (i \neq j))$$
とする．また，A は X の可測な部分集合とする．

このとき，集合 A 上での f の積分は

$$\int_A f(x)\,d\mu = \sum_n y_n \mu(A_n), \quad ただし \quad A_n = \{x : x \in A, f(x) = y_n\} \quad (1)$$

のように定義するのが自然であろう．ただし，右辺の級数が収束すると仮定して──．よってつぎの定義に到達する．(ただし，級数の絶対収束性はあらかじめ要請される．その理由は明白．)

定義 2. 級数 (1) が絶対収束する場合，単函数 f は集合 A 上で（測度 μ に関して）**積分可能，可積分**もしくは**総和可能**であるという．f が可積分のとき，級数 (1) の和を集合 A 上の f の**積分**という．──

この定義では，y_n はすべてたがいに異なると考えている．しかし，単函数の積分の値を積 $c_k \mu(B_k)$ の和の形で表わし，ここに c_k が必ずしも異ならない場合も含めるようにすることもできる．つぎの補助定理はそのためである．

補助定理. $A = \bigcup_k B_k$, $B_i \cap B_j = \emptyset \ (i \neq j)$，かつ函数 f は各集合 B_k の上でただ一つの値 c_k をとるとする．このとき

$$\int_A f(x)\,d\mu = \sum_k c_k \mu(B_k) \quad (2)$$

となる．この際，$f(x)$ が A 上で可積分なための必要十分条件は，級数 (2) が絶対収束することである．

証明. 容易にわかるように，各集合

$$A_n = \{x : x \in A, f(x) = y_n\}$$

は $c_k = y_n$ なる k に対する B_k の合併．よって

$$\sum_n y_n \mu(A_n) = \sum_n y_n \sum_{c_k = y_n} \mu(B_k) = \sum_k c_k \mu(B_k).$$

測度は非負だから，

$$\sum_n |y_n| \mu(A_n) = \sum_n |y_n| \sum_{c_k = y_n} \mu(B_k) = \sum_k |c_k| \mu(B_k).$$

すなわち，級数 $\sum_n y_n \mu(A_n)$ と $\sum_k c_k \mu(B_k)$ とは，同時に，絶対収束もしくは発散する．□

単函数の Lebesgue 積分の性質を二，三あげておく．

A) $$\int_A f(x)\,d\mu + \int_A g(x)\,d\mu = \int_A \{f(x) + g(x)\}\,d\mu.$$

この際，左辺の二つの積分の存在から右辺の積分の存在が導かれる．

証明. f は $F_i \subset A$ で f_i, $g(x)$ は $G_j \subset A$ で g_j なる値をとるとすれば,

$$J_1 = \int_A f(x)\,d\mu = \sum_i f_i \mu(F_i), \tag{3}$$

$$J_2 = \int_A g(x)\,d\mu = \sum_j g_j \mu(G_j). \tag{4}$$

ゆえに，補助定理によって

$$J = \int_A \{f(x)+g(x)\}\,d\mu = \sum_i \sum_j (f_i+g_j)\mu(F_i \cap G_j). \tag{5}$$

ところが

$$\mu(F_i) = \sum_j \mu(F_i \cap G_j), \quad \mu(G_j) = \sum_i \mu(F_i \cap G_j)$$

であるから，級数(3), (4)の絶対収束性から級数(5)の絶対収束性が導かれる。このとき

$$J = J_1 + J_2. \qquad \square$$

B) 任意の定数 k に対して

$$k \int_A f(x)\,d\mu = \int_A k f(x)\,d\mu.$$

この際，左辺の積分の存在から右辺のそれが導かれる（検証は容易）．$\square$

C) 集合 A 上で有界な単函数 f は A 上で可積分であり，A の上で $|f(x)| \leq M$ ならば

$$\left| \int_A f(x)\,d\mu \right| \leq M\mu(A)$$

（検証は容易）．$\square$

3°. 有限測度の集合の上の Lebesgue 積分

定義3. 集合 A の上で函数 f に<u>一様収束</u>する A 上の可積分な単函数の列 $\{f_n\}$ が存在するとき，函数 f は A 上で**可積分**であるという．極限値

$$I = \lim_{n \to \infty} \int_A f_n(x)\,d\mu \tag{6}$$

を

$$\int_A f(x)\,d\mu$$

と書き，函数 $f(x)$ の集合 A における**積分**という．——

この定義は，つぎの諸条件が満たされるとき，はじめて意味をもつ．

1) A 上の一様に収束する可積分な単函数列に対して，極限値(6)がつねに存在する．

2) 函数 f が与えられたとき，この極限値は函数列 $\{f_n\}$ の選び方によらず一定である．

3) 単函数に対しては，上の可積分性および積分の定義は $2°$ の定義と一致する．

これらの条件は実際に満たされている．

最初の条件については，単函数の積分の性質 A), B), C) により

$$\left|\int_A f_n(x)\,d\mu - \int_A f_m(x)\,d\mu\right| \leq \mu(A) \sup_{x\in A} |f_n(x) - f_m(x)| \tag{7}$$

が成立することに注意すれば明らかである．

第二の条件を証明するために，f に一様収束する二つの函数列 $\{f_n\}$, $\{f_n^*\}$ を考える．極限値(6)がこれらの二つの列に対して異なるならば，両者を混合して得られる函数列 $f_1, g_1, f_2, g_2, f_3, \cdots$ に対して極限値(6)は存在しない．これは第一の条件と矛盾する．

最後に，第三の条件に関しては，函数列 $f_n(x) = f(x)$ を考えればよい．

注意． 上に見たように，Lebesgue 積分を構成するには，二つの本質的な階梯がある．第一の段階は，十分に簡単でかつまた十分に広い或る種の函数(可積分な単函数)に対して直接 (級数の和として) 積分を定義することより成り，第二は，この積分の定義を，本質的によりひろい範囲の函数に，極限移行によって拡張する段階である．この二つの手法——直接的構成的ではあるが狭い定義と，それに続く極限移行と——の接合は，本質的に，いかなる積分構成にもかならず見られるものである．

つぎに，Lebesgue 積分の基本的な性質をあげておこう．まず定義からただちに

P 1. 　　　　　　$$\int_A 1 \cdot d\mu = \mu(A). \tag{8}$$

P 2. 任意の定数 k に対して

§5. Lebesgue 積分

$$\int_A kf(x)\,d\mu = k\int_A f(x)\,d\mu. \tag{9}$$

この際,右辺の積分の存在から左辺の積分の存在が導かれる. ──

証明.単函数の積分の性質 B) の極限移行によって明らか. □

P 3. **加法性**:
$$\int_A \{f(x)+g(x)\}\,d\mu = \int_A f(x)\,d\mu + \int_A g(x)\,d\mu. \tag{10}$$

この際,右辺の二つの積分の存在から左辺の積分の存在が導かれる. ──

証明.単函数の積分の性質 A) の極限移行によって明らか. □

P 4. 集合 A 上で有界な函数 $f(x)$ は A 上で可積分である. ──

証明.定理2を利用すれば,単函数の積分の性質 C) の極限移行によって明らかである. □

P 5. **単調性**: $f(x) \geqq 0$ ならば

$$\int_A f(x)\,d\mu \geqq 0 \tag{11}$$

(積分の存在は仮定する). ──

証明.単函数については,定義からただちに導かれ,一般の場合には,負でない可測函数が<u>負でない</u>単函数列によって一様近似しうることを使えばよい (定理2参照). □

この性質からただちにつぎの系が導かれる.

系. $f(x) \geqq g(x)$ ならば

$$\int_A f(x)\,d\mu \geqq \int_A g(x)\,d\mu. \tag{12}$$

それゆえ,A 上で(ほとんど到るところ)$m \leqq f(x) \leqq M$ ならば

$$m\mu(A) \leqq \int_A f(x)\,d\mu \leqq M\mu(A). \tag{13}$$ □

P 6. $\mu(A)=0$ ならば $\int_A f(x)\,d\mu=0$.

P 6′. ほとんど到るところ $f(x)=g(x)$ ならば

$$\int_A f(x)\,d\mu = \int_A g(x)\,d\mu. \qquad \text{──}$$

これら二つは,Lebesgue 積分の定義からただちに導かれる. □

P 7. 函数 $\varphi(x)$ が A 上で可積分で(ほとんど到るところ)$|f(x)| \leqq \varphi(x)$ なら

ば f も A 上で可積分である.――

　証明. f, φ が単函数ならば，集合 A から測度 0 の適当な集合を取り去った残りの集合 A' を有限または可算個の集合 $\{A_n\}$ に分け，各集合上で f, φ が定数で

$$f(x) = a_n, \quad \varphi(x) = b_n, \quad |a_n| \leqq b_n$$

となるようにすることができる．φ は可積分だから

$$\sum_n |a_n| \mu(A_n) \leqq \sum_n b_n \mu(A_n) \leqq \int_{A'} \varphi(x) \, d\mu = \int_A \varphi(x) \, d\mu.$$

それゆえ f も A 上で可積分で

$$\left| \int_A f(x) \, d\mu \right| = \left| \int_{A'} f(x) \, d\mu \right| = \left| \sum_n a_n \mu(A_n) \right|$$

$$\leqq \sum_n |a_n| \mu(A_n) = \int_{A'} |f(x)| \, d\mu \leqq \int_A \varphi(x) \, d\mu.$$

一般の場合は，定理 2 をもちいて，単函数の極限移行をおこなえばよい．□

P 8. 二つの積分

$$I_1 = \int_A f(x) \, d\mu, \quad I_2 = \int_A |f(x)| \, d\mu \tag{14}$$

の一方が存在すれば，他方も存在する．――

　証明．性質 P 7 により，I_2 の存在から I_1 の存在が導かれる．

　逆の方は，単函数に対しては積分の定義から，一般の場合は，定理 2 を利用して極限移行．この際，不等式

$$\||a| - |b|\| \leqq |a - b|$$

をもちいよ．□

4°. Lebesgue 積分の σ 加法性と絶対連続性

前項では，一定の集合の上の Lebesgue 積分の性質を考察した．ここでは

$$F(A) = \int_A f(x) \, d\mu$$

を可測集合の全体の上で定義された集合函数とみたときの Lebesgue 積分の性質を考える．まず，つぎの性質を確立しておこう．

定理 3. $A = \bigcup_n A_n$, $A_i \cap A_j = \phi \; (i \neq j)$ ならば

§5. Lebesgue 積分

$$\int_A f(x)\,d\mu = \sum_n \int_{A_n} f(x)\,d\mu. \tag{15}$$

この際，左辺の積分の存在から，右辺の各積分の存在と級数の絶対収束性とが導かれる．

証明． まず

$$y_1,\ y_2,\ \cdots,\ y_k,\ \cdots$$

なる値をとる単函数 f の場合に定理が成立することを検証する．

$$B_k = \{x : x \in A,\ f(x) = y_k\},$$
$$B_{nk} = \{x : x \in A_n,\ f(x) = y_k\}$$

とおけば

$$\int_A f(x)\,d\mu = \sum_k y_k \mu(B_k) = \sum_k y_k \sum_n \mu(B_{nk})$$
$$= \sum_n \sum_k y_k \mu(B_{nk}) = \sum_n \int_{A_n} f(x)\,d\mu. \tag{16}$$

ここで，f が A 上可積分という前提から，級数 $\sum y_k \mu(B_k)$ は絶対収束し，しかも測度は負でないから，等式連鎖(16)の各級数はすべて絶対収束する．

一般の函数 f の場合には，f の可積分性により，任意の ε に対して

$$|f(x) - g(x)| < \varepsilon \tag{17}$$

を満たす A 上可積分な単函数 $g(x)$ が存在する．g に対しては

$$\int_A g(x)\,d\mu = \sum_n \int_{A_n} g(x)\,d\mu. \tag{18}$$

この際，g は各集合 A_n 上で可積分，また級数(18)は絶対収束する．このことと(17)とから，f が各 A_n 上で可積分なこと，および評価

$$\sum_n \left| \int_{A_n} f(x)\,d\mu - \int_{A_n} g(x)\,d\mu \right| \leq \sum_n \varepsilon \mu(A_n) = \varepsilon \mu(A),$$

$$\left| \int_A f(x)\,d\mu - \int_A g(x)\,d\mu \right| \leq \varepsilon \mu(A)$$

が導かれる．これらの不等式と(18)とから，級数 $\sum_n \int_{A_n} f(x)\,d\mu$ が絶対収束すること，および評価

$$\left| \sum_n \int_{A_n} f(x)\,d\mu - \int_A f(x)\,d\mu \right| \leq 2\varepsilon \mu(A)$$

が成立することがわかる．最後の不等式の $\varepsilon>0$ は任意だから
$$\sum_n \int_{A_n} f(x)\,d\mu = \int_A f(x)\,d\mu. \qquad \square$$

系． 函数 f が A 上で可積分ならば，f は任意の可測集合 $A'\subset A$ の上で可積分である．$\square$

定理 2 において，f の A 上での可積分性から $A=\bigcup A_n$, $A_i\cap A_j=\emptyset$ の条件の下で，f の A_n 上での可積分性が出ること，および A 上での積分が A_n 上での積分の和となることを知った．この逆もつぎの形で成立する．

定理 4. $A=\bigcup_n A_n$, $A_i\cap A_j=\emptyset\ (i\neq j)$，かつ級数
$$\sum_n \int_{A_n} |f(x)|\,d\mu \qquad (19)$$
が収束するならば，f は A 上可積分で
$$\int_A f(x)\,d\mu = \sum_n \int_{A_n} f(x)\,d\mu.$$

証明． 前定理と比較して新しい点は，級数 (19) の収束から f の A 上での可積分性が導かれることである．

まず，値 f_i をとる単函数 f について検証する．
$$B_i = \{x : x\in A,\ f(x)=f_i\}, \qquad A_{ni} = A_n\cap B_i$$
とおけば
$$\bigcup_n A_{ni} = B_i \quad \text{かつ} \quad \int_{A_n} |f(x)|\,d\mu = \sum_i |f_i|\mu(A_{ni}).$$
級数 (19) が収束するから，級数
$$\sum_n \sum_i |f_i|\mu(A_{ni}) = \sum_i |f_i|\mu(B_i)$$
も収束する．しかし，この級数が収束するなら，積分
$$\int_A f(x)\,d\mu = \sum_i f_i\mu(B_i)$$
は存在する．

一般の場合は f を単函数 $\tilde{f}$ で
$$|f(x)-\tilde{f}(x)| < \varepsilon \qquad (20)$$
のように近似する．このとき

§5. Lebesgue 積分

$$\int_{A_n} |\tilde{f}(x)| d\mu \leq \int_{A_n} |f(x)| d\mu + \varepsilon \mu(A_n)$$

となり,級数 $\sum_n \mu(A_n) = \mu(A)$ が収束するから,級数(19)の収束とあわせて,級数

$$\sum_n \int_{A_n} |\tilde{f}(x)| d\mu$$

の収束が導かれる.したがって,上で証明したことにより単函数 $\tilde{f}$ は A 上可積分.ゆえに(20)により f もまた A 上で可積分である.□

Čebyšev の不等式. A 上で $\varphi(x) \geq 0$ ならば,任意の $c>0$ に対して

$$\mu\{x : x \in A, \ \varphi(x) \geq c\} \leq \frac{1}{c} \int_A \varphi(x) d\mu. \tag{21}$$

実際,$A' = \{x : x \in A, \varphi(x) \geq c\}$ とおけば

$$\int_A \varphi(x) d\mu = \int_{A'} \varphi(x) d\mu + \int_{A \smallsetminus A'} \varphi(x) d\mu \geq \int_{A'} \varphi(x) d\mu \geq c\mu(A'). \ \square$$

系.
$$\int_A |f(x)| d\mu = 0$$

ならば,ほとんど到るところ $f(x) = 0$. ——

実際,Čebyšev の不等式により,すべての n に対して

$$\mu\left\{x : x \in A, \ |f(x)| \geq \frac{1}{n}\right\} \leq n \int_A |f(x)| d\mu = 0.$$

したがって,

$$\mu\{x : x \in A, \ f(x) \neq 0\} \leq \sum_{n=1}^{\infty} \mu\left\{x : x \in A, \ |f(x)| \geq \frac{1}{n}\right\} = 0. \quad \square$$

測度 0 の集合の上では任意の可測函数 f の積分が 0 となることを,前項で述べておいた.このことはつぎの重要な定理の極限の場合とみなすことができる.

定理 5 (Lebesgue 積分の絶対連続性). $f(x)$ が集合 A の上で可積分ならば,任意の $\varepsilon > 0$ に対して適当な $\delta > 0$ を選べば,$\mu(e) < \delta$ なるすべての可測集合 $e \subset A$ に対して

$$\left| \int_e f(x) d\mu \right| < \varepsilon$$

となる.

証明. この命題は,f が有界なら明らかに成立する.そこで,f を A 上可積

分な任意の函数とし，これに対して
$$A_n = \{x : x \in A,\ n \leq |f(x)| < n+1\},$$
$$B_N = \bigcup_{n=0}^{N} A_n, \quad C_N = A \smallsetminus B_N$$

とおく．定理3により
$$\int_A |f(x)|d\mu = \sum_{n=0}^{\infty} \int_{A_n} |f(x)|d\mu$$

であるから，N を十分に大きくとれば
$$\sum_{n=N+1}^{\infty} \int_{A_n} |f(x)|d\mu = \int_{C_N} |f(x)|d\mu < \frac{\varepsilon}{2}$$

となる．いま
$$0 < \delta < \frac{\varepsilon}{2(N+1)}$$

なる δ を選び，$\mu(e) < \delta$ とすれば
$$\left|\int_e f(x)\,d\mu\right| \leq \int_e |f(x)|d\mu = \int_{e \cap B_N} |f(x)|d\mu + \int_{e \cap C_N} |f(x)|d\mu.$$

右辺の第一の積分は $\varepsilon/2$ をこえず(性質 P 5)，第二の積分は，C_N 上の積分をこえないから，やはり $\varepsilon/2$ をこえない．ゆえに
$$\left|\int_e f(x)\,d\mu\right| < \varepsilon. \qquad \square$$

集合函数としての積分の上述の諸性質からつぎの結果が導かれる：

非負の函数 f が空間 X 上で測度 μ に関して可積分ならば，可測集合 $A \subset X$ の全体の上で定義された函数
$$F(A) = \int_A f(x)\,d\mu \qquad (A \subset X,\ A : 可測)$$

は，非負かつ σ 加法的である．すなわち
$$A = \bigcup_n A_n,\ A_i \cap A_j = \phi \quad \text{ならば} \quad F(A) = \sum_n F(A_n).$$

換言すれば，非負の函数の積分は集合函数として σ 加法的測度の性質をすべてそなえている．この測度は，はじめの測度 μ と同じ σ 代数の上で定義され，$\mu(A) = 0$ ならば $F(A) = 0$ という関係で μ と結びついている．

5°. 積分記号の下の極限移行

積分記号の下での極限移行の問題，または，同じことになるが，収束する級数の項別積分の可能性の問題は，さまざまな場合によくぶつかるものである．

古典的解析学では，このような極限移行が可能であるためには，対応する函数列(級数)の一様収束性が必要かつ十分なことがわかっている．

この項では，Lebesgue 積分の場合のこの問題について，二，三の定理を述べるが，これらは対応する古典的な定理のきわめて高度な一般化になっている．

定理6(Lebesgueの有界収束定理). 函数列 $\{f_n\}$ が A 上で f に収束し，かつ A 上の或る可積分函数 φ に対し

$$|f_n(x)| \leq \varphi(x) \qquad (n=1, 2, \cdots)$$

となっているならば，極限函数 f も A 上で可積分，かつ

$$\int_A f_n(x)\,d\mu \longrightarrow \int_A f(x)\,d\mu.$$

証明. f は可測(定理4)．条件により $|f(x)| \leq \varphi(x)$ だから，3° 性質 P7 により f は可積分．$\varepsilon > 0$ を任意にとる．定理5(積分の絶対連続性)により，$\delta > 0$ が存在して，$\mu(B) < \delta$ なるすべての可測集合 B に対して

$$\int_B \varphi(x)\,d\mu < \frac{\varepsilon}{4}. \tag{22}$$

Egorov の定理によって，$\mu(B) < \delta$ を満たす集合 B を集合 $C = A \setminus B$ 上で $\{f_n\}$ が f に一様収束するように選ぶことができる．このとき，N を十分大きくとれば，すべての $n \geq N$ とすべての $x \in C$ とに対して

$$|f(x) - f_n(x)| < \frac{\varepsilon}{2\mu(c)}.$$

このとき

$$\int_A f(x)\,d\mu - \int_A f_n(x)\,d\mu = \int_C (f(x) - f_n(x))\,d\mu + \int_B f(x)\,d\mu - \int_B f_n(x)\,d\mu.$$

ここで $|f(x)| \leq \varphi(x), |f_n(x)| \leq \varphi(x)$ だから，(22) によって

$$\left| \int_A f(x)\,d\mu - \int_A f_n(x)\,d\mu \right| \leq \frac{\varepsilon}{2} + \frac{\varepsilon}{4} + \frac{\varepsilon}{4} = \varepsilon. \qquad \square$$

系. $|f_n(x)| \leq M = \text{const.}, f_n(x) \to f(x)$ ならば

$$\int_A f_n(x)\,d\mu \longrightarrow \int_A f(x)\,d\mu. \qquad \Box$$

注意. 函数が測度 0 の集合の上でとる値は積分の値に関係しないから，定理 6 では $\{f_n\}$ は f に<u>ほとんど到るところ</u>収束すると仮定し $|f_n(x)|\leqq \varphi(x)$ も<u>ほとんど到るところ</u>満たされているとしておいてさしつかえない.

定理 7 (Beppo Levi の定理). 集合 A 上で
$$f_1(x) \leqq f_2(x) \leqq \cdots \leqq f_n(x) \leqq \cdots,$$
かつ，函数 f_n は可積分，その積分は全体として有界とする：
$$\int_A f_n(x)\,d\mu \leqq K.$$
このとき，$f_n(x)$ は集合 A においてほとんど到るところ(有限な)極限値 $f(x)$ をもち:
$$f(x) = \lim_{n\to\infty} f_n(x), \tag{23}$$
また函数 f は A 上で可積分，かつ
$$\int_A f_n(x)\,d\mu \longrightarrow \int_A f(x)\,d\mu. \qquad \text{—}$$

この際，極限値 (23) が存在しないような点 x の集合の上では，函数 f の値は任意に，たとえば $f(x)=0$ と，しておけばよい.

証明. $f_1(x) \geqq 0$ と仮定しても一般性を失わない. そうでない場合には，f_n のかわりに
$$\bar{f}_n = f_n - f_1$$
を考えればよいからである. さて，
$$\Omega = \{x : x \in A,\ f_n(x) \to \infty\}$$
なる集合を考える.
$$\Omega_n^{(r)} = \{x : x \in A,\ f_n(x) > r\}$$
とおけば
$$\Omega = \bigcap_r \bigcup_n \Omega_n^{(r)}.$$
Čebyšev の不等式 (21) により
$$\mu(\Omega_n^{(r)}) \leqq K/r.$$

§5. Lebesgue 積分

$\Omega_1^{(r)} \subset \Omega_2^{(r)} \subset \cdots \subset \Omega_n^{(r)} \subset \cdots$ であるから, $\mu\left(\bigcup_n \Omega_n^{(r)}\right) \leq K/r$. ところが, 任意の r に対して

$$\Omega \subset \bigcup_n \Omega_n^{(r)}$$

であるから $\mu(\Omega) \leq K/r$. ここで r は任意だから

$$\mu(\Omega) = 0.$$

これで, 単調増大列 $\{f_n(x)\}$ は A 上ほとんど到るところ有限の極限値 $f(x)$ をもつことが証明された.

つぎに

$$r-1 \leq f(x) < r \qquad (r=1,2,\cdots)$$

を満たす点 $x \in A$ の集合を A_r と書き, 集合 A_r の上で $\varphi(x)=r$ とおく. もし函数 $\varphi(x)$ が A 上可積分なことがいえれば, われわれの定理は, 定理6からただちに出る.

$$B_s = \bigcup_{r=1}^{s} A_r$$

とおく. B_s 上では函数 $f_n(x), f(x)$ は有界, またつねに $\varphi(x) \leq f(x)+1$ であるから

$$\int_{B_s} \varphi(x)\,d\mu \leq \int_{B_s} f(x)\,d\mu + \mu(A)$$
$$= \lim_{n\to\infty} \int_{B_s} f_n(x)\,d\mu + \mu(A) \leq K + \mu(A).$$

一方,

$$\int_{B_s} \varphi(x)\,d\mu = \sum_{r=1}^{s} r\mu(A_r).$$

この和は有界だから, 級数

$$\sum_{r=1}^{\infty} r\mu(A_r) = \int_A \varphi(x)\,d\mu$$

は収束する. すなわち φ は A 上で可積分である. □

この定理において仮定した函数 f_n の単調増大(非減少)性は, 言うまでもなく, 単調減少(非増大)性にかえることができる.

系. $\psi_n(x) \geq 0$, かつ

$$\sum_{n=1}^{\infty}\int_{A}\phi_n(x)d\mu<\infty$$

ならば，A 上ほとんど到るところ $\sum_{n=1}^{\infty}\phi_n(x)$ は収束し，かつ

$$\int_{A}\Bigl(\sum_{n=1}^{\infty}\phi_n(x)\Bigr)d\mu=\sum_{n=1}^{\infty}\int_{A}\phi_n(x)d\mu. \qquad \square$$

定理 8(Fatou の定理). 負でない可積分函数の列 $\{f_n\}$ が A 上ほとんど到るところ $f(x)$ に収束し，かつ

$$\int_{A}f_n(x)d\mu \leqq K$$

ならば，$f(x)$ は A 上可積分，かつ

$$\int_{A}f(x)d\mu \leqq K.$$

証明. $\varphi_n(x)=\inf_{k\geqq n}f_k(x)$ とおけば，

$$\{x:\varphi_n(x)<c\}=\bigcup_{k\geqq n}\{x:f_k(x)<c\}$$

だから $\varphi_n(x)$ は可測．また，$0\leqq\varphi_n(x)\leqq f_n(x)$ だから $\varphi_n(x)$ は可積分で

$$\int_{A}\varphi_n(x)d\mu \leqq \int_{A}f_n(x)d\mu \leqq K.$$

最後に，

$$\varphi_1(x)\leqq\varphi_2(x)\leqq\cdots\leqq\varphi_n(x)\leqq\cdots,$$

かつ，ほとんど到るところ

$$\lim_{n\to\infty}\varphi_n(x)=f(x)$$

であるから，$\{\varphi_n\}$ に前定理を適用して求める結果を得る．$\square$

6°. 無限測度の集合の上の Lebesgue 積分

これまでは，積分とその諸性質について述べるに際し，測度の有限な可測集合の上で定義された函数を考えてきた．しかし，たとえば Lebesgue 測度が与えられている数直線のように，測度が無限大の集合の上の函数を扱うこともしばしばある．したがって，このような場合の積分概念を考えることも重要になってくるのである．この際，実用上もっとも重要なのは，全空間 X が有限測

度の部分集合の可算個の合併として表わされる場合:

$$X = \bigcup_n X_n, \quad \mu(X_n) < \infty \tag{24}$$

である.

測度 μ の与えられている空間 X が測度有限な集合の可算個の合併として表わされるとき，X 上の測度 μ は **σ 有限**であるとよばれる(§3, 3° 参照).直線上, 平面上, n 次元空間上の Lebesgue 測度などはその例である. σ 有限の条件を満たさない測度の例としては，たとえば，直線上の各点に重さ1を与えて得られる測度がある. このとき，直線の部分集合はすべて可測とみなされ，有限集合のみが有限の測度をもち，他はすべて測度無限大となる.

集合 X の可測部分集合の単調増大列 $\{X_n\}$ が条件(24)を満たすとき，この列を**完全列**とよぶことにしよう. ここでつぎの定義を導入する.

定義 4. σ 有限な測度 μ をもつ集合 X の上で定義された可測函数 f が，測度有限な任意の可測集合 $A \subset X$ の上で可積分であり，しかも，いかなる完全列 $\{X_n\}$ に対しても極限

$$\lim_{n\to\infty} \int_{\bigcup_1^n X_k} f(x)\,d\mu(x) \tag{25}$$

が存在して，この値が完全列 $\{X_n\}$ の選定に無関係ならば，函数 f は X 上で**積分可能，可積分**，もしくは**総和可能**であるという. また，この極限値を X における f の **Lebesgue 積分**といい, 記号

$$\int_X f(x)\,d\mu(x)$$

で表わす. ——

f が或る有限測度の集合の外で 0 である場合には，上の積分の定義は，明らかに，3° で与えておいたものに一致する.

注意. 2° における単函数の積分の定義は，無限測度の場合にもそのままうつされる. この際，単函数が可積分であるためには，この函数が値 $f_i (\neq 0)$ をとる集合は，当然，測度有限のものでなければならない. 3° における可積分の定義は，本質的に，集合 X の測度が有限であるとの前提の上に立っている. 実際，もし $\mu(X) = \infty$ なら，可積分な単函数列 $\{\varphi_n\}$ の一様収束から積分値の

列の収束を導くことは，一般にはできない(例をあげよ)．――

有限測度の場合に対する $3°, 4°$ の諸結果は，基本的には，無限測度の場合にも成立する．

二つの場合の根本的なちがいは，$\mu(X)=\infty$ の場合には有界な可測函数がかならずしも可積分でないところにある．特に，$\mu(X)=\infty$ の場合には，定数 $(\neq 0)$ は X 上で可積分ではない．

読者は，困難なく，σ 有限測度の場合にも Lebesgue の定理，Beppo Levi の定理，Fatou の定理などが成立することを，検証することができよう．

7°. Lebesgue 積分と Riemann 積分との比較

Lebesgue 積分と通常の Riemann 積分との関係を明らかにするのが，本項の目標である．この際，もっとも簡単な直線上の Lebesgue 測度に限定して，考察することにする．

定理 9. 閉区間 $[a, b]$ 上で有界な函数 f に対して，その Riemann 積分

$$I = (R)\int_a^b f(x)\,dx$$

が存在すれば，f は $[a, b]$ 上 Lebesgue の意味でも可積分，かつ

$$\int_{[a,b]} f(x)\,d\mu = I.$$

証明． 区間 $[a, b]$ を $x_k = a + k(b-a)/2^n$ なる分点で 2^n 個に等分し，この分割に対応する Darboux の和をつくる：

$$\Omega_n = \frac{b-a}{2^n}\sum_{k=1}^{2^n} M_{nk}, \qquad \omega_n = \frac{b-a}{2^n}\sum_{k=1}^{2^n} m_{nk}.$$

ここに，M_{nk} は f の $x_{k-1} \leq x < x_k$ における上限，m_{nk} は同じ区間における下限である．Riemann 積分の定義により

$$I = \lim_{n\to\infty} \Omega_n = \lim_{n\to\infty} \omega_n.$$

いま，$x_{k-1} \leq x < x_k$ に対して

$$\bar{f}_n(x) = M_{nk}, \qquad \underline{f}_n(x) = m_{nk}$$

とおき，また $x=b$ では $\bar{f}_n, \underline{f}_n$ に任意の値を与えて，単函数 $\bar{f}_n, \underline{f}_n$ を定義する．このとき，容易にわかるように

$$\int_{[a,b]} \bar{f}_n(x)\,d\mu = \Omega_n, \quad \int_{[a,b]} \underline{f}_n(x)\,d\mu = \omega_n.$$

函数列 $\{\bar{f}_n\}$ は非増大, $\{\underline{f}_n\}$ は非減少であるから, ほとんど到るところ

$$\bar{f}_n(x) \to \bar{f}(x) \geq f(x),$$
$$\underline{f}_n(x) \to \underline{f}(x) \leq f(x)$$

となる. Beppo Levi の定理により

$$\int_{[a,b]} \bar{f}(x)\,d\mu = \lim_{n\to\infty} \Omega_n = I = \lim_{n\to\infty} \omega_n = \int_{[a,b]} \underline{f}(x)\,d\mu.$$

したがって

$$\int_{[a,b]} |\bar{f}(x) - \underline{f}(x)|\,d\mu = \int_{[a,b]} (\bar{f}(x) - \underline{f}(x))\,d\mu = 0.$$

ゆえに, ほとんど到るところ

$$\bar{f}(x) - \underline{f}(x) = 0,$$

すなわち, ほとんど到るところ

$$\bar{f}(x) = \underline{f}(x) = f(x),$$
$$\int_{[a,b]} f(x)\,d\mu = I. \qquad \square$$

有界な函数で Lebesgue の意味では可積分だが Riemann の意味では可積分でない函数の例は, 容易につくることができる(たとえば, 先に述べた閉区間 $[0,1]$ 上の Dirichlet の函数, すなわち, 有理点では1, 無理点では0となる函数). 有界でない函数は一般的に Riemann の意味では可積分でないが, その多くは, Lebesgue の意味では可積分である. 特に, Riemann 積分

$$\int_{a+\varepsilon}^{b} f(x)\,dx$$

が各 $\varepsilon > 0$ に対して存在し, $\varepsilon \to 0$ のとき有限の極限値 I をもつ函数 $f(x) \geq 0$ は, すべて, $[0,1]$ 上で Lebesgue の意味で可積分, かつ

$$\int_{[a,b]} f(x)\,d\mu = \lim_{\varepsilon \to 0} \int_{a+\varepsilon}^{b} f(x)\,dx$$

となる. これに関連して注意しておきたいのは

$$\lim_{\varepsilon \to 0} \int_{a+\varepsilon}^{b} |f(x)|\,dx = \infty$$

となる場合の特異積分

$$\int_a^b f(x)\,dx = \lim_{\epsilon \to 0} \int_{a+\epsilon}^b f(x)\,dx$$

は Lebesgue の意味では存在しないことである．これは，3° の性質 P 8 により，$f(x)$ が可積分ならば $|f(x)|$ もまた可積分でなければならないからである．たとえば積分

$$\int_0^1 \frac{1}{x} \sin \frac{1}{x} dx$$

は，Riemann の(条件収束)特異積分としては存在するが，Lebesgue 積分としては存在しない．

函数を全数直線(または半直線)上で考えるとき，この函数に対する Riemann 積分は特異積分の意味にとらなければならない．さらに，もし，この函数の絶対値の積分が収束するならば，対応する Lebesgue 積分も存在して両者の値は等しい．だが，この積分が単に条件収束する場合には，Lebesgue の意味では函数は可積分でない．たとえば函数 $\dfrac{\sin x}{x}$ は Lebesgue の意味における全数直線上の積分をもたないが，その理由は

$$\int_{-\infty}^{\infty} \left|\frac{\sin x}{x}\right| dx = \infty$$

となるからである．しかし，Riemann の特異積分

$$\int_{-\infty}^{\infty} \frac{\sin x}{x} dx$$

は存在してその値が π に等しいことは，周知の通りである．

§6. 集合系の直積と測度，Fubini の定理

解析学では，二重積分(一般的には n 重積分)の単積分化の定理が，重要な役割を演ずる．Lebesgue の意味の重積分の理論において基本的な結果をなすものは，本節末尾のいわゆる Fubini の定理である．準備として，補助的な概念と事実とをいくつか述べておこう．これらはそれ自体としても興味あるものである．

§6. 集合系の直積と測度，Fubini の定理

1°. 集合系の直積

$x \in X$, $y \in Y$ を順に並べた対 (x, y) の集合 Z を，集合 X, Y の**直積**といい，$Z = X \times Y$ で表わす．同様に n 個の $x_k \in X_k$ を順にならべた有限列 $(x_1, x_2, \cdots, x_n)$ の全体を集合 $X_1, X_2, \cdots, X_n$ の**直積**といい，
$$Z = X_1 \times X_2 \times \cdots \times X_n = \boxed{\times} X_k$$
で表わす．特に $X_1 = X_2 = \cdots = X_n = X$ のときは，累乗の形に
$$Z = X^n$$
と書く．たとえば，n 次元座標空間 $\mathbf{R}^n$ は数直線 $\mathbf{R}^1$ の n 乗である．また，n 次元単位立方体 I^n，すなわち
$$0 \leqq x_k \leqq 1 \quad (k=1, 2, \cdots, n)$$
なる x_k を座標とする $\mathbf{R}^n$ の点の集合は，単位線分 $I^1 = [0, 1]$ の n 乗である．

さらに $X_1, X_2, \cdots, X_n$ の部分集合の系 $\mathfrak{S}_1, \mathfrak{S}_2, \cdots, \mathfrak{S}_n$ に対して
$$\mathfrak{R} = \mathfrak{S}_1 \times \mathfrak{S}_2 \times \cdots \times \mathfrak{S}_n$$
は，集合 $X = \boxed{\times} X_k$ の部分集合 A で
$$A = A_1 \times A_2 \times \cdots \times A_n \quad (A_k \in \mathfrak{S}_k)$$
なる形で表わされるものの全体のことである．

$\mathfrak{S}_1 = \mathfrak{S}_2 = \cdots = \mathfrak{S}_n = \mathfrak{S}$ の場合には，$\mathfrak{R}$ は系 $\mathfrak{S}$ の**累乗**の形に
$$\mathfrak{R} = \mathfrak{S}^n$$
と書く．たとえば，$\mathbf{R}^n$ における平行多面体の系は，$\mathbf{R}^1$ の閉区間の系の n 乗である．

定理 1. $\mathfrak{S}_1, \mathfrak{S}_2, \cdots, \mathfrak{S}_n$ がすべて半環ならば，$\mathfrak{R} = \boxed{\times} \mathfrak{S}_k$ もまた半環をなす．

証明． 半環の定義により，$A, B \in \mathfrak{R}$ ならば $A \cap B \in \mathfrak{R}$，および $B \subset A$ ならば $A = \bigcup_{i=1}^{m} C_i$ ($C_1 = B$, $C_i \cap C_j = \emptyset$ $(i \neq j)$, $C_i \in \mathfrak{R}$, $i = 1, 2, \cdots, m$) となることを証明すればよい．

$n=2$ の場合について検証しよう．

I. $A \in \mathfrak{S}_1 \times \mathfrak{S}_2$, $B \in \mathfrak{S}_1 \times \mathfrak{S}_2$ とする．これは
$$A = A_1 \times A_2 \quad (A_1 \in \mathfrak{S}_1, \ A_2 \in \mathfrak{S}_2),$$
$$B = B_1 \times B_2 \quad (B_1 \in \mathfrak{S}_1, \ B_2 \in \mathfrak{S}_2)$$
の意味である．このとき
$$A \cap B = (A_1 \cap B_1) \times (A_2 \cap B_2)$$

であり，半環の定義から
$$A_1 \cap B_1 \in \mathfrak{S}_1, \quad A_2 \cap B_2 \in \mathfrak{S}_2$$
であるから
$$A \cap B \in \mathfrak{S}_1 \times \mathfrak{S}_2.$$

II. I の仮定に $B \subset A$ を追加する．このとき
$$B_1 \subset A_1, \quad B_2 \subset A_2$$
であり，$\mathfrak{S}_1, \mathfrak{S}_2$ が半環をなすことから，分解
$$A_1 = B_1 \cup B_1^{(1)} \cup \cdots \cup B_1^{(k)},$$
$$A_2 = B_2 \cup B_2^{(1)} \cup \cdots \cup B_2^{(l)}$$
が成立し，よって
$$\begin{aligned}A &= A_1 \times A_2 \\ &= (B_1 \times B_2) \cup (B_1 \times B_2^{(1)}) \cup \cdots \cup (B_1 \times B_2^{(l)}) \\ &\quad \cup (B_1^{(1)} \times B_2) \cup (B_1^{(1)} \times B_2^{(1)}) \cup \cdots \cup (B_1^{(1)} \times B_2^{(l)}) \\ &\quad \cdots\cdots \\ &\quad \cup (B_1^{(k)} \times B_2) \cup (B_1^{(k)} \times B_2^{(1)}) \cup \cdots \cup (B_1^{(k)} \times B_2^{(l)})\end{aligned}$$
なる分解が得られる．この分解の最初の項は $B_1 \times B_2 = B$，また，他の項はすべて $\mathfrak{S}_1 \times \mathfrak{S}_2$ に属する．□

しかしながら，系 $\mathfrak{S}_k$ が環（または σ 代数）であっても，そのことからただちに $\boxed{\times} \mathfrak{S}_k$ が環（または σ 代数）となるとは，一般には言えない．

2°．測度の積

半環 $\mathfrak{S}_1, \mathfrak{S}_2, \cdots, \mathfrak{S}_n$ の上に，測度
$$\mu_1(A_1), \; \mu_2(A_2), \; \cdots, \; \mu_n(A_n) \quad (A_k \in \mathfrak{S}_k)$$
が与えられているとする．簡単のため，これらの測度はすべて有限と考える．しかし，以下に述べる議論と事実とは，本質的な変更を加えることなく，σ 有限な測度の場合にうつすことができる（たとえば，[21] 参照）．

半環
$$\mathfrak{R} = \mathfrak{S}_1 \times \mathfrak{S}_2 \times \cdots \times \mathfrak{S}_n \tag{1}$$
の上に測度
$$\mu = \mu_1 \times \mu_2 \times \cdots \times \mu_n \tag{2}$$

§6. 集合系の直積と測度, Fubini の定理

を導入するために,
$$A = A_1 \times A_2 \times \cdots \times A_n$$
に対して
$$\mu(A) = \mu_1(A_1)\mu_2(A_2)\cdots\mu_n(A_n) \tag{3}$$
と定義する. ただし, ここで $\mu(A)$ が加法的なことを確認してのちはじめて, $\mu(A)$ を測度とよぶことができる. $n=2$ の場合について検証しよう.
$$A = A_1 \times A_2 = \bigcup_k B^{(k)}, \quad B^{(i)} \cap B^{(j)} = \emptyset \quad (i \neq j),$$
$$B^{(k)} = B_1^{(k)} \times B_2^{(k)}$$
とする. 第1章 §5, 補助定理2により
$$A_1 = \bigcup_m C_1^{(m)}, \quad A_2 = \bigcup_n C_2^{(n)}$$
なる分割が存在し, かつこの際, $B_1^{(k)}, B_2^{(k)}$ はそれぞれ $C_1^{(m)}, C_2^{(n)}$ のうちのいくつかの合併 $\bigcup_{m_k} C_1^{(m_k)}, \bigcup_{n_k} C_2^{(n_k)}$ となっている. 明らかに
$$\mu(A) = \mu_1(A_1)\mu_2(A_2) = \sum_m \sum_n \mu_1(C_1^{(m)})\mu_2(C_2^{(n)}), \tag{4}$$
$$\mu(B^{(k)}) = \mu_1(B_1^{(k)})\mu_2(B_2^{(k)}) = \sum_{m_k} \sum_{n_k} \mu_1(C_1^{(m_k)})\mu_2(C_2^{(n_k)}). \tag{5}$$
この際, (4) の右辺には, (5) の右辺のすべての項が一度ずつ現われるから
$$\mu(A) = \sum_k \mu(B^{(k)}).$$
以上で $\mu(A)$ の加法性が証明された.

したがって, 特に, n 次元 Euclid 空間の基本集合の測度の加法性は, 直線上の測度の加法性から導かれるのである.

式(3)によって半環(1)の上に与えられる測度(2)を, 半環 $\mathfrak{S}_1, \cdots, \mathfrak{S}_n$ 上の測度 $\mu_1, \cdots, \mu_n$ の積という.

定理2. 測度 $\mu_1, \mu_2, \cdots, \mu_n$ が σ 加法的ならば積 $\mu = \mu_1 \times \mu_2 \times \cdots \times \mu_n$ も σ 加法的である.

証明. $n=2$ について証明しよう. 測度 μ_1 の Lebesgue 拡張を λ_1 とおき, $C = \bigcup_{n=1}^{\infty} C_n, C_n \cap C_m = \emptyset \ (n \neq m)$ とする. ただし C, C_n は $\mathfrak{S}_1 \times \mathfrak{S}_2$ の集合, すなわち
$$C = A \times B \quad (A \in \mathfrak{S}_1, \ B \in \mathfrak{S}_2),$$
$$C_n = A_n \times B_n \quad (A_n \in \mathfrak{S}_1, \ B_n \in \mathfrak{S}_2)$$

である．$x \in X_1$ に対して

$$f_n(x) = \begin{cases} \mu_2(B_n) & (x \in A_n) \\ 0 & (x \notin A_n) \end{cases}$$

とおけば，容易にわかるように，$x \in A$ のとき

$$\sum_n f_n(x) = \mu_2(B)$$

となるから，Beppo Levi の定理 (§ 5, 5° 定理 7 (p. 310)) により

$$\sum_n \int_A f_n(x)\,d\lambda_1 = \int_A \mu_2(B)\,d\lambda_1 = \lambda_1(A)\mu_2(B) = \mu_1(A)\mu_2(B).$$

ところが

$$\int_A f_n(x)\,d\lambda_1 = \mu_2(B_n)\mu_1(A_n) = \mu(C_n)$$

であるから

$$\sum_n \mu(C_n) = \mu(C). \qquad \square$$

σ 代数 $\mathfrak{S}_1, \cdots, \mathfrak{S}_n$ の上に与えられた σ 加法的測度 $\mu_1, \cdots, \mu_n$ に対して，測度 $\mu_1 \times \mu_2 \cdots \times \mu_n$ の Lebesgue 拡張をそれらの測度の**積**とよび，記号で

$$\mu_1 \otimes \mu_2 \otimes \cdots \otimes \mu_n \quad \text{もしくは} \quad \otimes \mu_k$$

と表わす．特に

$$\mu_1 = \mu_2 = \cdots = \mu_n = \mu$$

のときには，測度 μ の n 乗

$$\mu^n = \otimes \mu_k, \quad \mu_k = \mu$$

となる．たとえば n 次元の Lebesgue 測度 μ^n は 1 次元の Lebesgue 測度 μ の n 乗である．

測度の積 $\otimes \mu_k$ は自動的に完備となっていることに，注意しておこう（たとえ測度 $\mu_1, \cdots, \mu_n$ が完備でなくても）．

3°. 切り口の 1 次元測度の積分による 2 次元測度の表現および Lebesgue 積分の幾何学的定義

(x, y) 平面上の領域 G が直線 $x=a, x=b$ および曲線 $y=\varphi(x), y=\phi(x)$ で限られているとする．よく知られているように，領域 G の面積は積分

§6. 集合系の直積と測度, Fubini の定理

$$V(G) = \int_a^b (\varphi(x) - \phi(x))\,dx$$

に等しい．このとき差 $\varphi(x_0) - \phi(x_0)$ は領域 G を直線 $x = x_0$ で切った切り口の長さである．

このような面積測定の方法を一般の測度積

$$\mu = \mu_x \otimes \mu_y$$

の場合に拡張する問題を考えてみよう．この際，測度 μ_x, μ_y は σ 代数上で定義され，σ 加法的かつ完備 ($B \subset A, \mu(A) = 0$ ならば B は可測) であると仮定する．これらは，前に述べたように，すべての Lebesgue 拡張のもっている性質である．

ここで，つぎの記号を導入する：

$$A_x = \{y : (x, y) \in A\} \qquad (x : \text{固定}),$$
$$A_y = \{x : (x, y) \in A\} \qquad (y : \text{固定}).$$

X, Y が数直線 ($X \times Y$ は平面) ならば，A_{x_0} は集合 A と直線 $x = x_0$ との切り口の Y 軸上への射影である．

定理 3. 上の仮定のもとに，任意の μ 可測集合 A に対して[1)]

$$\mu(A) = \int_X \mu_y(A_x)\,d\mu_x = \int_Y \mu_x(A_y)\,d\mu_y.$$

証明． 定理の第二の部分は第一の部分と同様であるから，$\varphi_A(x) = \mu_y(A_x)$ として

$$\mu(A) = \int_X \varphi_A(x)\,d\mu_x \tag{6}$$

を証明すればよい．注意すべきは，(測度 μ_x の意味で) <u>ほとんどすべての x に対して集合 A_x は測度 μ_y に関して可測である</u>こと，および <u>函数 $\varphi_A(x)$ は測度 μ_x に関し可測</u>であることの二つの主張が，定理の主張の中に自動的に含まれていることである．そうでなければ等式 (6) は意味をもたない．

測度 μ は

$$A = A_{y_0} \times A_{x_0}$$

---

1) X における積分は実際は $\bigcup_y A_y \subset X$ における積分になる．この集合の外では $\mu_y(A_x)$ が 0 になるからである．同様に $\int_Y = \int_{\bigcup_x A_x}$.

の形の集合の系 $\mathfrak{S}_m$ の上で定義された測度
$$m = \mu_x \times \mu_y$$
の Lebesgue 拡張である．上の形の集合 $A \in \mathfrak{S}_m$ に対しては
$$\varphi_A(x) = \begin{cases} \mu_y(A_{x_0}) & (x \in A_{y_0}) \\ 0 & (x \notin A_{y_0}) \end{cases}$$
となるから，等式(6)は明らかに成立する．

また，$\mathfrak{R}(\mathfrak{S}_m)$ の集合については，これを $\mathfrak{S}_m$ に属する集合に有限分割することができるから，やはり等式(6)が成立する．

一般の場合に(6)を証明するには，つぎの補助定理を用いる．これは Lebesgue 拡張の理論に対して，それ自身興味ある事実である．

補助定理． 任意の μ 可測集合 A に対して，
$$A \subset B \quad \text{かつ} \quad \mu(A) = \mu(B) \tag{7}$$
なる集合 B で，つぎの形に表わされるものが存在する：
$$B = \bigcap_n B_n, \quad B_1 \supset B_2 \supset \cdots \supset B_n \supset \cdots,$$
$$B_n = \bigcup_k B_{nk}, \quad B_{n1} \subset B_{n2} \subset \cdots \subset B_{nk} \subset \cdots.$$
ただし $B_{nk} \in \mathfrak{R}(\mathfrak{S}_m)$．

証明． 集合 A は可測であるから，定義により，任意の自然数 n に対して $C_n = \bigcup_r \varDelta_{nr}, \varDelta_{nr} \in \mathfrak{S}_m$ なる適当な集合 C_n $(A \subset C_n)$ を選んで
$$\mu(C_n) < \mu(A) + 1/n$$
とすることができる．$B_n = \bigcap_{k=1}^n C_k$ とおけば，集合 B_n は $B_n = \bigcup_s \delta_{ns}, \delta_{ns} \in \mathfrak{S}_m$ なる形になることが容易にわかる．さらに $B_{nk} = \bigcup_{s=1}^k \delta_{ns}$ とおけば，これが補助定理の B_{nk} の役をつとめる．⌟

定理3の証明(続き)． Beppo Levi の定理(§5,定理7)と等式
$$\varphi_{B_n}(x) = \lim_{k \to \infty} \varphi_{B_{nk}}(x), \quad \varphi_{B_{n1}} \leqq \varphi_{B_{n2}} \leqq \cdots,$$
$$\varphi_B(x) = \lim_{n \to \infty} \varphi_{B_n}(x), \quad \varphi_{B_1} \geqq \varphi_{B_2} \geqq \cdots$$
(測度の連続性により各点 x に対して成立)とを用いれば，$B_{nk} \in \mathfrak{R}(\mathfrak{S}_m)$ に対して成立する等式(6)は容易に集合 B_n, B の場合にうつされる．一般の集合 A に対して(6)が成立することをいうために，まず $\mu(A) = 0$ の場合を考える．こ

のときは $\mu(B)=0$, かつ, ほとんど到るところ
$$\varphi_B(x) = \mu_y(B_x) = 0.$$
$A_x \subset B_x$ であるから, ほとんどすべての x に対して集合 A_x は可測で
$$\varphi_A(x) = \mu_y(A_x) = 0,$$
$$\int \varphi_A(x) d\mu_x = 0 = \mu(A).$$
したがって, $\mu(A)=0$ なる集合 A に対しては(6)が成立する. 一般の場合には, 補助定理によって A を $A=B\diagdown C$ の形に表わせば, (7)により
$$\mu(C) = 0.$$
等式(6)は, 集合 B, C については成立しているのであるから, 集合 A に対して成立することも容易にわかる. これで定理3の証明は完結する. □

Y が数直線, μ_y は1次元 Lebesgue 測度, A は
$$x \in M, \quad 0 \leq y \leq f(x) \tag{8}$$
なるすべての点 (x, y) の集合であるような特別の場合を考えてみよう. ただし M は μ_x 可測集合, $f(x)$ は負でない可積分函数とする. このときは
$$\mu_y(A_x) = \begin{cases} f(x) & (x \in M) \\ 0 & (x \notin M) \end{cases}$$
かつ
$$\mu(A) = \int_M f(x) d\mu_x$$
となる. よってつぎの定理が成立する.

定理4. 負でない函数 $f(x)$ の Lebesgue 積分は, 条件(8)を満たすすべての点 (x, y) の集合 A の $\mu = \mu_x \times \mu_y$ 測度に等しい. □

X もまた数直線で, M が閉区間, $f(x)$ が Riemann 可積分の場合には, この定理は, 函数のグラフの下にある面積と積分とのよく知られた関係になる.

4°. Fubini の定理

三重積 $U = X \times Y \times Z$ を考える. X, Y, Z の上にそれぞれ測度 μ_x, μ_y, μ_z が与えられている場合, 測度
$$\mu_u = \mu_x \otimes \mu_y \otimes \mu_z$$

は
$$\mu_u = (\mu_x \otimes \mu_y) \otimes \mu_z$$
として定義してもよいし
$$\mu_u = \mu_x \otimes (\mu_y \otimes \mu_z)$$
として定義することもできる．実際，容易に検証しうるように，これらの定義は一致する．

つぎの定理は，重積分の理論の基本をなすものである．

定理5 (Fubini の定理). 二つの σ 代数上で与えられた測度 μ_x, μ_y が σ 加法的かつ完備であるとし，
$$\mu = \mu_x \otimes \mu_y$$
とおく．また函数 $f(x, y)$ は集合
$$A \subset X \times Y \tag{9}$$
の上で測度 μ に関して可積分であるとしよう．このとき[1]
$$\int_A f(x, y) d\mu = \int_X \left(\int_{A_x} f(x, y) d\mu_y \right) d\mu_x = \int_Y \left(\int_{A_y} f(x, y) d\mu_x \right) d\mu_y. \tag{10}$$

定理の内容には，括弧の中の積分が外側の積分変数のほとんどすべての値に対して存在することも含まれている．

証明. まず $f(x, y) \geq 0$ の場合について証明しよう．そのために，Z を数直線，μ^1 をその上の1次元の Lebesgue 測度として，三重積
$$U = X \times Y \times Z$$
および測度の積
$$\lambda = \mu_x \otimes \mu_y \otimes \mu^1 = \mu \otimes \mu^1$$
を考える．

いま U において部分集合 W を
$$(x, y) \in A, \quad 0 \leq z \leq f(x, y)$$
なる点 (x, y, z) の全体として定義すれば，定理4により
$$\lambda(W) = \int_A f(x, y) d\mu. \tag{11}$$

---

[1] p.321 の脚注参照．

一方, $\xi = \mu_y \times \mu^l$, $W_x = \{(y, z) : (x, y, z) \in W\}$ とおけば, 定理3により

$$\lambda(W) = \int_X \xi(W_x) \, d\mu_x. \tag{12}$$

このとき, ふたたび定理4により

$$\xi(W_x) = \int_{A_x} f(x, y) \, d\mu_y \tag{13}$$

である. (11), (12), (13) から

$$\int_A f(x, y) \, d\mu = \int_X \left(\int_{A_x} f(x, y) \, d\mu_y \right) d\mu_x.$$

一般の場合は

$$f(x, y) = f^+(x, y) - f^-(x, y),$$

$$f^+(x, y) = \frac{|f(x, y)| + f(x, y)}{2}, \quad f^-(x, y) = \frac{|f(x, y)| - f(x, y)}{2}$$

によって $f(x, y) \geqq 0$ の場合に帰着される. □

注意. 下の例が示すように, 累次積分

$$\int_X \left(\int_{A_x} f \, d\mu_y \right) d\mu_x \quad \text{および} \quad \int_Y \left(\int_{A_y} f \, d\mu_x \right) d\mu_y \tag{14}$$

が存在しても, 等式(10)や A 上における $f(x, y)$ の可積分性は一般には結論することができない. しかし

もし, 積分

$$\int_X \left(\int_{A_x} |f(x, y)| \, d\mu_y \right) d\mu_x \quad \text{もしくは} \quad \int_Y \left(\int_{A_y} |f(x, y)| \, d\mu_x \right) d\mu_y \tag{15}$$

が存在すれば, $f(x, y)$ は A 上で可積分かつ等式(10)が成立する.

証明. たとえば, (15)の第一の積分が存在して M に等しいとしよう. 関数 $f_n(x, y) = \min\{|f(x, y)|, n\}$ は可測かつ有界であるから, A 上で可積分である. Fubini の定理によって

$$\int_A f_n(x, y) \, d\mu = \int_X \left(\int_{A_x} f_n(x, y) \, d\mu_y \right) d\mu_x \leqq M. \tag{16}$$

関数 f_n は, ほとんど到るところ $|f(x, y)|$ に収束する単調非減少列である. したがって, Beppo Levi の定理により, 不等式(16)から $|f(x, y)|$ が A 上で

可積分となる．しかしこのときは $f(x,y)$ も可積分であって，これに対して Fubini の定理が成立する．このことから上の主張が出る．□

上では Fubini の定理を測度 μ_x, μ_y が（したがって μ も）有限という仮定のもとに証明したが，これは σ 有限の場合にも成立する．(たとえば，[21], p. 190 参照.)

二重積分(14)は存在するが等式(10)は成立しない例をあげておこう．

1. $A=[-1,1]^2$,
$$f(x,y) = \frac{xy}{(x^2+y^2)^2} \quad (x^2+y^2>0); \quad f(0,0)=0$$
とすれば，すべての y に対して
$$\int_{-1}^1 f(x,y)\,dx = 0,$$
また，すべての x に対して
$$\int_{-1}^1 f(x,y)\,dy = 0.$$
ゆえに
$$\int_{-1}^1 \Big(\int_{-1}^1 f(x,y)\,dx\Big)dy = \int_{-1}^1 \Big(\int_{-1}^1 f(x,y)\,dy\Big)dx = 0.$$
しかし，正方形 A における Lebesgue の意味の積分は存在しない：
$$\int_{-1}^1\int_{-1}^1 |f(x,y)|\,dxdy \geq \int_0^1 dr \int_0^{2\pi} \frac{|\sin\varphi\cos\varphi|}{r}\,d\varphi = 2\int_0^1 \frac{dr}{r} = \infty.$$

2. $A=[0,1]^2$,
$$f(x,y) = \begin{cases} 2^{2n} & (1/2^n \leq x < 1/2^{n-1},\ 1/2^n \leq y < 1/2^{n-1}) \\ -2^{2n+1} & (1/2^{n+1} \leq x < 1/2^n,\ 1/2^n \leq y < 1/2^{n-1}) \\ 0 & (\text{その他の場合}) \end{cases}$$
とおく．この場合には
$$\int_0^1 \Big(\int_0^1 f(x,y)\,dx\Big)dy = 0$$
であるが
$$\int_0^1 \Big(\int_0^1 f(x,y)\,dy\Big)dx = 1$$
となる．

■岩波オンデマンドブックス■

函数解析の基礎 原書第4版 上
コルモゴロフ，フォミーン著

1979年10月12日　第1刷発行
2012年 6月22日　第11刷発行
2019年 6月11日　オンデマンド版発行

訳　者　山崎三郎　柴岡泰光
発行者　岡本　厚
発行所　株式会社　岩波書店
　　　　〒101-8002 東京都千代田区一ツ橋2-5-5
　　　　電話案内　03-5210-4000
　　　　https://www.iwanami.co.jp/

印刷／製本・法令印刷

ISBN 978-4-00-730894-9　Printed in Japan